電験三種
理論
考え方解き方

電験三種考え方解き方研究会 編

東京電機大学出版局

はじめに

　国際環境が急激に変化している中で，エネルギーの安定供給や環境への適合が重要な課題となっています．現在，電力供給を合理化・最適化するとともに，クリーンで再生可能なエネルギーを積極的に導入することが進められています．この中において，電気技術はわが国における経済の基礎であり，電気技術に対する社会性・公共性・安全性の要求はより高度化してきています．これらの公共的要請に応えるなど，電気主任技術者の果たすべき役割はますます重要になっています．

　第三種電気主任技術者試験では，電圧5万ボルト未満の事業用電気工作物の主任技術者として必要な知識が理論・電力・機械・法規の科目別に出題されます．各科目の解答方式は，マークシートに記入する五肢択一方式です．

　本書は，理論・電力・機械・法規の4巻で構成する「電験三種 考え方解き方」シリーズの一冊で，次の点に配慮して執筆・編集をしました．

1. 学習をより効果的にするため，各章のはじめに重要な事項をまとめてあります．
2. 学習の理解度を上げるため，例題は「考え方」と「解き方」に分けて解説してあります．
3. 過去に出題された問題を分析し，これから出題される可能性の高い問題や重要問題を取り上げました．
4. 図や表を多く用いて，視覚的に理解しやすいように工夫しました．

　試験に合格するためには，過去の出題を研究して出題傾向を把握し，効率よく学習することが必要です．また，自らが学習計画を立て，スケジュールに従って学習するとともに，繰り返し学習をして，重要事項や出題が予想される内容をまとめてサブノートを作成し，試験前に確認することも大切です．

　本書が皆様の電験三種合格の一助となれば望外の喜びです．最後に本書の編集にあたり，お世話になりました東京電機大学出版局の方々にお礼を申し上げます．

2010年10月

著者らしるす

受験案内

●電気主任技術者について

電気保安の確保の観点から，電気事業法により，

> 事業用電気工作物（電気事業用および自家用電気工作物）の設置者（所有者）は，工事・維持・運用に関する保安の監督をさせるために，『電気主任技術者』を選任しなければならない。

と定められています。電気主任技術者の資格には，免状の種類によって，第一種から第三種があり，次表のように電気工作物の電圧によって区分されています。

表 免状の種類と監督できる範囲

免状の種類	第一種電気主任技術者	第二種電気主任技術者	第三種電気主任技術者
電気工作物	すべての事業用電気工作物	電圧が17万V未満の事業用電気工作物	電圧が5万V未満の事業用電気工作物（出力5千kW以上の発電所を除く）
	例：上記電圧の発電所，変電所，送配電線路や電気事業者から上記電圧で受電する工場，ビルなどの需要設備		例：上記電圧の5千kW未満の発電所や電気事業者から上記の電圧で受電する工場，ビルなどの需要設備

●電験三種について

❶受験資格

電気主任技術者試験（電験）では，年齢・学歴・実務経験などの制限がありませんので，どなたでも受験することができます。

❷試験科目

試験は次の科目について，五肢択一方式（マークシート）にて行われます。

科目	範　囲
理論	電気理論，電子理論，電気計測，電子計測
電力	発電所・変電所の設計および運転，送電線路・配電線路（屋内配線を含む）の設計および運用，電気材料
機械	電気機器，パワーエレクトロニクス，電動機応用，照明，電熱，電気化学，電気加工，自動制御，メカトロニクス・電力システムに関する情報伝送・情報処理
法規	電気法規（保安に関するものに限る），電気施設管理

❸科目別合格制度について

4科目の試験科目すべてに合格すれば，電験三種合格となりますが，一部の科目のみに合格した場合は「科目合格」となり，翌年度と翌々年度の該当科目の試験が免除

になります。つまり，3年間で4科目の試験に合格すれば，電験三種合格となります。

❹ 試験時間と出題数

試験時間は下表を参考にしてください。出題にはA問題（1つの問に対して1つの解答）とB問題（1つの問に複数の小問を設けて，それぞれの小問に1つの解答）があります。

科目合格による受験については，受験科目ごとに集合時間が決められていますので注意しましょう。

（平成22年度）

科目	理論	電力	機械	法規
試験時間	90分	90分	90分	65分
出題数	A問題 14問 B問題 3問	A問題 14問 B問題 3問	A問題 14問 B問題 3問	A問題 10問 B問題 3問

※ 「理論」と「機械」のB問題については，選択問題を含んだ解答数です。
「法規」には，『電気設備の技術基準の解釈（経済産業省の審査基準）』に関するものも含まれます。

❺ 受験申し込みから資格取得までの流れ

はじめに受験申込書を入手しましょう。申し込み期間の少し前より試験センター本部で配布をしています。ホームページからもダウンロードができますので活用しましょう。受験申込書をよく読み，期間内に申請を行います。

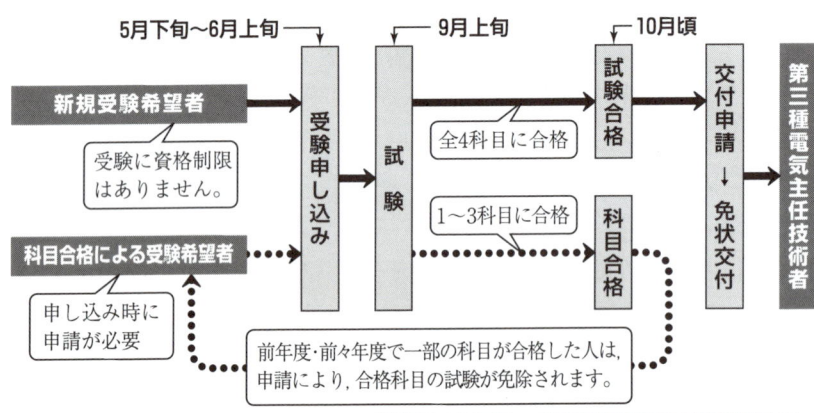

図　資格取得までの流れ

❻ 試験会場で使用できる用具

試験では以下の用具が使用できます。電卓は関数電卓の使用は認められていません。受験案内に使用可能機種の例が掲載されているので確認をしましょう。

　　　筆記用具，30cm以下の透明な物差し，電卓

● 試験に関する問い合わせ先

（財）電気技術者試験センター　本部事務局（土日祝日を除く9：00～17：15）
TEL　03-3552-7691　　FAX　03-3552-7847　　http://www.shiken.or.jp/

contents

第1章 電流と磁気

重要事項のまとめ 2

1.1 単位と基礎事項 4

1.2 磁気に関するクーロンの法則と磁界の強さ 7

1.3 アンペアの周回路の法則とビオ・サバールの法則 10

1.4 電磁誘導とファラデーの法則 16

1.5 磁気回路のオームの法則 20

1.6 自己インダクタンス 23

1.7 相互インダクタンス 28

1.8 電磁エネルギー 31

章末問題 34

第2章 静電気

重要事項のまとめ 38

2.1 静電気に関するSI単位 40

2.2 静電気に関するクーロンの法則 42

2.3 電界の強さと電位 51

2.4 静電容量と静電エネルギー 61

2.5　コンデンサの直並列回路　70

章末問題　75

第3章　直流回路

重要事項のまとめ　80

3.1　オームの法則と回路計算　83

3.2　キルヒホッフの法則，テブナンの法則および節点方程式　90

3.3　ブリッジ回路　99

3.4　複雑な回路　105

3.5　定電圧源と定電流源　111

章末問題　113

第4章　交流回路と三相交流回路

重要事項のまとめ　116

4.1　正弦波交流の瞬時値計算　120

4.2　インピーダンスの直並列回路　129

4.3　共振回路　135

4.4　条件付き単相交流回路　139

4.5　交流電力と電力のベクトル表示　147

4.6　ひずみ波交流の計算　152

4.7　過渡現象　154

4.8　三相交流回路　162

章末問題　177

第5章 電子回路

重要事項のまとめ **182**

5.1 電界中と磁界中の電子の運動 **184**

5.2 半導体素子 **191**

5.3 トランジスタ回路とFET増幅回路 **202**

5.4 演算回路および発振回路など **217**

章末問題 **227**

第6章 電気電子計測

重要事項のまとめ **232**

6.1 指示電気計器の種類と原理 **235**

6.2 指示電気計器の指示値,測定計算 **241**

6.3 分流器,倍率器および指示計器の誤差 **250**

6.4 三相電力測定 **260**

6.5 オシロスコープ **264**

章末問題 **268**

章末問題の解答 **270**

索引 **284**

第1章

電流と磁気

重要事項のまとめ

1 磁極

磁束の出る極を正磁極としてN極，入る極を負磁極としてS極とする。一方の磁極のみを分離することはできない。

十分細長い磁性体が一様に磁化されている場合，微小な磁極を点磁極といい，磁極の強さを m〔Wb〕で表す。

2 磁気に関するクーロンの法則

2つの磁極 m_1〔Wb〕，m_2〔Wb〕に働く力 F〔N〕は，r を磁極間の距離〔m〕とすると，

$$F = \frac{1}{4\pi\mu_0\mu_s} \cdot \frac{m_1 m_2}{r^2}$$

$$\fallingdotseq 6.33 \times 10^4 \times \frac{m_1 m_2}{\mu_s r^2} \text{〔N〕}$$

ただし，$\mu_0 = 4\pi \times 10^{-7}$〔H/m〕を真空の透磁率，$\mu_s$ を比透磁率とする。

3 磁界の強さ

① 磁界の強さ H〔A/m〕の磁界中に m〔Wb〕の磁極を置くと，磁極に働く力 F〔N〕は，

$$F = mH \text{〔N〕}$$

② 無限長の直線導体に電流 I〔A〕が流れた場合，これから r〔m〕離れた磁界 H〔A/m〕は，

$$H = \frac{I}{2\pi r} \text{〔A/m〕}$$

4 円形コイルの中心の磁界

図 1.1 に示すように半径 r〔m〕の円形コイルに電流 I〔A〕を流すと，中心にできる磁界の強さ H〔A/m〕は，

$$H = \frac{I}{2r} \text{〔A/m〕}$$

コイルの巻数が N 回であれば，

$$H = \frac{NI}{2r} \text{〔A/m〕}$$

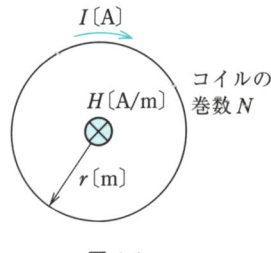

図 1.1

5 平行導体間に働く力

2本の電線を r〔m〕離して平行に置き，I_1〔A〕と I_2〔A〕の電流を流したとき，電線1mあたりに働く力 F〔N〕は，

$$F = \frac{\mu_0 \mu_s I_1 I_2}{2\pi r} = \frac{4\pi \times 10^{-7} \mu_s I_1 I_2}{2\pi r}$$

$$= 2 \times 10^{-7} \mu_s \frac{I_1 I_2}{r} \text{〔N/m〕}$$

電流の方向が同じ場合は，吸収力が働く。

6 導体の運動による誘導起電力

磁束密度 B〔T〕の中で，長さ l〔m〕の導体を磁界と直角に v〔m/s〕の速度で運動させるときの誘導起電力 e〔V〕は，

$$e = Blv \text{〔V〕}$$

右手の親指の向きが運動の向き，中指の向きが起電力の向きになる。

7 磁束の変化による誘導起電力

① レンツの法則は,「誘導起電力の方向は,誘導起電力による電流のつくる磁束が常にもとの磁束の増減を妨げる方向」となる。

② 誘導起電力 e〔V〕

$$e = -N\frac{\Delta \Phi}{\Delta t} \text{〔V〕}$$

8 磁気回路と起磁力

鉄心にコイルを巻き,これに電流を流すと,鉄心中に磁束 Φ〔Wb〕を生じる。

磁束 Φ〔Wb〕を生ずるものを起磁力 NI〔A〕,磁気抵抗 R_m〔H^{-1}〕は,

$$R_m = \frac{NI}{\Phi} = \frac{1}{\mu}\frac{l}{A}$$

l〔m〕:長さ,A〔m^2〕:断面積

9 磁束密度と磁界の強さ

① 磁束密度 B

$$B = \frac{\Phi}{A} = \frac{\mu NI}{l} \text{〔T〕}$$

② 磁界の強さ H

$$H = \frac{NI}{l} \text{〔A/m〕}$$

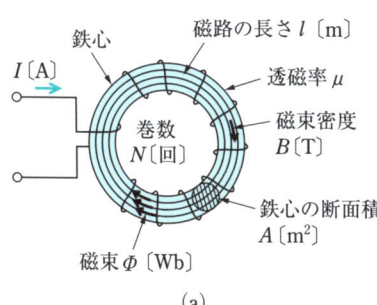

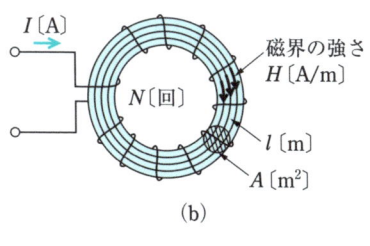

図 1.2

10 環状コイルの自己インダクタンス

コイルの巻数を N 回,磁路の断面積 A〔m^2〕,磁路の長さを l〔m〕,透磁率を μ とすると自己インダクタンス L〔H〕は,

$$L = \frac{\mu_0 \mu_s A N^2}{l} \text{〔H〕}$$

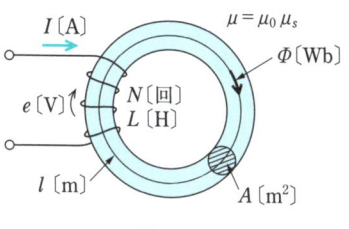

図 1.3

11 環状コイルの相互インダクタンス

1 次および 2 次コイルの巻数をそれぞれ N_1 回,N_2 回とすると相互インダクタンス M〔H〕は,

$$M = \frac{\mu_0 \mu_s A N_1 N_2}{l} \text{〔H〕}$$

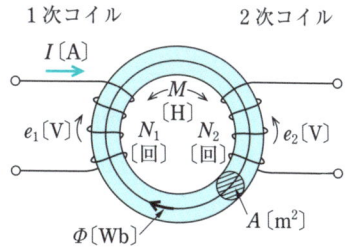

図 1.4

12 電磁エネルギー

コイルに蓄えられる電磁エネルギー W〔J〕は,

$$W = \frac{1}{2}LI^2 \text{〔J〕}$$

磁気回路の単位体積に蓄えられる電磁エネルギー w〔J/m^3〕は,

$$w = \frac{1}{2}BH = \frac{1}{2}\frac{B^2}{\mu}$$
$$= \frac{1}{2}\mu H^2 \text{〔J/m}^3\text{〕}$$

1.1 単位と基礎事項

例題 1

電気及び磁気に関する量とその単位記号（これと同じ内容を表す単位記号を含む）の組み合わせとして、誤っているのは次のうちどれか。

	量	単位記号
(1)	電界の強さ	V/m
(2)	磁束	T
(3)	電力量	W·s
(4)	磁気抵抗	H^{-1}
(5)	電流	C/s

［平成11年A問題］

答 (2)

考え方 電磁気の国際単位系（SI）および記号を表 1.1 に示す。

表 1.1

量	単位の名称	単位記号	量記号
電流	アンペア	A	I
磁界の強さ	アンペア毎メートル	A/m	H
磁束密度	テスラ	T	B
磁束	ウェーバ	Wb	Φ
自己インダクタンス	ヘンリー	H	L
相互インダクタンス	ヘンリー	H	M
透磁率	ヘンリー毎メートル	H/m	μ
磁気抵抗	毎ヘンリー	H^{-1}	R_m

解き方 量に対する単位記号は、公式から確かめられる。

(1)の電界の強さ E は、$E = V/l$ から〔V/m〕は正しい。

(2)の磁束 Φ は、$e = \Phi/t$ から、$\Phi = et$ となるので〔V·s〕であるが、磁束は、〔Wb〕（ウェーバ）である。〔T〕（テスラ）は磁束密度の単位で、〔Wb/m^2〕でも表される。

(3)の電力量 W は、$W = P \cdot t$ から〔W·s〕が正しい。

(4)の磁気抵抗 R_m は、$L = N^2/R_m$ から、$R_m = N^2/L$ となるので

〔H⁻¹〕が正しい。ただし，Nは，コイルの巻数である。

(5)の電流Iは，$I = q/t$から〔C/s〕が正しい。ただし，qは電荷である。

例題 2

磁界中に物質を置くと，その物質の性質によって図1又は図2に示されるような磁極が現われるものがある。このように物質を磁界中にもってきたために磁気を帯びるようになることを磁化されたといい，この現象を (ア) という。

磁化によって，図1のように磁界と同じ向きの磁束を物質中に生じる磁極が現われる物質の比透磁率は1より大きく，これは (イ) と名付けられている。一方，図2のように磁界と逆向きの磁束を生じる磁極が現われる物質の比透磁率は1より小さく，これは (ウ) といわれる。

特に強く磁化される物質は強磁性体といわれるが，これには (エ) のような物質がある。

上記の記述中の空白箇所（ア），（イ），（ウ）及び（エ）に当てはまる語句として，正しいものを組み合わせたのは次のうちどれか。

	（ア）	（イ）	（ウ）	（エ）
(1)	電磁誘導	常磁性体	反磁性体	鉄，ニッケル
(2)	電磁誘導	反磁性体	常磁性体	銅，銀
(3)	相互誘導	常磁性体	反磁性体	鉄，ニッケル
(4)	磁気誘導	常磁性体	反磁性体	鉄，ニッケル
(5)	磁気誘導	反磁性体	常磁性体	銅，銀

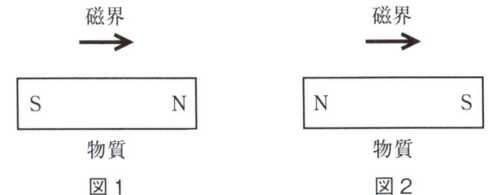

図1　　　　　　図2

［平成19年A問題］

答 (4)

考え方

磁界中に物体をもってきたとすると磁界の分布が乱される。図1.5で破線で示されるような平等磁界中に物体を置くと，実線で示されるような磁力線が生ずる。

これは，物体を磁界中にもってきたために，物体が磁界をつくる性質をもつようになったためである。これを物体が磁化されたといい，物体が磁化される現象を磁気誘導という。

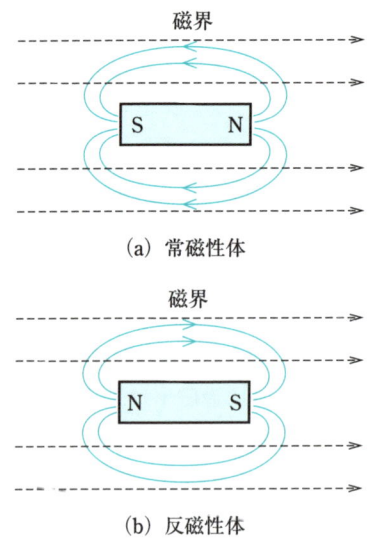

(a) 常磁性体

(b) 反磁性体

図 1.5 物体の磁化

　　磁化によってできる磁界の向きは，図 1.5(a) の向きに磁化される物体を常磁性体，図 1.5(b) の向きに磁化される物体を反磁性体という。特に，鉄，ニッケル，コバルト，これらの合金類では図 1.5(a) の向きで，非常に強い磁化現象が現れる。この種の物体を強磁性体という。

1.2 磁気に関するクーロンの法則と磁界の強さ

例題 1

磁極の強さが 1 Wb の磁極に 1 N の磁気力が作用しているとき，その点の磁界の強さ〔A/m〕として，正しいのは次のうちどれか。

(1) $4\pi \times 10^{-7}$ (2) 6.33×10^{-7} (3) 8.86×10^{-12}
(4) 6.33×10^4 (5) 1

［平成元年 A 問題］

答 (5)

考え方　図 1.6(a) において，m_1，m_2 は磁極の強さを表し，その単位は〔Wb〕である。

2 つの磁極 m_1〔Wb〕，m_2〔Wb〕に働く力 F〔N〕は両磁極の強さの積に比例し，磁極間の距離 r〔m〕の 2 乗に反比例し，次の式で表される。

$$F = \frac{1}{4\pi\mu_0\mu_s} \cdot \frac{m_1 m_2}{r^2} \fallingdotseq 6.33 \times 10^4 \times \frac{m_1 m_2}{\mu_s r^2} \text{〔N〕}$$

この法則を磁気に関するクーロンの法則という。μ_0（ミューゼロ）は真空の透磁率といい，$\mu_0 = 4\pi \times 10^{-7}$〔H/m〕である。$\mu_s$（ミューエス）は真空に対する物質の比透磁率で，その単位は無名数である。

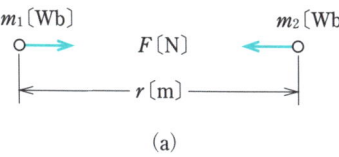

(a)

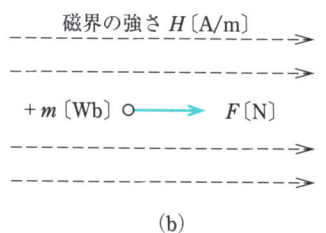

(b)

図 1.6

2 つの磁性が同種のとき反発力，異種のとき吸引力が働く

解き方

図1.6(b)に示すように，磁界の強さ H〔A/m〕の磁界中に m〔Wb〕の磁極を置いたとき，磁極に働く力 F〔N〕は，次式で示される。

$$F = mH \text{〔N〕}$$

題意から，$m = +1$〔Wb〕，$F = 1$〔N〕であるから，

$$H = \frac{F}{m} = \frac{1}{1} = 1 \text{〔A/m〕}$$

で，磁界の強さ H は 1〔A/m〕となる。

例題 2

次の文章は，強磁性体の磁化現象について述べたものである。

図のように磁界の大きさ H〔A/m〕を H_m から $-H_m$ まで変化させた後，再び正の向きに H_m まで変化させると，磁束密度 B〔T〕は一つの閉曲線を描く。この曲線を　(ア)　という。この曲線を一周りした後では B〔T〕と H〔A/m〕は元の値に戻り，磁化の状態も元の状態に戻る。その間に加えられた単位体積当たりのエネルギー W_h〔J/m³〕は，この曲線　(イ)　に等しい。そのエネルギー W_h〔J/m³〕は強磁性体に与えられるが，最終的には熱の形になって放出される。もし，1秒間に f 回この曲線を描かせると $P =$　(ウ)　〔W/m³〕の電力が熱となる。これを　(エ)　と名づけている。

上記の記述中の空白箇所(ア)，(イ)，(ウ)及び(エ)に当てはまる語句又は式として，正しいものを組み合わせたのは次のうちどれか。

	(ア)	(イ)	(ウ)	(エ)
(1)	ヒステリシス曲線	の周囲の長さ	$f^2 W_h$	鉄損
(2)	ヒステリシス曲線	に囲まれた面積	$f W_h$	ヒステリシス損
(3)	ヒステリシス曲線	に囲まれた面積	$f^{1.6} W_h$	ヒステリシス損
(4)	励磁曲線	の周囲の長さ	$f^2 W_h$	渦電流損
(5)	励磁曲線	に囲まれた面積	$f W_h$	鉄損

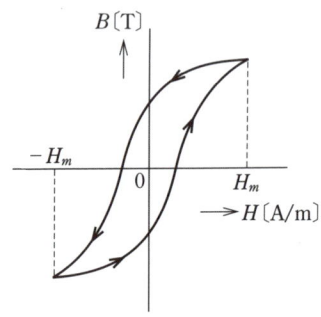

［平成18年A問題］

答 (2)

考え方 図1.7は，強磁性体のヒステリシス曲線を示す。B_r〔T〕は残留磁気，H_c〔A/m〕は保磁力という。この曲線を描く間に加えられたエネルギー W_h〔J/m³〕は，ヒステリシス曲線に囲まれた面積に等しい。

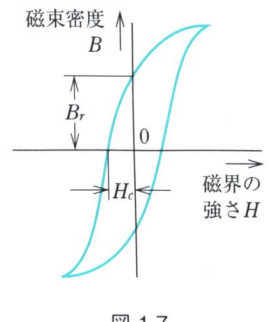

図 1.7

解き方 1秒間に f〔回〕のヒステリシス曲線を描かせると，
$$P = fW_h \text{〔W/m}^3\text{〕}$$
だけの電力 P が熱になる。変化する磁界の中に鉄を入れるとこの熱が発生し，これをヒステリシス損という。

1.3 アンペアの周回路の法則とビオ・サバールの法則

例題 1

無限に長い直線状導体に直流電流を流すと，導体の周りに磁界が生じる。この磁界中に小磁針を置くと，小磁針の （ア） は磁界の向きを指して静止する。そこで，小磁針を磁界の向きに沿って少しずつ動かしていくと，導体を中心とした （イ） の線が得られる。この線に沿って磁界の向きに矢印をつけたものを （ウ） という。

また，磁界の強さを調べてみると，電流の大きさに比例し，導体からの （エ） に反比例している。

上記の記述中の空白箇所（ア），（イ），（ウ）及び（エ）に記入する語句として，正しいものを組み合わせたのは次のうちどれか。

	（ア）	（イ）	（ウ）	（エ）
(1)	N極	放射状	電気力線	距離の2乗
(2)	N極	同心円状	電気力線	距離の2乗
(3)	S極	放射状	磁力線	距離
(4)	N極	同心円状	磁力線	距離
(5)	S極	同心円状	磁力線	距離の2乗

［平成17年A問題］

答 (4)

考え方

① アンペアの右ねじの法則

電線に電流が流れると，図1.8に示すように，そのまわりに磁界ができ，電流の向きと磁界の向きは，それぞれ右ねじの進むと回る向きに一致する。

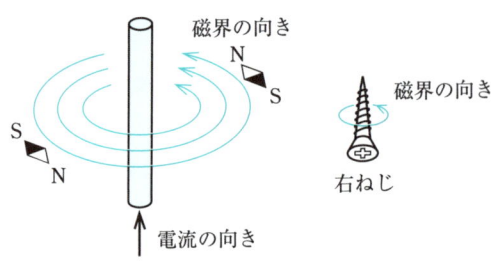

図1.8

② アンペアの周回路の法則

電流のつくる磁界中で，磁界の強さが等しいところをたどり，1周したときの磁路の長さ l と，磁界の強さ H の積は，電流 I に等しくなる。これをアンペアの周回路の法則という。

$$Hl = I$$

解き方　無限に長い直線状導体に直流電流を流すと，図1.9に示すように導体のまわりに同心円状の磁力線が生じる。この磁力線の方向は，「右ねじの法則」に従い，磁界の強さを H〔A/m〕，導体からの距離を r〔m〕，直流電流の大きさを I〔A〕とすると，

$$H = \frac{I}{2\pi r} \text{〔A/m〕}$$

となる。

図 1.9

例題 2　真空中において，同一平面内に，無限に長い3本の導体A，B，Cが互いに平行に置かれている。導体Aと導体Bの間隔は2〔m〕，導体Bと導体Cの間隔は1〔m〕である。導体には図に示す向きに，それぞれ2〔A〕，3〔A〕，3〔A〕の直流電流が流れているものとする。このとき，導体Bが，導体Aに流れる電流と導体Cに流れる電流によって受ける1〔m〕当たりの力の大きさ F〔N/m〕の値として，正しいのは次のうちどれか。

ただし，真空の透磁率を $\mu_0 = 4\pi \times 10^{-7}$〔H/m〕とする。

(1)　1.05×10^{-6}
(2)　1.20×10^{-6}
(3)　1.50×10^{-6}
(4)　2.10×10^{-6}
(5)　2.40×10^{-6}

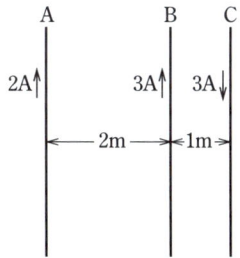

［平成17年A問題］

答　(5)

1.3 アンペアの周回路の法則とビオ・サバールの法則

考え方 図1.11に示すように,電流 I_1, I_2 が反対方向に流れている。I_1 がつくる磁界 $H = I_1/2\pi r$,磁束密度 $B = \mu H$ の磁界中において,電流 I_2 に生じる単位長さあたり ($l = 1$ [m]) の電磁力 F [N] は,

$$F = BI_2 l = \frac{\mu I_1 I_2}{2\pi r} \times 1 = \frac{4\pi \times 10^{-7} \times \mu_s I_1 I_2}{2\pi r}$$

$$= 2 \times 10^{-7} \times \frac{I_1 I_2}{r} \text{ [N]}$$

I_1 の受ける力も同じ F [N] である。また,力の向きは電流が,反対方向のときは反発力,同方向のときは吸引力となる。

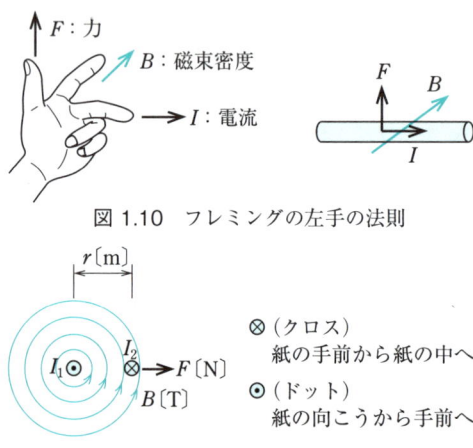

図1.10 フレミングの左手の法則

図1.11

解き方 導体A,B間に働く力 F_1 [N/m] は,

$$F_1 = 2 \times 10^{-7} \times \frac{I_A \cdot I_B}{r_1} = 2 \times 10^{-7} \times \frac{2 \times 3}{2} = 6 \times 10^{-7} \text{ [N/m]}$$

導体B,C間に働く力 F_2 [N/m] は,

$$F_2 = 2 \times 10^{-7} \times \frac{I_B \cdot I_C}{r_2}$$

$$= 2 \times 10^{-7} \times \frac{3 \times 3}{1}$$

$$= 18 \times 10^{-7} \text{ [N/m]}$$

導体Bが受ける力 F は,図1.12に示すように,左方向であり,

$$F = F_1 + F_2$$

$$= (6 + 18) \times 10^{-7}$$

$$= 2.4 \times 10^{-6} \text{ [N/m]}$$

となる。

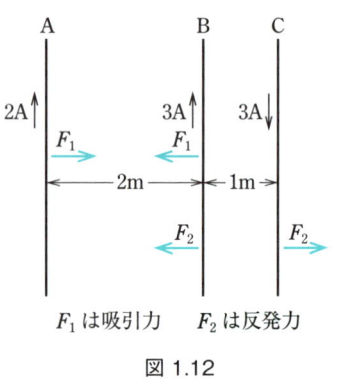

F_1 は吸引力　F_2 は反発力

図1.12

例題3

図のように，点Oを中心とするそれぞれ半径1〔m〕と半径2〔m〕の円形導線の1/4と，それらを連結する直線状の導線からなる扇形導線がある。この導線に，図に示す向きに直流電流$I = 8$〔A〕を流した場合，点Oにおける磁界〔A/m〕の大きさとして，正しいのは次のうちどれか。

ただし，扇形導線は同一平面上にあり，その巻数は一巻きである。

(1)　0.25
(2)　0.5
(3)　0.75
(4)　1.0
(5)　2.0

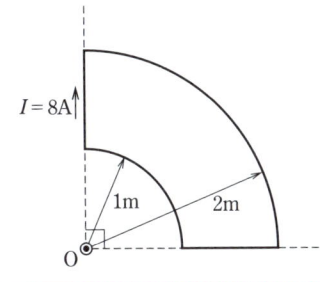

［平成21年A問題］

答　(2)

考え方

① ビオ・サバールの法則

図1.13の示すように，点Oの微小な長さΔl〔m〕を流れる電流I〔A〕によって，点Oからr〔m〕離れた点Aにできる微小な磁界の強さΔH〔A/m〕は，次式で示される。

$$\Delta H = \frac{I \Delta l}{4\pi r^2} \sin\theta \text{〔A/m〕}$$

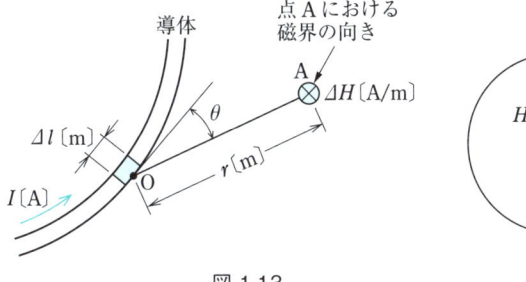

図1.13

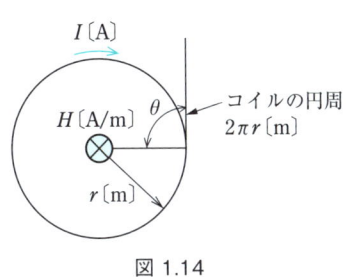

図1.14

② 円形コイルの中心の磁界

図1.14のような円形コイルの中心磁界の強さH〔A/m〕は，ビオ・サバールの法則より，Δlを円周について集めた長さ$l = 2\pi r$と$\sin 90° = 1$を代入し，

$$H = \frac{I}{4\pi r^2} \times 2\pi r \times 1 = \frac{I}{2r} \text{〔A/m〕}$$

コイルの巻数がN〔回〕であればH〔A/m〕は，

$$H = \frac{NI}{2r} \text{〔A/m〕}$$

**解き方** 図1.15のAB間導体とCD間導体の電流Iによる点Oの磁界はゼロである。

扇形導体の内側導線（図1.15のDからA）と外側導体（図1.15のBからC）による磁界の大きさHは，巻数$N=1/4$であることから，

$$H = \frac{1}{4} \times \frac{8}{2\times 1} - \frac{1}{4} \times \frac{8}{2\times 2} = 1 - \frac{1}{2} = 0.5 \text{ [A/m]}$$

となる。

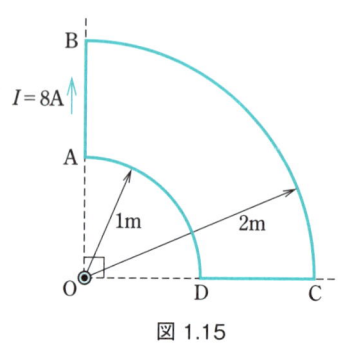

図1.15

例題 4 図1のように，無限に長い直線状導体Aに直流電流I_1〔A〕が流れているとき，この導体からa〔m〕離れた点Pでの磁界の大きさはH_1〔A/m〕であった。一方，図2のように半径a〔m〕の一巻きの円形コイルBに直流電流I_2〔A〕が流れているとき，この円の中心点Oでの磁界の大きさはH_2〔A/m〕であった。$H_1 = H_2$であるときのI_1とI_2の関係を表す式として，正しいのは次のうちどれか。

(1) $I_1 = \pi^2 I_2$
(2) $I_1 = \pi I_2$
(3) $I_1 = \dfrac{I_2}{\pi}$
(4) $I_1 = \dfrac{I_2}{\pi^2}$
(5) $I_1 = \dfrac{2}{\pi} I_2$

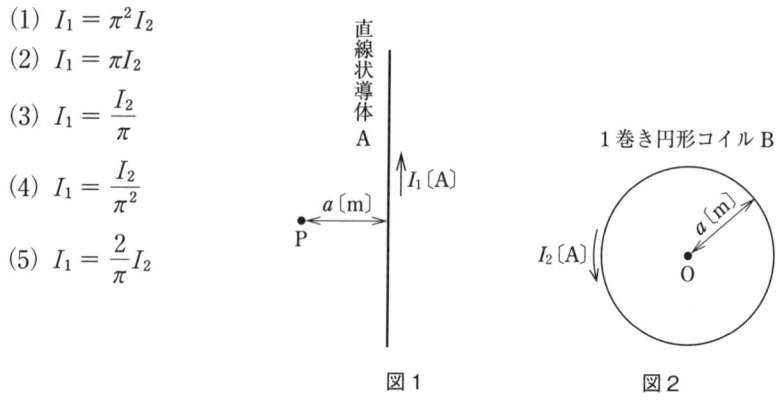

［平成19年A問題］

答 (2)

考え方　図 1.16(a)に示すように直線状導体 A による，a〔m〕離れた点 P の磁界の強さ H_1〔A/m〕は，

$$H_1 = \frac{I_1}{2\pi a} \text{〔A/m〕}$$

図 1.16(b)に示すように，1 巻き円形コイル B による中心点 O の磁界の強さ H_2〔A/m〕は，

$$H_2 = \frac{I_2}{2a} \text{〔A/m〕}$$

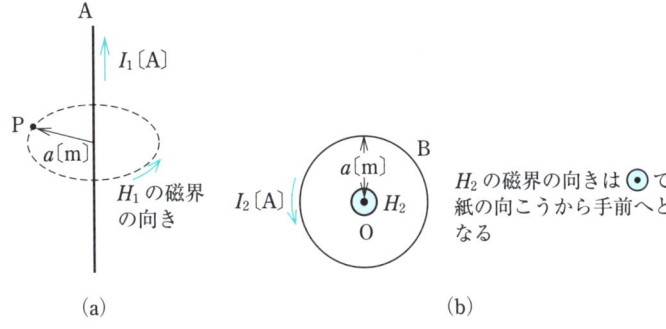

図 1.16

解き方　$H_1 = H_2$ であるから，

$$\frac{I_1}{2\pi a} = \frac{I_2}{2a}$$

∴　$I_1 = \pi I_2$

1.4 電磁誘導とファラデーの法則

例題 1

磁束密度 2〔T〕の平等磁界が一様に紙面の上から下へ垂直に加わっており，長さ 2〔m〕の直線導体が磁界の方向と直角に置かれている。この導体を図のように 5〔m/s〕の速度で紙面と平行に移動させたとき，導体に発生する誘導起電力〔V〕の大きさとして，正しいのは次のうちどれか。

(1) 5
(2) 10
(3) 16
(4) 20
(5) 50

磁束密度 2*T*
平等磁界の方向
⊗

2m
導体
5m/s

［平成 13 年 A 問題］

答 (4)

考え方

① 図 1.17(a)に示すように，導体が磁束を切ると電圧を発生し，その方向はフレミングの右手の法則に従う。
② 図 1.17(b)のように，右手の親指，人差指，中指を互いに直角に曲げると，中指が起電力，人差指が磁束密度，親指が導体の運動の向きを指す。

解き方

磁束密度 B〔T〕の平等磁界中を長さ l〔m〕の直線状導体が磁界と直角の方向に v〔m/s〕の速さで運動するとき，導体に誘導される起電力 e の大きさは，ファラデーの法則から，

$$e = Blv = 2×2×5 = 20 〔V〕$$

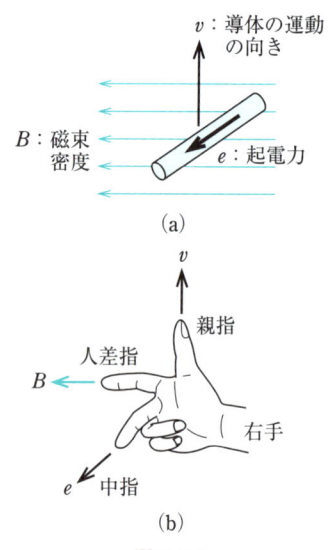

図 1.17

例題 2

図1のように，磁束密度 $B = 0.02$ 〔T〕の一様な磁界の中に長さ 0.5 〔m〕の直線状導体が磁界の方向と直角に置かれている。図2のようにこの導体が磁界と直角を維持しつつ磁界に対して $60°$ の角度で，矢印の方向に 0.5 〔m/s〕の速さで移動しているとき，導体に生じる誘導起電力 e 〔mV〕の値として，最も近いのは次のうちどれか。

(1)　2.5　　(2)　3.0　　(3)　4.3　　(4)　5.0　　(5)　8.6

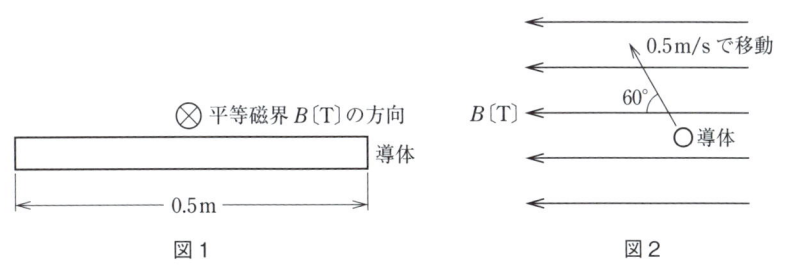

図1　　　　　　　　　　　図2

［平成16年A問題］

答　(3)

考え方　図1.17(a)，図1.17(b)に示すように，ファラデーの電磁誘導の法則から，導体に誘導される起電力 e の大きさは，$e = Blv$ 〔V〕で表される。
導体が磁束を垂直に切る速度 v は，導体速度を v' とすると，

$$v = v' \sin 60°$$

となる。

解き方　求める誘導起電力 e 〔mV〕は，導体の長さを l 〔m〕，磁束密度を B 〔T〕とすると，

$$e = Blv = Blv' \sin 60° = 0.02 \times 0.5 \times 0.5 \times \sin 60°$$
$$\fallingdotseq 4.33 \times 10^{-3} \text{〔V〕} = 4.33 \text{〔mV〕}$$

例題 3

紙面に平行な水平面内において，0.6 〔m〕の間隔で張られた2本の直線上の平行導線に 10 〔Ω〕の抵抗が接続されている。この平行導線に垂直に，図に示すように，直線状の導体棒PQを渡し，紙面の裏側から表側に向かって磁束密度 $B = 6 \times 10^{-2}$ 〔T〕の一様な磁界をかける。ここで，導体棒PQを磁界と導体棒に共に垂直な矢印の方向に一定の速さ $v = 4$ 〔m/s〕で平行導線上を移動させているときに，10 〔Ω〕の抵抗に流れる電流 I 〔A〕の値として，正しいのは次のうちどれか。
ただし，電流の向きは図に示す矢印の向きを正とする。また，導線及び導体棒PQの抵抗，並びに導線と導体棒との接触抵抗は無視できるものとする。

(1) −0.0278
(2) −0.0134
(3) −0.0072
(4) 0.0144
(5) 0.0288

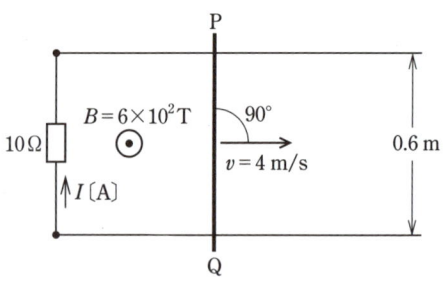

［平成22年A問題］

答　(4)

　電流の方向は，図1.18に示すように，フレミングの右手の法則により電流 I の方向が正となる。

　導体棒PQに誘導される起電力 e の大きさは，

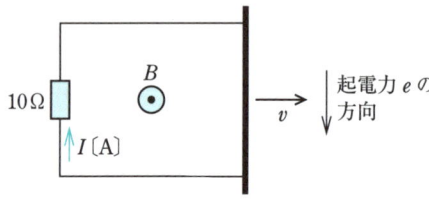

図1.18

$$e = Blv = 6 \times 10^{-2} \times 0.6 \times 4 = 0.144 \,[\text{V}]$$

10 Ωの抵抗に流れる電流 I は

$$I = \frac{e}{R} = \frac{0.144}{10} = 0.0144 \,[\text{A}]$$

となる。

例題4　図のような環状コイルがある。交流電圧の実効値を E [V]，交流電圧の周波数を f [Hz] としたとき，鉄心中の最大磁束は Φ_m [Wb] であった。次の (a) 及び (b) に答えよ。
　ただし，鉄心の飽和はなく，漏れ磁束もないものとする。

(a)　電源の周波数 f [Hz] 一定で，電圧を $1.5E$ [V] にしたとき，最大磁束 [Wb] は，Φ_m [Wb] の何倍になるか。その倍率として，最も近いのは次のうちどれか。
　(1) 0.67　(2) 1.06　(3) 1.5　(4) 2.25　(5) 4.0

(b)　電圧を $1.5E$ [V] にして，周波数を $0.5f$ [Hz] にしたとき，最大磁束 [Wb] は，Φ_m [Wb] の何倍になるか。その倍率として，最も近いのは次のうちどれか。
　(1) 0.33　(2) 0.75　(3) 1.33　(4) 2.25　(5) 3.0

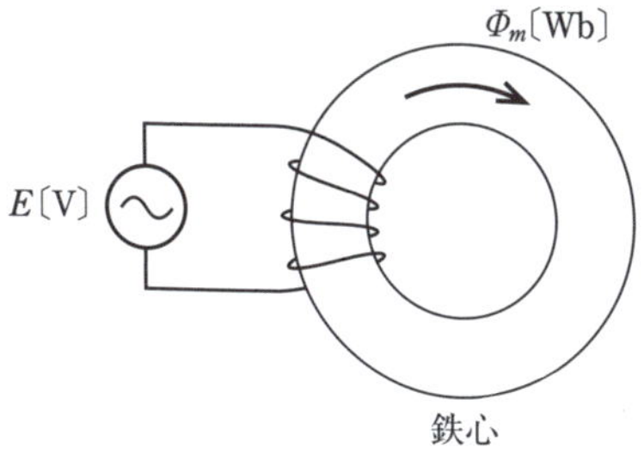

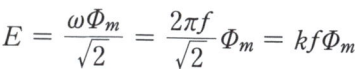

鉄心

[平成 16 年 B 問題]

答　(a)-(3)　(b)-(5)

考え方

① レンツの法則

電磁誘導によって生ずる誘導起電力の方向は，電流のつくる磁束が，常にもとの磁束の増減を妨げるような方向である。

② 電磁誘導に関するファラデーの法則

電磁誘導によって生ずる誘導起電力の大きさは，コイルを貫く磁束の変化する割合とコイルの巻数との積に比例する。

磁束 Φ〔Wb〕は，Φ_m〔Wb〕を磁束の最大値，ω〔rad/s〕を角周波数とすると，$\Phi = \Phi_m \cos \omega t$ で，誘導起電力 e〔V〕の大きさは，方向を含めて次式で表される。

$$e = -\frac{d\Phi}{dt} = -\Phi_m \frac{d \cos \omega t}{dt} = \omega \Phi_m \sin \omega t \ \text{〔V〕}$$

解き方

(a) 交流電圧の実効値 E〔V〕は，周波数を f〔Hz〕，係数を k とすれば，

$$E = \frac{\omega \Phi_m}{\sqrt{2}} = \frac{2\pi f}{\sqrt{2}} \Phi_m = k f \Phi_m$$

電源の周波数 f〔Hz〕一定で，電圧を $1.5E$〔V〕にしたときの最大磁束 Φ'_m〔Wb〕は，

$$\frac{E'}{E} = \frac{1.5E}{E} = 1.5 = \frac{kf\Phi'_m}{kf\Phi_m} = \frac{\Phi'_m}{\Phi_m}$$

$$\therefore \quad \Phi'_m = 1.5 \Phi_m$$

(b) 電圧を $1.5E$〔V〕として周波数を $0.5f$〔Hz〕にしたときの最大磁束 Φ'_m〔Wb〕は，

$$\frac{1.5E}{E} = 1.5 = \frac{k 0.5 f \Phi'_m}{kf\Phi_m} = \frac{1}{2} \cdot \frac{\Phi'_m}{\Phi_m}$$

$$\therefore \quad \Phi'_m = 3 \Phi_m$$

1.4 電磁誘導とファラデーの法則

1.5 磁気回路のオームの法則

図のように，磁路の平均の長さ l 〔m〕，断面積 S 〔m²〕で透磁率 μ 〔H/m〕の環状鉄心に巻数 N のコイルが巻かれている。この場合，環状鉄心の磁気抵抗は $\dfrac{l}{\mu S}$ 〔A/Wb〕である。いま，コイルに流れている電流を I 〔A〕としたとき，起磁力は ［（ア）］〔A〕であり，したがって，磁束は ［（イ）］〔Wb〕となる。ただし，鉄心及びコイルの漏れ磁束はないものとする。

上記の記述中の空白箇所（ア）及び（イ）に当てはまる式として，正しいものを組み合わせたのは次のうちどれか。

	（ア）	（イ）
(1)	I	$\dfrac{l}{\mu S}I$
(2)	I	$\dfrac{\mu S}{l}I$
(3)	NI	$\dfrac{lN}{\mu S}I$
(4)	NI	$\dfrac{\mu SN}{l}I$
(5)	N^2I	$\dfrac{\mu SN^2}{l}I$

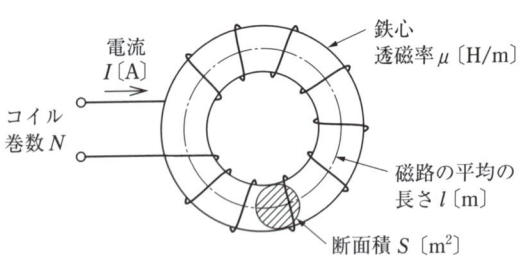

［平成20年A問題］

答　(4)

考え方 磁気回路と電気回路の諸量を対比すると，磁気抵抗 R_m〔H^{-1}〕，〔A/Wb〕は電気抵抗 R〔Ω〕，起磁力 NI〔A〕は起電力 E〔V〕，磁束 Φ〔Wb〕は電流 I〔A〕となる。

電気回路において，導電率 σ〔s/m〕とすると，

$$\text{電流 } I = \frac{V}{R} = \frac{V}{\left(\dfrac{l}{\sigma S}\right)}$$

磁気回路においては，

$$\text{磁束 } \Phi = \frac{NI}{\dfrac{l}{\mu S}}$$

解き方 図 1.19 に磁気回路の等価回路を示し，磁気回路のオームの法則を適用すると，

$$\text{磁束 } \Phi = \frac{\text{起磁力} NI}{\text{磁気抵抗} R_m}$$
$$= \frac{NI}{\dfrac{l}{\mu S}}$$
$$= \frac{\mu S N}{l} I \ \text{〔Wb〕}$$

となる。

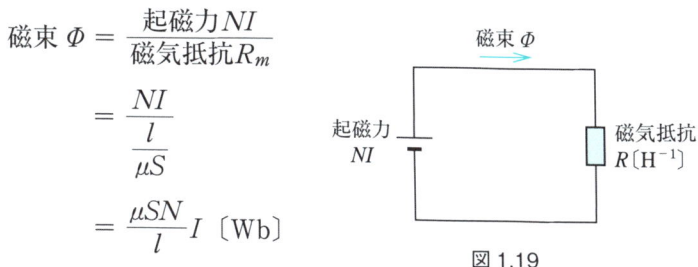

図 1.19

例題 2 図のような 1〔mm〕のエアギャップのある比透磁率 2 000，磁路の平均の長さ 200〔mm〕の環状鉄心がある。これに巻数 $N = 10$ のコイルを巻き，5〔A〕の電流を流したとき，エアギャップにおける磁束密度〔T〕の値として正しいのは次のうちどれか。ただし，真空の透磁率 $\mu_0 = 4\pi \times 10^{-7}$〔H/m〕とし，磁束の漏れ及びエアギャップにおける磁束の広がりはないものとする。

(1) 3.2×10^{-2}
(2) 3.9×10^{-2}
(3) 4.8×10^{-2}
(4) 5.0×10^{-2}
(5) 5.7×10^{-2}

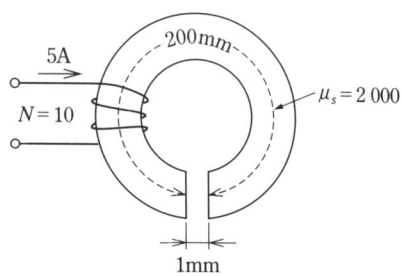

［平成 7 年 B 問題］

答 (5)

1.5 磁気回路のオームの法則

考え方 図 1.20 に示すように，環状鉄心はエアギャップがあるので，磁気抵抗が R_s と R_g の 2 つの直列接続された磁気回路となる。添字をエアギャップでは g，鉄心では s とすると，合成磁気抵抗 R は，

$$R = R_g + R_s$$
$$= \frac{l_g}{\mu_0 S} + \frac{l_s}{\mu_0 \mu_s S}$$
$$= \frac{1}{\mu_0 S}\left(l_g + \frac{l_s}{\mu_s}\right) \; [\mathrm{H}^{-1}]$$

ただし，μ_s は比透磁率，$\mu_0 = 4\pi \times 10^{-7}$ 〔H/m〕は真空の透磁率である。S は鉄心およびエアギャップの断面積である。

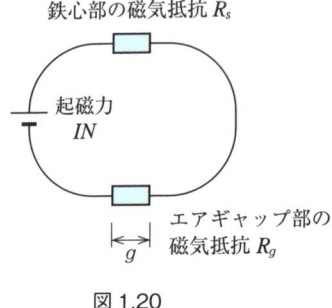

図 1.20

解き方 磁束密度 B は，磁束を $\varPhi$，起磁力を IN とすれば，

$$B = \frac{\varPhi}{S} = \frac{\dfrac{IN}{R}}{S} = \frac{IN}{\dfrac{1}{\mu_0 S}\left(l_g + \dfrac{l_i}{\mu_s}\right)S} = \frac{\mu_0 IN}{l_g + \dfrac{l_i}{\mu_s}}$$

$$= \frac{4\pi \times 10^{-7} \times 5 \times 10}{1 \times 10^{-3} + \dfrac{200 \times 10^{-3}}{2\,000}} \fallingdotseq 5.7 \times 10^{-2} \; [\mathrm{T}]$$

1.6 自己インダクタンス

例題 1

巻数 $N = 10$ のコイルを流れる電流が 0.1 秒間に 0.6〔A〕の割合で変化しているとき，コイルを貫く磁束が 0.4 秒間に 1.2〔mWb〕の割合で変化した。このコイルの自己インダクタンス L〔mH〕の値として，正しいのは次のうちどれか。
ただし，コイルの漏れ磁束は無視できるものとする。
 (1) 0.5　　(2) 2.5　　(3) 5　　(4) 10　　(5) 20

[平成 18 年 A 問題]

答 (3)

考え方

① 自己誘導作用

図 1.21 のようなコイルに電流 I〔A〕を流すと，磁束 Φ〔Wb〕が生じ，電流の流れているコイル自身にも，レンツの法則に従う向きに電圧 e〔V〕が発生する。この働きを自己誘導という。

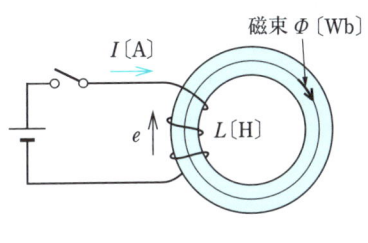

図 1.21

② 自己インダクタンス L

コイルに流れる電流が Δt 秒間に ΔI〔A〕だけ変化すると，発生する起電力 e〔V〕の大きさは次のようになる。

$$e = L\frac{\Delta I}{\Delta t}$$

ただし，自己インダクタンス L の単位は，〔H〕（ヘンリー）を用いる。

③ 電磁誘導に関するファラデーの法則

巻数 N〔回〕のコイルに鎖交している磁束が Δt〔s〕間に $\Delta \Phi$〔Wb〕変化したときの誘導起電力 e〔V〕は,方向を含めて次式で表される。

$$e = N\frac{\Delta \Phi}{\Delta t} \text{〔V〕}$$

解き方 図1.22(a)に示すように,電流の変化によってコイルに生じる起電力 e_i は,

$$e_i = L \times 10^{-3} \times \frac{\Delta i}{\Delta t} = L \times 10^{-3} \times \frac{0.6}{0.1} = 6L \times 10^{-3} \text{〔V〕}$$

図1.22(b)の磁束の変化によってコイルに生じる起電力 e_ϕ は,

$$e_\phi = N\frac{\Delta \phi}{\Delta t} = 10 \times \frac{1.2 \times 10^{-3}}{0.4} = 30 \times 10^{-3} \text{〔V〕}$$

となる。$e_i = e_\phi$ でなければならないから,$6L \times 10^{-3} = 30 \times 10^{-3}$ となる。よって,求める自己インダクタンス L は,

$$L = \frac{30 \times 10^{-3}}{6} = 5 \times 10^{-3} \text{〔H〕} = 5 \text{〔mH〕}$$

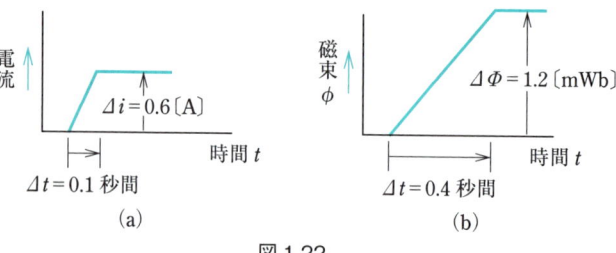

図1.22

例題 2 図1のように,インダクタンス $L = 5$〔H〕のコイルに直流電流源 J が電流 i〔mA〕を供給している回路がある。電流 i〔mA〕は図2のような時間変化をしている。このとき,コイルの端子間に現れる電圧の大きさ $|v|$〔V〕の最大値として,正しいのは次のうちどれか。

(1) 0.25　(2) 0.5　(3) 1　(4) 1.25　(5) 1.5

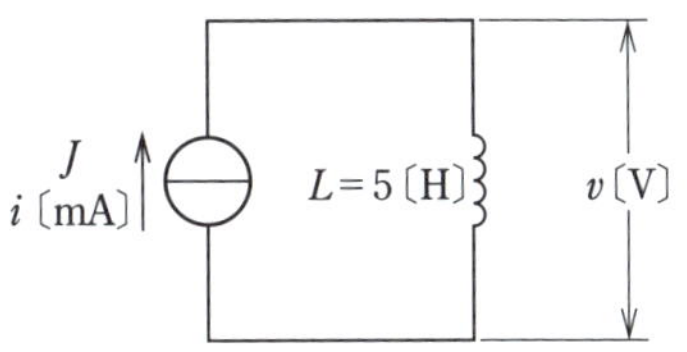

図1

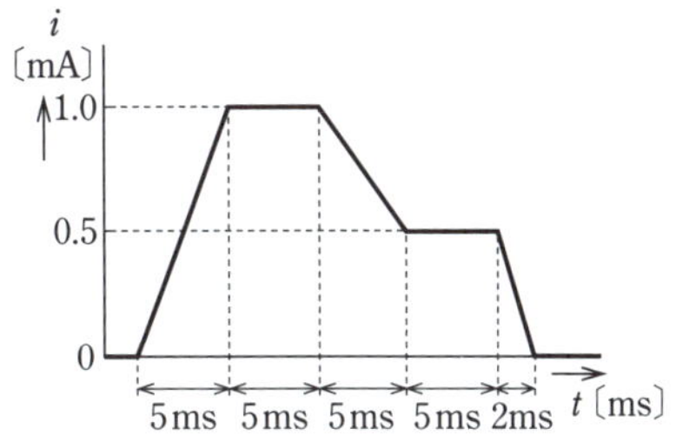

図2

[平成 16 年 A 問題]

答 (4)

考え方 コイルのインダクタンス L〔H〕，電流 i〔A〕，端子電圧 v〔V〕の間には，次式が成り立つ。

$$v = L\frac{di}{dt}$$

解き方 図1.23 に示すように，最初の区間 $t_1 \sim t_2$ では，

$$v_{12} = 5 \times \frac{1 \times 10^{-3}}{5 \times 10^{-3}} = 1 \text{〔V〕}$$

次の区間では，

$$v_{23} = 5 \times \frac{0}{5 \times 10^{-3}} = 0 \text{〔V〕}$$

$$v_{34} = 5 \times \frac{-(1.0-0.5) \times 10^{-3}}{5 \times 10^{-3}} = -0.5 \text{〔V〕}$$

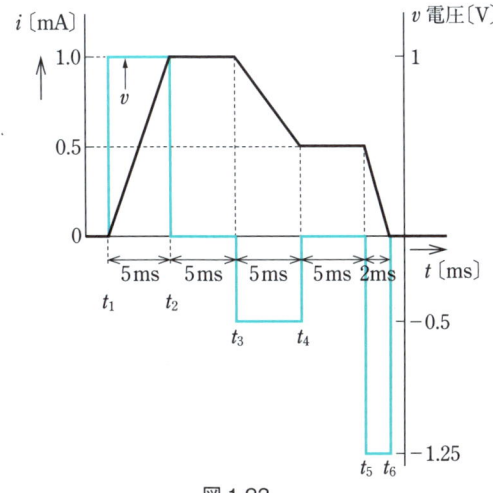

図 1.23

1.6 自己インダクタンス

$$v_{45} = 5 \times \frac{0}{5 \times 10^{-3}} = 0 \text{ [V]}$$

$$v_{56} = 5 \times \frac{-(0.5-0) \times 10^{-3}}{2 \times 10^{-3}} = -1.25 \text{ [V]}$$

したがって，区間 $t_5 \sim t_6$ で最大値が生じ，1.25 V となる。

例題 3

図のように，環状鉄心に二つのコイルが巻かれている。コイル1の巻数は N であり，その自己インダクタンスは L [H] である。コイル2の巻数は n であり，その自己インダクタンスは $4L$ [H] である。巻数 n の値を表す式として，正しいのは次のうちどれか。

ただし，鉄心は等断面，等質であり，コイル及び鉄心の漏れ磁束はなく，また，鉄心の磁気飽和もないものとする。

(1) $\dfrac{N}{4}$

(2) $\dfrac{N}{2}$

(3) $2N$

(4) $4N$

(5) $16N$

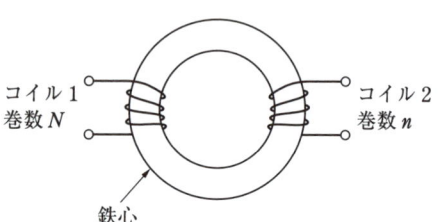

[平成20年A問題]

答 (3)

考え方

図1.24のコイルの自己インダクタンス L [H] は，次のようになる。

磁束 $\Phi = BS = \mu HS$ [Wb]

磁界の強さ $H = \dfrac{NI}{l}$ [A/m]

自己誘導起電力 $e = N\dfrac{\Delta \Phi}{\Delta t} = L\dfrac{\Delta I}{\Delta t}$

$N\Phi = LI$

$L = \dfrac{N\Phi}{I}$ [H]

これらの式から，自己インダクタンス L は，

$$L = \frac{N\Phi}{I} = \frac{N\mu HS}{I} = \frac{N\mu \dfrac{NI}{l} S}{I} = \frac{\mu S N^2}{l}$$

$$= \frac{N^2}{\dfrac{l}{\mu S}} = \frac{N^2}{R_m}$$

ただし，R_m は磁気抵抗 [H^{-1}] である。

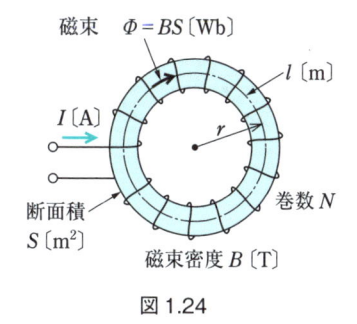

図 1.24

解き方 環状鉄心の磁気抵抗を R_m とすると，コイル1の巻数 N の自己インダクタンス L，コイル2の巻数 n の自己インダクタンス $4L$ は，

$$L = \frac{N^2}{R_m}$$

$$4L = \frac{n^2}{R_m}$$

この2式から，磁気抵抗 R_m を求めると，

$$R_m = \frac{N^2}{L} = \frac{n^2}{4L}$$

となり，

$$4N^2 = n^2$$

$$\therefore \quad n = 2N$$

となる。

1.6 自己インダクタンス

1.7 相互インダクタンス

例題1

A，B二つのコイルがあり，Aコイルに流れる電流 i〔A〕を 1/1 000 秒間に 40〔mA〕変化させている間，Bコイルに 0.3〔V〕の起電力を発生する。この両コイル間の相互インダクタンス M〔mH〕の値として，正しいのは次のうちどれか。

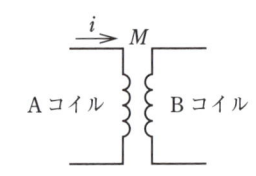

(1) 0.65　　(2) 0.75　　(3) 5.5　　(4) 6.5　　(5) 7.5

［平成11年A問題］

答 (5)

考え方　図 1.25 に示すように，1次コイルPを流れる電流 I_1〔A〕が変化したとき，他の2次コイルSに電圧 e_2〔V〕が誘導される。この作用を相互誘導作用という。

$$e_2 = -M \frac{\Delta I_1}{\Delta t}$$

ここで，M を相互インダクタンスといい，その単位はヘンリー〔H〕を用いる。

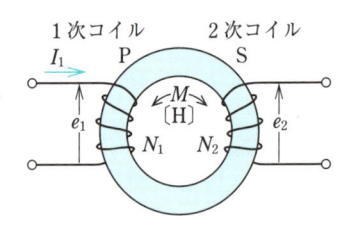

図 1.25

解き方　式を変形して，求める M の式とし，与えられた各数値の $\Delta t = 1/1\,000 = 10^{-3}$〔s〕，$\Delta I = 40$〔mA〕$= 0.04$〔A〕，$e = 0.3$〔V〕を代入すればよいので，

$$M = \frac{e \Delta t}{\Delta I} = \frac{0.3 \times 10^{-3}}{0.04} = 7.5 \times 10^{-3} \text{〔H〕} = 7.5 \text{〔mH〕}$$

例題 2

　図のように，環状鉄心にコイル 1 及びコイル 2 が巻かれている。コイル 1, コイル 2 の自己インダクタンスをそれぞれ L_1, L_2 とし，その巻数をそれぞれ $N_1 = 100$, $N_2 = 1\,000$ としたとき，$L_1 = 1 \times 10^{-3}$ 〔H〕であった。このとき，自己インダクタンス L_2 〔H〕の値と，コイル 1 とコイル 2 の相互インダクタンス M 〔H〕の値として，正しいものを組み合わせたのは次のうちどれか。

　ただし，鉄心は等断面，等質であり，コイル及び鉄心の漏れ磁束は無いものとする。

	L_2 〔H〕	M 〔H〕
(1)	1×10^{-1}	1×10^{-2}
(2)	1×10^{-1}	1×10^{-3}
(3)	1×10^{-2}	1×10^{-2}
(4)	1×10^{-2}	1×10^{-3}
(5)	1×10^{-4}	1×10^{-4}

〔平成 15 年 A 問題〕

答 (1)

考え方　図 1.26 において，e_1, e_2 の矢印はスイッチを閉じたときの電圧の発生する向きを示す。この磁気回路において，1 次および 2 次コイルの巻数をそれぞれ N_1 〔回〕，N_2 〔回〕，磁路の断面積 A 〔m^2〕，磁路の長さ l 〔m〕とすると，1 次コイルの自己インダクタンス L_1 〔H〕と 2 次コイルの自己インダクタンス L_2 〔H〕，相互インダクタンス M 〔H〕は，それぞれ次のように表される。

$$L_1 = \frac{N_1{}^2}{R_m} = \frac{\mu A N_1{}^2}{l} \text{ 〔H〕}$$

$$L_2 = \frac{N_2{}^2}{R_m} = \frac{\mu A N_2{}^2}{l}$$

$$M = \frac{N_1 N_2}{R_m} = \frac{\mu A N_1 N_2}{l}$$

L_1, L_2 および M の間には，次の関係が成り立つ。

$$M^2 = \frac{\mu^2 A^2 N_1{}^2 N_2{}^2}{l^2} = \frac{\mu A N_1{}^2}{l} \cdot \frac{\mu A N_2{}^2}{l} = L_1 L_2$$

$$\therefore \quad M = \sqrt{L_1 L_2} \text{ 〔H〕} \tag{1}$$

　式(1)は，磁気回路に漏れ磁束がない場合である。実際には，1 次コイルを貫く磁束のうち，一部分が 2 次コイルを貫かない場合があるため，$M < \sqrt{L_1 L_2}$ となる。この 1 次と 2 次の磁束による結合の程度を表すのに結合係数 k が用いらる。

$$M = k\sqrt{L_1 L_2}$$

$k \leqq 1$，結合係数 k は 1 より小さい値である。

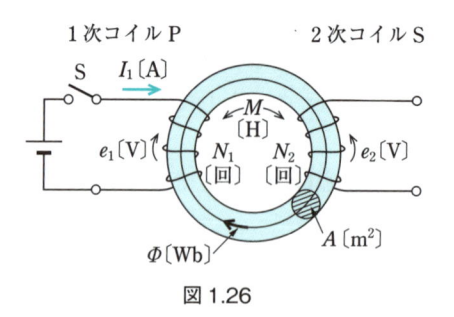

図 1.26

解き方 題意より，コイルおよび鉄心の漏れ磁束はないので，結合係数 $k=1$ となるので，

$$R_m = \frac{N_1^2}{L_1} = \frac{N_2^2}{L_2}$$

から，

$$L_2 = \frac{N_2^2}{N_1^2} L_1 = \left(\frac{1\,000}{100}\right)^2 \times 1 \times 10^{-3} = 1 \times 10^{-1} \text{ [H]}$$

$$M = \sqrt{L_1 L_2} = \sqrt{1 \times 10^{-3} \times 1 \times 10^{-1}}$$
$$= \sqrt{1 \times 10^{-4}} = 1 \times 10^{-2} \text{ [H]}$$

1.8 電磁エネルギー

例題 1

次の文章は，コイルの磁束鎖交数とコイルに蓄えられる磁気エネルギーについて述べたものである。

インダクタンス 1〔mH〕のコイルに直流電流 10〔A〕が流れているとき，このコイルの磁束鎖交数 Φ_1〔Wb〕は ア 〔Wb〕である。また，コイルに蓄えられている磁気エネルギー W_1〔J〕は イ 〔J〕である。

次に，このコイルに流れる直流電流を 30〔A〕とすると，磁束鎖交数 Φ_2〔Wb〕と蓄えられる磁気エネルギー W_2〔J〕はそれぞれ ウ となる。

上記の記述中の空白箇所（ア），（イ）及び（ウ）に当てはまる語句又は数値として，正しいものを組み合わせたのは次のうちどれか。

	（ア）	（イ）	（ウ）
(1)	5×10^{-3}	5×10^{-2}	Φ_2 は Φ_1 の 3 倍，W_2 は W_1 の 9 倍
(2)	1×10^{-2}	5×10^{-2}	Φ_2 は Φ_1 の 3 倍，W_2 は W_1 の 9 倍
(3)	1×10^{-2}	1×10^{-2}	Φ_2 は Φ_1 の 9 倍，W_2 は W_1 の 3 倍
(4)	1×10^{-2}	5×10^{-1}	Φ_2 は Φ_1 の 3 倍，W_2 は W_1 の 9 倍
(5)	5×10^{-2}	5×10^{-1}	Φ_2 は Φ_1 の 9 倍，W_2 は W_1 の 27 倍

〔平成 21 年 A 問題〕

答 (2)

考え方 図 1.27(a)に示すように，コイルに電流が流れるとき，コイルの内部には磁束が生じ，磁界が発生する。起電力の大きさ e は，

$$e = L \frac{I}{t} \text{〔V〕}$$

となる。図 1.27(b)に示すように，この電流の平均値を I_0 とすると，I_0

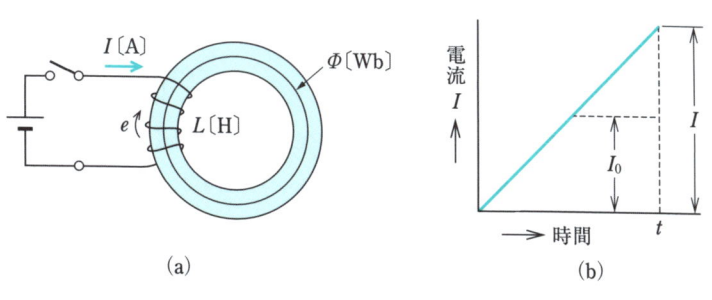

図 1.27

$= I/2$〔A〕であるから,t 秒間に発生した電力量 W〔J〕は,次式のようになる。

$$W = eI_0 t = L \cdot \frac{I}{t} \frac{I}{2} t = \frac{1}{2} L I^2 \text{〔J〕}$$

解き方

自己インダクタンス L〔H〕は,$L = \Phi/I$ であるから,磁束鎖交数 Φ〔Wb〕は,

$$\Phi = LI = 1 \times 10^{-3} \times 10 = 1 \times 10^{-2} \text{〔Wb〕} \quad (1)$$

磁気エネルギー W は,

$$W = \frac{1}{2} L I^2 = \frac{1}{2} \times 1 \times 10^{-3} \times 10^2 = 5 \times 10^{-2} \text{〔J〕} \quad (2)$$

コイルに流れる直流電流が 10〔A〕の 3 倍の 30〔A〕を流すと,式(1)によって磁束鎖交数 Φ は,電流に比例するので 3 倍となる。また,式(2)によって磁気エネルギーは電流の 2 乗に比例するので 9 倍となる。

例題 2

鉄心に巻かれたコイル 1 及びコイル 2 を図のように接続し,0.2〔A〕の直流電流を流した場合,端子 ab 間に蓄えられるエネルギーの値〔J〕として,正しいのは次のうちどれか。

ただし,両コイルの自己インダクタンスは,それぞれ $L_1 = 1$〔H〕,$L_2 = 4$〔H〕とし,相互インダクタンスは,$M = 1.5$〔H〕とする。

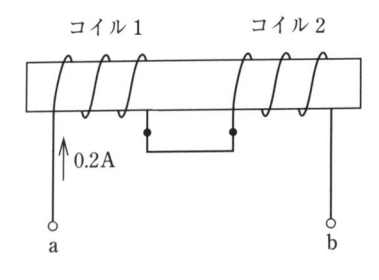

(1) 0.08 (2) 0.1 (3) 0.12 (4) 0.14 (5) 0.16

[平成 9 年 A 問題]

答 (5)

考え方

コイル 1 およびコイル 2 の起磁力によって生じる磁束の方向は,同方向となるので,端子間の全コイルの磁束鎖交数 Φ は,$N_1 = N_2 = N$,インダクタンスを $L_1 = L_2 = L$ とすれば,

$$\Phi = N_1 \Phi_1 + N_1 \Phi_2 + N_2 \Phi_2 + N_2 \Phi_1 = L_1 I + M I + L_2 I + M I$$
$$= (L_1 + L_2 + 2M) I$$

これから，ab端子間の合成インダクタンスL_{ab}は，次式で求められる。

$$L_{ab} = \frac{\varPhi}{I} = L_1 + L_2 + 2M$$

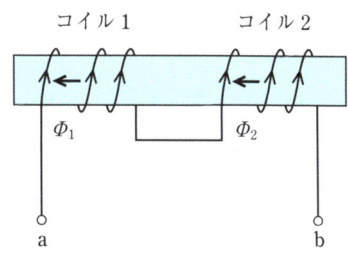

図1.28

解き方 相互インダクタンスM〔H〕を有する自己インダクタンスL_1〔H〕とL_2〔H〕とが，例題のように両コイルのつくる磁束が相加わるように接続されている場合の合成インダクタンスL_{ab}は，

$$L_{ab} = L_1 + L_2 + 2M \text{〔H〕}$$

端子ab間に蓄えられるエネルギーWは，これに流れる電流をI〔A〕とすれば，次式のとおり，

$$W = \frac{1}{2} L_{ab} I^2 = \frac{1}{2}(L_1 + L_2 + 2M)I^2$$

$$= \frac{1}{2} \times (1 + 4 + 2 \times 1.5) \times 0.2^2 = 0.16 \text{〔J〕}$$

第1章 章末問題

1-1 図のように，A，B 2本の平行な直線導体があり，導体 A には 1.2〔A〕の，導体 B にはそれと反対方向に 3〔A〕の電流が流れている。導体 A と B の間隔が l〔m〕のとき，導体 A より 0.3〔m〕離れた点 P における合成磁界が零になった。l〔m〕の値として，正しいのは次のうちどれか。

ただし，導体 A，B は無限長とし，点 P は導体 A，B を含む平面上にあるものとする。

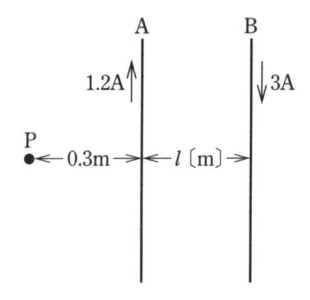

(1) 0.24　(2) 0.45　(3) 0.54　(4) 0.75　(5) 1.05

[平成 15 年 A 問題]

1-2 真空中におかれた巻数 N の円形コイルに直流電流 I〔A〕を流したとき，円形コイルの中心に発生する磁束の磁束密度〔T〕を表す式として，正しいのは次のうちどれか。

ただし，円形コイルの半径を a〔m〕，真空の透磁率を μ_0〔H/m〕とする。

(1) $\dfrac{\mu_0 NI}{\pi a}$　(2) $\dfrac{NI}{2\mu_0 a}$　(3) $\dfrac{\mu_0 NI}{a}$

(4) $\dfrac{NI}{2\pi\mu_0 a}$　(5) $\dfrac{\mu_0 NI}{2a}$

[平成 12 年 A 問題]

1-3 図のように，空間に一様に分布する磁束密度 $B = 0.4$〔T〕の磁界中に，辺の長さがそれぞれ $a = 15$〔cm〕，$b = 6$〔cm〕で，巻数 $N = 20$ の長方形のコイルが置かれている。このコイルに直流電流 $I = 0.8$〔A〕を流したとき，このコイルの回転軸 OO′ を軸としてコイルに生じるトルク T〔N·m〕の最大値として，最も近いのは次のうちどれか。

ただし，コイルの辺 a は磁界と直交し，OO′ は辺 b の中心を通るものとする。また，コイルの太さは無視し，流れる電流によって磁界は乱されないものとする。

(1) 0.011 　 (2) 0.029 　 (3) 0.033
(4) 0.048 　 (5) 0.058

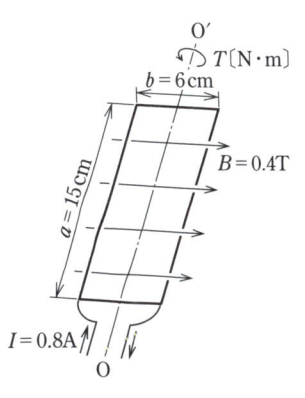

[平成14年A問題]

1-4　巻数 1 000，自己インダクタンス 3 [H] のコイルに直流電流を流したとき，6×10^{-4} [Wb] の磁束を発生した。この場合，コイルの電流 [A] の値として，正しいのは次のうちどれか。

(1) 0.1 　 (2) 0.2 　 (3) 0.3 　 (4) 0.4 　 (5) 0.5

[平成9年A問題]

1-5　磁気回路における磁気抵抗に関する次の記述のうち，誤っているのはどれか。

(1) 磁気抵抗は，次の式で表される。

$$磁気抵抗 = \frac{起磁力}{磁束}$$

(2) 磁気抵抗は，磁路の断面積に比例する。
(3) 磁気抵抗は，比透磁率に反比例する。
(4) 磁気抵抗は，磁路の長さに比例する。
(5) 磁気抵抗の単位は，[H^{-1}] である。

[平成10年A問題]

1-6 図のように，断面積 $S = 10$ 〔cm²〕の環状鉄心に巻かれた巻数 $N = 600$ のコイルがある。このコイルに直流電流 $I = 4$ 〔A〕を流したとき，鉄心中に発生した磁束の磁束密度は $B = 0.2$ 〔T〕であった。このコイルのインダクタンス L 〔mH〕の値として，正しいのは次のうちどれか。ただし，コイルの漏れ磁束は無視できるものとする。

(1) 30　　(2) 60　　(3) 120　　(4) 300　　(5) 600

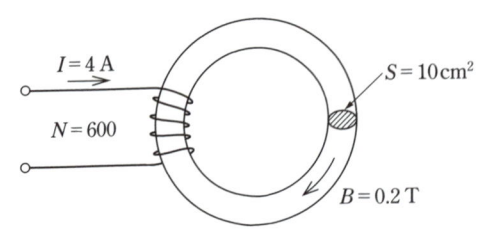

［平成 16 年 A 問題］

第 2 章

静電気

Point 重要事項のまとめ

1 静電気に関するクーロンの法則

図 2.1 において，2つの点電荷 Q_1, Q_2 〔C〕の間に働く力 F〔N〕は，

$$F = \frac{1}{4\pi\varepsilon_0\varepsilon_r} \cdot \frac{Q_1Q_2}{r^2}$$

$$= 9\times10^9 \times \frac{Q_1Q_2}{r^2}$$

2つの電荷が同種のときは反発力，異種のときは吸収力が働く。

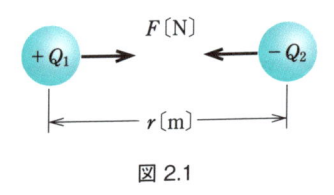

図 2.1

2 電界の強さ

$+Q$〔C〕の電荷から r〔m〕離れた点に単位正電荷（＋1C）を置けば，＋1C への電界の強さ E〔V/m〕は，

$$E = \frac{Q}{4\pi\varepsilon_0\varepsilon_s r^2}$$

$$= 9\times10^9 \times \frac{Q}{\varepsilon_s r^2} \text{〔V/m〕}$$

空気中は $\varepsilon_s = 1$ である。

3 電気力線の性質

① 正電荷から出て負電荷に入る。
② 電気力線の接線の向きが，その点の電界の方向。
③ 電気力線の密度は電界の強さ。
④ 電気力線は導体の表面を垂直に出入りする。

4 電界と電位

点電荷がいくつかある場合は，電界は点電荷おのおのが単独にある場合をベクトル的に加えあわせれば求まる。

電位の等しい点を連ねてできる面を等電位面といい，電気力線と直交する。電位は大きさのみで方向は関係しない。

5 静電容量

コンデンサに蓄えられる電荷 Q〔C〕は，加える電圧 V〔V〕に比例する。この比例定数を静電容量 C という。

$$Q = CV \text{〔C〕}$$

単位は〔F〕（ファラド）を用いる。

$$10^{-6}\text{〔F〕} = 1\text{〔}\mu\text{F〕（マイクロファラド）}$$

6 球状導体の静電容量 C〔F〕

半径 r〔m〕の球導体に Q〔C〕の電荷を与えたときの導体表面の電位 V〔V〕は，

$$V = \frac{Q}{4\pi\varepsilon_0 r} = 9\times10^9 \times \frac{Q}{r} \text{〔V〕}$$

$$C = \frac{Q}{V} = 4\pi\varepsilon_0 r = \frac{1}{9\times10^9}r \text{〔F〕}$$

7 平行板電極の静電容量 C〔F〕

面積が A〔m²〕の電極板が d〔m〕，ε〔F/m〕の絶縁物を入れ，電圧 V〔V〕を加える。

電界の強さ $E = \dfrac{V}{d}$ 〔V/m〕

電束密度 $D = \dfrac{Q}{A}$ 〔C/m²〕

$$D = \varepsilon E$$
$$C = \frac{Q}{V} = \frac{DA}{Ed_1} = \varepsilon \frac{A}{d}$$
$$= 8.855 \times 10^{-12} \varepsilon_s \frac{A}{l}$$

8 コンデンサの並列接続

回路全体に蓄えられる電荷 Q 〔C〕は,
$$\begin{aligned}Q &= Q_1 + Q_2 + Q_3 \\ &= C_1V + C_2V + C_3V \\ &= (C_1 + C_2 + C_3)V\end{aligned}$$

合成静電容量 C 〔F〕は,
$$C = C_1 + C_2 + C_3$$

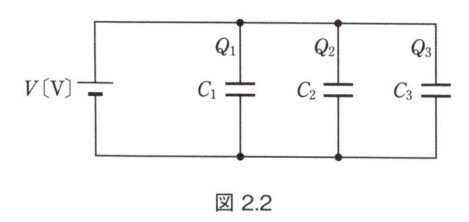

図 2.2

9 コンデンサの直列接続

電源電圧 V 〔V〕は,
$$V = V_1 + V_2 + V_3 = \frac{Q}{C_1} + \frac{Q}{C_2} + \frac{Q}{C_3}$$
$$= \left(\frac{1}{C_1} + \frac{1}{C_2} + \frac{1}{C_3}\right)Q$$

合成静電容量 C 〔F〕は,
$$C = \frac{Q}{V} = \frac{1}{\frac{1}{C_1} + \frac{1}{C_2} + \frac{1}{C_3}}$$

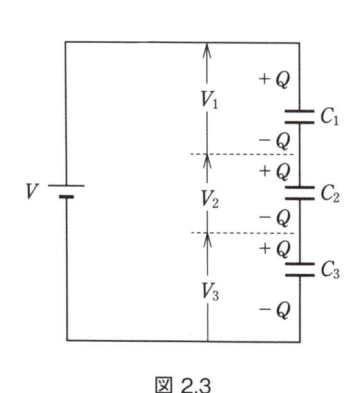

図 2.3

10 平行板コンデンサの直列接続

平行板コンデンサに2種類の誘電体を直列に挿入したときの合成静電容量 C 〔F〕は,
$$C_1 = \frac{\varepsilon_0 \varepsilon_{s1} A}{d_1}, \quad C_2 = \frac{\varepsilon_0 \varepsilon_{s2} A}{d_2}$$
$$C = \frac{C_1 C_2}{C_1 + C_2}$$

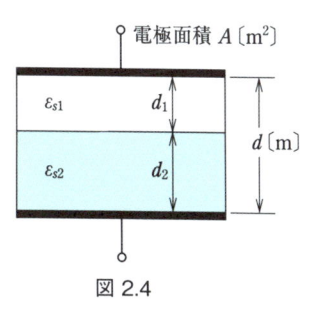

図 2.4

11 平行板コンデンサの並列接続

2種類の誘電体を並列に挿入したときの合成静電容量 C 〔F〕は,
$$C_1 = \frac{\varepsilon_0 \varepsilon_{s1} A_1}{l}, \quad C_2 = \frac{\varepsilon_0 \varepsilon_{s2} A_2}{l}$$
$$C = C_1 + C_2$$

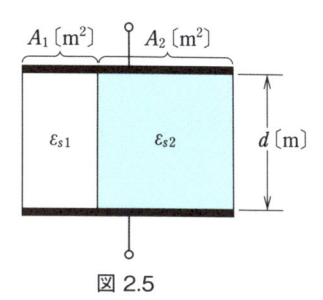

図 2.5

12 静電エネルギー W 〔J〕

C 〔F〕のコンデンサに電圧 V 〔V〕が加わり, Q 〔C〕の電荷が蓄えられたとき,
$$W = \frac{1}{2}QV = \frac{1}{2}CV^2 \text{ 〔J〕}$$

単位体積あたりの静電エネルギー w 〔J/m³〕は,
$$w = \frac{W}{Ad} = \frac{1}{2}ED = \frac{1}{2}\varepsilon E^2 \text{ 〔J/m}^3\text{〕}$$

2.1 静電気に関する SI 単位

例題 1

電圧の単位〔V〕と同じ内容を表す単位として，正しいのは次のうちどれか。
(1) N/C　　(2) J/s　　(3) N·m　　(4) J/C　　(5) A·s

［平成 4 年 A 問題］

答　(4)

考え方　静電気の国際単位系（SI）および記号を表 2.1 に示す。
静電エネルギー W は，$W = (1/2)QV$〔J〕から，

$$V〔V〕 = \frac{2W〔J〕}{Q〔C〕} = \frac{2W}{Q}〔J/C〕$$

解き方　電圧の単位〔V〕は，

$$〔V〕 = \frac{〔V〕〔A〕}{〔A〕} = \frac{〔W〕}{〔A〕} = \frac{〔W〕〔s〕}{〔A〕〔s〕} = \frac{〔J〕}{〔C〕}$$
$$= 〔J/C〕$$

表 2.1

量	単位の名称	単位記号	量記号
電界の強さ	ボルト毎メートル	V/m	E
電圧	ボルト	V	V
電荷	クーロン	C	Q
電束	クーロン	C	Ψ
電束密度	クーロン毎平方メートル	C/m²	D
静電容量	ファラド	F	C
誘電率	ファラド毎メートル	F/m	ε
真空の誘電率	ファラド毎メートル	F/m	ε_0
エネルギー	ジュール	J	W

例題 2

次に掲げる単位のうち，エネルギーの単位〔J〕と異なる内容を表す単位はどれか。

(1)　V・A　　(2)　C・V　　(3)　W・s　　(4)　N・m　　(5)　H・A^2

[昭和63年A問題]

答　(1)

考え方　選択肢 (2) ～ (5) は，

(2)　〔C・V〕＝〔A・s・V〕＝〔W・s〕＝〔J〕

(3)　〔W・s〕＝〔J〕

(4)　〔N・m〕＝〔J〕

(5)　〔H・A^2〕＝〔(V・s/A)・A^2〕＝〔V・s・A〕＝〔W・s〕＝〔J〕

すべて〔J〕の単位となる。

解き方　選択肢 (1) の〔V・A〕（ボルトアンペア）は交流回路の皮相電力の単位である。

2.2 静電気に関するクーロンの法則

例題1

静電界に関する記述として，正しいのは次のうちどれか。
(1) 二つの小さな帯電体の間に働く力の大きさは，それぞれの帯電体の電気量の和に比例し，その距離の2乗に反比例する。
(2) 点電荷が作る電界は点電荷の電気量に比例し，距離に反比例する。
(3) 電気力線上の任意の点での接線の方向は，その点の電界の方向に一致する。
(4) 等電位面上の正電荷には，その面に沿った方向に正のクーロン力が働く。
(5) コンデンサの電極板間にすき間なく誘電体を入れると，静電容量と電極板間の電界は，誘電体の誘電率に比例して増大する。

[平成21年A問題]

答 (3)

考え方 (1) 静電気に関するクーロンの法則

図2.6において，2つの点電荷 Q_1〔C〕, Q_2〔C〕の間に働く静電力 F〔N〕は，両電荷の積に比例し，電荷間の距離 r〔m〕の2乗に反比例し，次の式で表される。

$$F = \frac{1}{4\pi\varepsilon_0 \varepsilon_s} \cdot \frac{Q_1 Q_2}{r^2} = 9 \times 10^9 \times \frac{Q_1 Q_2}{r^2} \text{〔N〕}$$

ここで，ε_0（イプシロンゼロ）は真空の誘電率といい，その値は 8.855×10^{-12}〔F/m〕である。ε_s は真空に対する媒質の比誘電率といい，単位は無名数である。

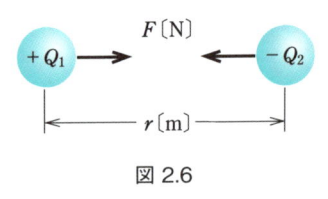

図2.6

(2) 電界の強さ

図2.7に示すように，$+Q$〔C〕の電荷から r〔m〕離れた点に単位正

電荷（+1C）の電荷を置けば，A点の電界の強さ E は，次の式で表される。

$$F = E = \frac{Q \times 1}{4\pi\varepsilon_0\varepsilon_s r^2} = 9 \times 10^9 \times \frac{Q}{\varepsilon_s r^2} \text{ [V/m]}$$

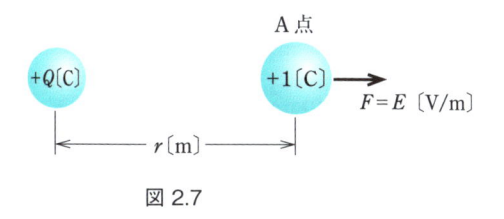

図 2.7

(3) 電気力線と電界の強さ

図 2.8 に示すように，電荷 $+Q$ [C] を中心に半径 r [m] の球を考える。$+Q$ [C] から電気力線が出て，電界の強さ E [V/m] は，半径 r [m] の球の表面上では，どこでも等しくなる。

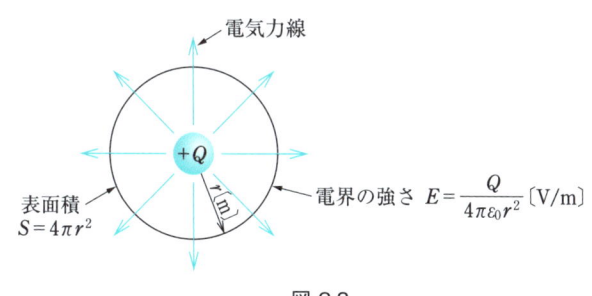

図 2.8

(4) 等電位面

図 2.9 は，$+Q$ [C] と $-Q$ [C] の電荷がつくる電気力線と等電位面を表す。

等電位面上の正電荷には，その面と直角方向に正のクーロン力が働く。

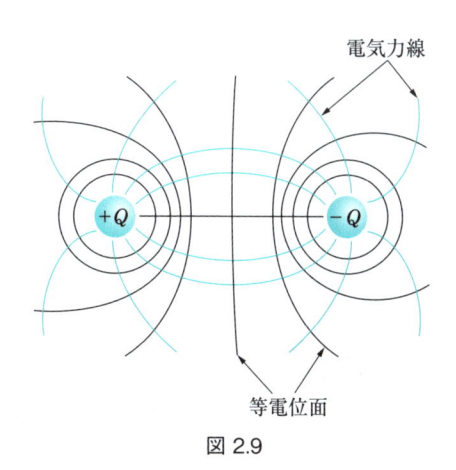

図 2.9

(5) 平行板電極の静電容量

　コンデンサの電極板間にすき間なく誘電体を入れると，静電容量 C と電極板間の電界 E は，図 2.10 のとおりとなる。

$$C = \frac{\varepsilon_0 \varepsilon_r S}{d}$$

$$E = \frac{Q}{\varepsilon_0 \varepsilon_r S}$$

図 2.10

解き方　選択肢 (3) の任意の点における電気力線の接線の向きは，その点の電界の向きである。

例題 2

　図に示すように，誘電率 ε_0〔F/m〕の真空中に置かれた静止した二つの電荷 A〔C〕及び B〔C〕があり，図中にその周囲の電気力線が描かれている。電荷 A = $16\varepsilon_0$〔C〕であるとき，電荷 B〔C〕の値として，正しいのは次のうちどれか。

(1) $16\varepsilon_0$　　(2) $8\varepsilon_0$　　(3) $-4\varepsilon_0$　　(4) $-8\varepsilon_0$　　(5) $-16\varepsilon_0$

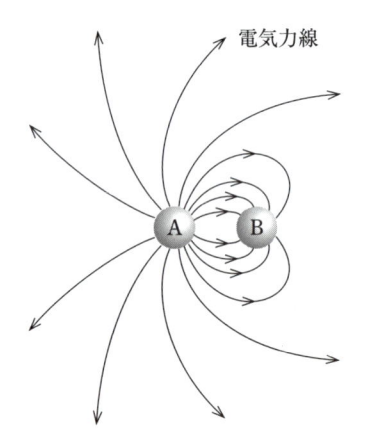

〔平成 19 年 A 問題〕

答　(4)

考え方　電気力線の性質

① 電気力線は正電荷から出て負電荷に入る。

② 同方向の電気力線同士は互いに反発し，逆方向の電気力線同士は互いに吸引し合う。

③ 任意の点における電気力線の接線の向きは，その点の電界の向きである。
④ 電気力線は導体の表面に垂直に出入りし，導体内部には存在しない。
⑤ 電気力線の密度は電界の強さである。
⑥ 電気力線同士は交わらない。

解き方 例題の図のとおり，電荷 $A = 16\varepsilon_0$ 〔C〕からは 16 本の電気力線が出ており，電荷 B〔C〕には 8 本が B に入っている。このため B の電荷は A の電荷の 1/2 で，$-8\varepsilon_0$〔C〕である。

例題 3

電極板面積と電極板間隔が共に S〔m²〕と d〔m〕で，一方は比誘電率が ε_{r1} の誘電体からなる平行平板コンデンサ C_1 と，他方は比誘電率が ε_{r2} の誘電体からなる平行平板コンデンサ C_2 がある。いま，これらを図のように並列に接続し，端子 A，B 間に直流電圧 V_0〔V〕を加えた。このとき，コンデンサ C_1 の電極板間の電界の強さを E_1〔V/m〕，電束密度を D_1〔C/m²〕，また，コンデンサ C_2 の電極板間の電界の強さを E_2〔V/m〕，電束密度を D_2〔C/m²〕とする。両コンデンサの電界の強さ E_1〔V/m〕と E_2〔V/m〕はそれぞれ （ア） であり，電束密度 D_1〔C/m²〕と D_2〔C/m²〕はそれぞれ （イ） である。したがって，コンデンサ C_1 に蓄えられる電荷を Q_1〔C〕，コンデンサ C_2 に蓄えられる電荷を Q_2〔C〕とすると，それらはそれぞれ （ウ） となる。

ただし，電極板の厚さ及びコンデンサの端効果は，無視できるものとする。また，真空の誘電率を ε_0〔F/m〕とする。

上記の記述中の空白箇所（ア），（イ）及び（ウ）に当てはまる式として，正しいものを組み合わせたのは次のうちどれか。

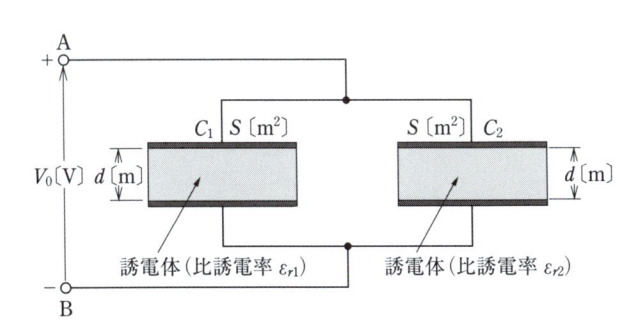

	(ア)	(イ)	(ウ)
(1)	$E_1 = \dfrac{\varepsilon_{r1}}{d} V_0$ $E_2 = \dfrac{\varepsilon_{r2}}{d} V_0$	$D_1 = \dfrac{\varepsilon_{r1}}{d} SV_0$ $D_2 = \dfrac{\varepsilon_{r2}}{d} = V_0$	$Q_1 = \dfrac{\varepsilon_0 \varepsilon_{r1}}{d} SV_0$ $Q_2 = \dfrac{\varepsilon_0 \varepsilon_{r2}}{d} SV_0$
(2)	$E_1 = \dfrac{\varepsilon_{r1}}{d} V_0$ $E_2 = \dfrac{\varepsilon_{r2}}{d} V_0$	$D_1 = \dfrac{\varepsilon_0 \varepsilon_{r1}}{d} V_0$ $D_2 = \dfrac{\varepsilon_0 \varepsilon_{r2}}{d} V_0$	$Q_1 = \dfrac{\varepsilon_0 \varepsilon_{r1}}{d} SV_0$ $Q_2 = \dfrac{\varepsilon_0 \varepsilon_{r2}}{d} SV_0$
(3)	$E_1 = \dfrac{V_0}{d}$ $E_2 = \dfrac{V_0}{d}$	$D_1 = \dfrac{\varepsilon_0 \varepsilon_{r1}}{d} SV_0$ $D_2 = \dfrac{\varepsilon_0 \varepsilon_{r2}}{d} SV_0$	$Q_1 = \dfrac{\varepsilon_0 \varepsilon_{r1}}{d} V_0$ $Q_2 = \dfrac{\varepsilon_0 \varepsilon_{r2}}{d} V_0$
(4)	$E_1 = \dfrac{V_0}{d}$ $E_2 = \dfrac{V_0}{d}$	$D_1 = \dfrac{\varepsilon_0 \varepsilon_{r1}}{d} V_0$ $D_2 = \dfrac{\varepsilon_0 \varepsilon_{r2}}{d} V_0$	$Q_1 = \dfrac{\varepsilon_0 \varepsilon_{r1}}{d} SV_0$ $Q_2 = \dfrac{\varepsilon_0 \varepsilon_{r2}}{d} SV_0$
(5)	$E_1 = \dfrac{\varepsilon_0 \varepsilon_{r1}}{d} SV_0$ $E_2 = \dfrac{\varepsilon_0 \varepsilon_{r2}}{d} SV_0$	$D_1 = \dfrac{\varepsilon_0 \varepsilon_{r1}}{d} V_0$ $D_2 = \dfrac{\varepsilon_0 \varepsilon_{r2}}{d} V_0$	$Q_1 = \dfrac{\varepsilon_0}{d} SV_0$ $Q_2 = \dfrac{\varepsilon_0}{d} SV_0$

[平成 21 年 A 問題]

答 (4)

考え方 図 2.11 に示すように，面積が S 〔m²〕の電極板が d 〔m〕の間隔で平行に置かれたコンデンサ C 〔F〕がある。この中に ε 〔F/m〕の絶縁物を入れ，電圧 V_0 〔V〕を加えた場合，次の式が成り立つ。

電界の強さ $E = \dfrac{V_0}{d}$

電束密度 $D = \dfrac{Q}{S}$

誘電率 $\varepsilon = \dfrac{D}{E}$

静電容量 $C = \dfrac{Q}{V}$

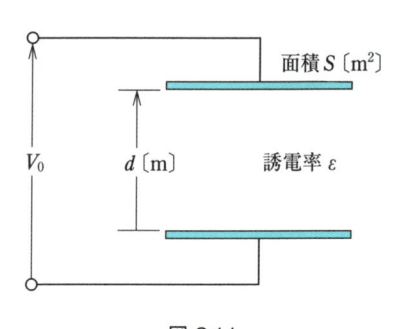

図 2.11

解き方

平行平板コンデンサ C_1 および C_2 の電界の強さを E_1〔V/m〕，E_2〔V/m〕とすると，電極板間隔が d〔m〕なので，

$$E_1 = \frac{V_0}{d} \text{〔V/m〕}$$

$$E_2 = \frac{V_0}{d} \text{〔V/m〕}$$

C_1 および C_2 の電束密度 D_1〔C/m^2〕，D_2〔C/m^2〕は，

$$D_1 = \varepsilon_0 \varepsilon_{r1} E_1 = \varepsilon_0 \varepsilon_{r1} \frac{V_0}{d} \text{〔C/m}^2\text{〕}$$

$$D_2 = \varepsilon_0 \varepsilon_{r2} E_2 = \varepsilon_0 \varepsilon_{r2} \frac{V_0}{d} \text{〔C/m}^2\text{〕}$$

したがって，C_1 および C_2 に蓄えられる電荷 Q_1〔C〕，Q_2〔C〕は，

$$Q_1 = D_1 \times S = \varepsilon_0 \varepsilon_{r1} S \frac{V_0}{d} \text{〔C〕}$$

$$Q_2 = D_2 \times S = \varepsilon_0 \varepsilon_{r2} S \frac{V_0}{d} \text{〔C〕}$$

例題 4

図に示すように，面積が十分に広い平行平板電極（電極間距離 10〔mm〕）が空気（比誘電率 $\varepsilon_{r1} = 1$ とする）と，電極と同形同面積の厚さ 4〔mm〕で比誘電率 $\varepsilon_{r2} = 4$ の固体誘電体で構成されている。下部電極を接地し，上部電極に直流電圧 V〔kV〕を加えた。次の (a) 及び (b) に答えよ。

ただし，固体誘電体の導電性及び電極と固体誘電体の端効果は無視できるものとする。

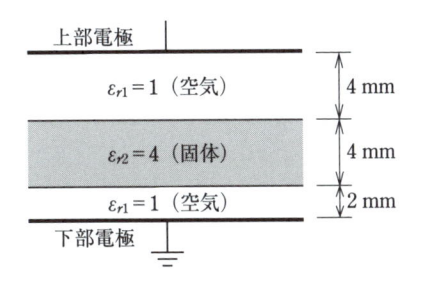

```
上部電極
─────────────────
  ε_{r1}=1（空気）      4 mm
─────────────────
  ε_{r2}=4（固体）      4 mm
─────────────────
  ε_{r1}=1（空気）      2 mm
─────────────────
下部電極  ⏚
```

(a) 電極間の電界の強さ E〔kV/mm〕のおおよその分布を示す図として，正しいのは次のうちどれか。

ただし，このときの電界の強さでは，放電は発生しないものとする。また，各図において，上部電極から下部電極に向かう距離を x〔mm〕とする。

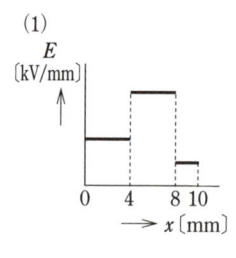

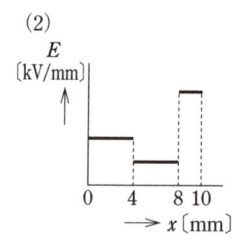

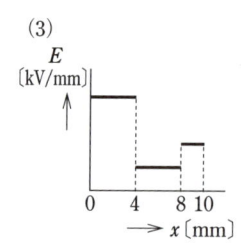

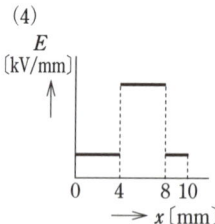

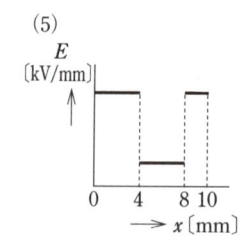

(1) グラフ (2) グラフ (3) グラフ
(4) グラフ (5) グラフ

(b) 上部電極に加える電圧 V 〔kV〕を徐々に増加し，下部電極側の空気中の電界の強さが 2〔kV/mm〕に達したときの電圧 V〔kV〕の値として，正しいのは次のうちどれか。

(1) 11　　(2) 14　　(3) 20　　(4) 44　　(5) 56

〔平成 21 年 B 問題〕

答 (a)-(5)，(b)-(2)

考え方
(1) 平行平板電極に，直流電圧 V〔kV〕を加えたとき，空気の部分の電界の強さを E_1〔kV/mm〕，固体誘電体の部分の電界の強さを E_2〔kV/mm〕とする。平行平板電極の電束密度 D〔C/m²〕は等しい。
$$D = \varepsilon_0 \varepsilon_{r1} E_1 = \varepsilon_0 \varepsilon_{r2} E_2 \tag{1}$$

(2) 電圧 V は，電界の強さ E に電極間の距離 d を掛けて求められる。
$$V = E \times d \text{〔V〕}$$

解き方
(a) 式(1)から，
$$E_2 = \frac{\varepsilon_{r1}}{\varepsilon_{r2}} \times E_1 = \frac{1}{4} E_1$$

したがって，電極間の電界の強さ E〔kV/mm〕の分布は選択肢 (5) となる。

(b) 電極間に加える電圧 V〔kV〕は，
$$V = 2\text{〔kV/mm〕} \times 4\text{〔mm〕} + \frac{1}{4} \times 2\text{〔kV/mm〕} \times 4\text{〔mm〕}$$
$$+ 2\text{〔kV/mm〕} \times 2\text{〔mm〕}$$
$$= 8 + 2 + 4 = 14\text{〔kV〕}$$

例題 5

大きさが等しい二つの導体球 A，B がある。両導体球に電荷が蓄えられている場合，両導体球の間に働く力は，導体球に蓄えられている電荷の積に比例し，導体球間の距離の 2 乗に反比例する。次の（a）及び（b）に答えよ。

(a) この場合の比例定数を求める目的で，導体球 A に $+2 \times 10^{-8}$〔C〕，導体球 B に $+3 \times 10^{-8}$〔C〕の電荷を与えて，導体の中心間距離で 0.3〔m〕隔てて両導体球を置いたところ，両導体球間に 6×10^{-5}〔N〕の反発力が働いた。この結果から求められる比例定数〔Nm²/C²〕として，最も近いのは次のうちどれか。

ただし，導体球 A，B の初期電荷は零とする。また，両導体球の大きさは 0.3〔m〕に比べて極めて小さいものとする。

(1) 3×10^9 (2) 6×10^9 (3) 8×10^9 (4) 9×10^9
(5) 15×10^9

(b) 上記（a）の導体球 A，B を，電荷を保持したままで 0.3〔m〕の距離を隔てて固定した。ここで，導体球 A，B と大きさが等しく電荷を持たない導体球 C を用意し，導体球 C をまず導体球 A に接触させ，次に導体球 B に接触させた。この導体球 C を導体球 A と導体球 B の間の直線上に置くとき，導体球 C が受ける力が釣り合う位置を導体球 A との中心間距離〔m〕で表したとき，その距離に最も近いのは次のうちどれか。

(1) 0.095 (2) 0.105 (3) 0.115 (4) 0.124 (5) 0.135

［平成 20 年 B 問題］

答 (a)-(4)，(b)-(4)

考え方 (1) 図 2.12 に示すように，Q_A，Q_B の符号が同じ場合は反発力，異符号の場合であれば吸引力の静電力 F〔N〕が働く。

$$F = \frac{1}{4\pi\varepsilon_0} \cdot \frac{Q_A Q_B}{r^2} \text{〔N〕}$$

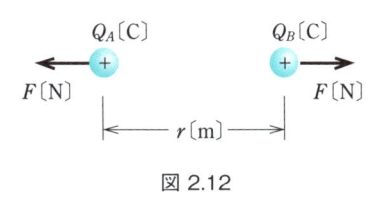

図 2.12

(2) 導体球 A，B，C は，大きさが等しいので，その静電容量が等しく C〔F〕とする。

導体球 A に，電荷を持たない導体球 C を接触させると，導体球 A

とCの電荷は等しく，それぞれ $Q_A/2$ 〔C〕 $= 1 \times 10^{-8}$〔C〕となる。続いて，導体球CをBに接触させると，CとBの電荷は等しく，

$$\frac{\frac{Q_A}{2}+Q_B}{2} = \frac{1\times10^{-8}+3\times10^{-8}}{2} = 2\times10^{-8} \text{〔C〕}$$

となる。

解き方

(a) 比例定数 k〔Nm²/C²〕はクーロンの法則より，

$$k = \frac{F \cdot r^2}{Q_A \cdot Q_B} = \frac{6\times10^{-5}\times 0.3^2}{2\times10^{-8}\times 3\times10^{-8}} = 9\times10^9 \text{〔Nm²/C²〕}$$

(b) 導体球A，B，Cには，それぞれ $Q_A' = 1\times10^{-8}$〔C〕，$Q_B' = 2\times10^{-8}$〔C〕，$Q_C' = 2\times10^{-8}$〔C〕の電荷が蓄えられている。

図2.13に示すように，導体球AとBの間の直線上に置かれた導体球Cに働く力がつり合うとき，導体球AからCまでの中心間距離を x〔m〕，A-C間に働く力を F_{AC}〔N〕，B-C間に働く力を F_{BC}〔N〕とすると，

$$F_{AC} = 9\times10^9 \frac{1\times10^{-8}\times 2\times10^{-8}}{x^2} \tag{1}$$

$$F_{BC} = 9\times10^9 \frac{2\times10^{-8}\times 2\times10^{-8}}{(0.3-x)^2} \tag{2}$$

題意から，式(1) ＝ 式(2)であるから，

$$\frac{2}{x^2} = \frac{4}{(0.3-x)^2}$$

$$2x^2 = (0.3-x)^2$$

$$\sqrt{2}\,x = 0.3-x$$

したがって，

$$x = \frac{0.3}{\sqrt{2}+1} \fallingdotseq 0.124 \text{〔m〕}$$

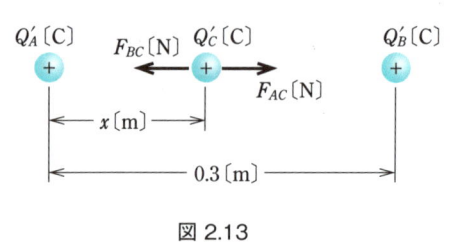

図2.13

2.3 電界の強さと電位

例題 1

次の文章は，電界と電位差の関係について述べたものである。

図のように，電界の強さが E〔V/m〕の一様な電界中の点 A に 1〔C〕の正の点電荷をおくと，この点電荷には ［（ア）］ が働く。いま，この ［（ア）］ に逆らって，その電界中の他の点 B にこの点電荷を移動するには外部から仕事をしてやらなければならない。このような場合，点 B は点 A より電位が ［（イ）］ といい，点 A と点 B の間には電位差があるという。電位差の大きさは，点電荷を移動するときに要した仕事の大きさによって決まり，仕事が 1〔［（ウ）］〕のとき，2 点間の電位差は 1〔V〕である。

上記の記述中の空白箇所（ア），（イ）及び（ウ）に当てはまる語句又は記号として，正しいものを組み合わせたのは次のうちどれか。

	（ア）	（イ）	（ウ）
(1)	起電力	低い	C
(2)	静電力	高い	J
(3)	起電力	高い	C
(4)	保持力	低い	J
(5)	静電力	低い	N

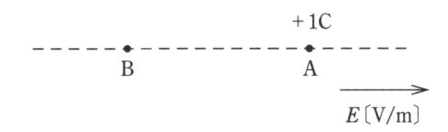

```
            +1C
------●----------●---------
      B          A
                   →
                  E〔V/m〕
```

[平成 16 年 A 問題]

答 (2)

考え方　図 2.14 に示すように，Q〔C〕の電荷が真空中に置かれたとき，これから r〔m〕離れた B 点における電位 V は次式で表される。

$$V = \frac{1}{4\pi\varepsilon_0}\frac{Q}{r} = 9\times 10^9 \frac{Q}{r} \text{〔V〕}$$

空間に電荷 $+Q$〔C〕を置くと，そのまわりに電界ができる。図 2.14 のように単位正電荷 $+1$ C を無限遠点から B 点まで移動させるのに必要な仕事 V〔J/C〕を B 点の電位といい，単位は〔V〕である。

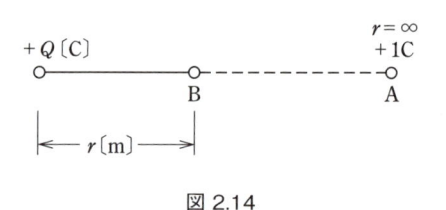

図 2.14

解き方　電界中の単位正電荷に働く静電力を電界の強さという。この点電荷を電界に逆らって点 A から点 B に移動したとき，点 B は点 A より電位が高い。

電位差 V は，単位電荷あたりの仕事 [J/C] で，仕事の単位はジュール [J] である。

例題 2　真空中において，図のように一辺が $2a$ [m] の正三角形の各頂点 A，B，C に正の点電荷 Q [C] が配置されている。点 A から辺 BC の中点 D に下ろした垂線上の点 G を正三角形の重心とする。点 D から x [m] 離れた点 P の電界 [V/m] の大きさを表わす式として，正しいのは次のうちどれか。

ただし，点 P は点 D と点 G 間の垂線上にあるものとし，真空の誘電率を ε_0 [F/m] とする。

(1) $\dfrac{Q}{4\pi\varepsilon_0}\left[\dfrac{1}{(\sqrt{3}\,a-x)}+\dfrac{2}{\sqrt{a^2+x^2}}\right]$

(2) $\dfrac{Q}{4\pi\varepsilon_0}\left[\dfrac{1}{(\sqrt{3}\,a-x)^2}+\dfrac{2}{(a^2+x^2)}\right]$

(3) $\dfrac{Q}{4\pi\varepsilon_0}\left[\dfrac{1}{(\sqrt{3}\,a-x)^2}-\dfrac{2}{(a^2+x^2)}\right]$

(4) $\dfrac{Q}{4\pi\varepsilon_0}\left[\dfrac{1}{(\sqrt{3}\,a-x)^2}+\dfrac{2x}{(a^2+x^2)^{\frac{3}{2}}}\right]$

(5) $\dfrac{Q}{4\pi\varepsilon_0}\left[\dfrac{1}{(\sqrt{3}\,a-x)^2}-\dfrac{2x}{(a^2+x^2)^{\frac{3}{2}}}\right]$

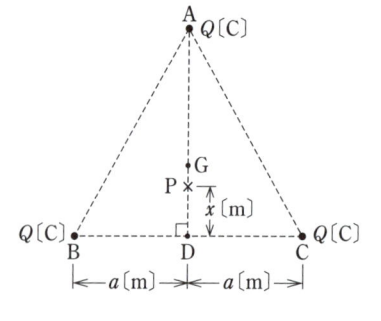

[平成 20 年 A 問題]

答　(5)

考え方　図 2.15(a) において電界をつくる電荷を $+Q$ [C] とし，そこから r [m] 離れた点 P に $+1$ [C] の単位正電荷を置くと，点 P の電界の強さ E [V/m] は，次式のようになる。

$$E = \frac{1}{4\pi\varepsilon_0} \cdot \frac{Q}{r^2} = 9 \times 10^9 \frac{Q}{r^2} \ [\text{V/m}]$$

電界の向きは，P点の矢印のようになる。

電界の強さは，+1〔C〕の点電荷に働くベクトル量となる。

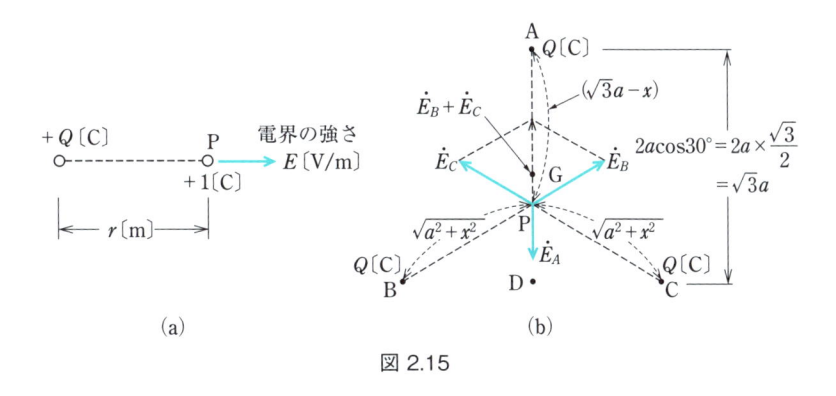

図 2.15

解き方 　点Pにの電界の強さは，図2.15(b)に示すように，$\dot{E}_A$, $\dot{E}_B$ および $\dot{E}_C$ のベクトル合成となる。

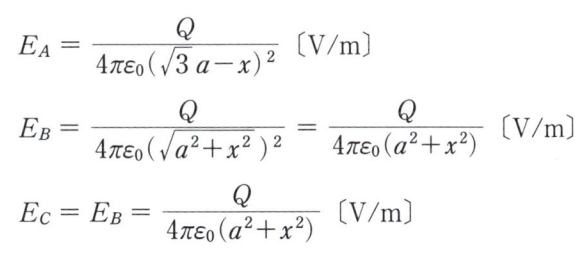

$$E_A = \frac{Q}{4\pi\varepsilon_0(\sqrt{3}\,a - x)^2} \ [\text{V/m}]$$

$$E_B = \frac{Q}{4\pi\varepsilon_0(\sqrt{a^2 + x^2})^2} = \frac{Q}{4\pi\varepsilon_0(a^2 + x^2)} \ [\text{V/m}]$$

$$E_C = E_B = \frac{Q}{4\pi\varepsilon_0(a^2 + x^2)} \ [\text{V/m}]$$

合成電界 E_P は，P→D に向かう方向を正にとると，

$$E_P = E_A - 2 \cdot E_B \times \frac{\overline{PD}}{\overline{BP}} = E_A - 2E_B \cdot \frac{x}{\sqrt{a^2 + x^2}}$$

$$= \frac{Q}{4\pi\varepsilon_0(\sqrt{3}\,a - x)^2} - 2 \cdot \frac{Q}{4\pi\varepsilon_0(a^2 + x^2)} \cdot \frac{x}{\sqrt{a^2 + x^2}}$$

$$= \frac{Q}{4\pi\varepsilon_0} \left\{ \frac{1}{(\sqrt{3}\,a - x)^2} - \frac{2x}{(a^2 + x^2)^{\frac{3}{2}}} \right\} \ [\text{V/m}]$$

2.3 電界の強さと電位

例題 3

図1に示すような，空気中における固体誘電体を含む複合誘電体平行平板電極がある。この下部電極を接地し，上部電極に電圧を加えたときの電極間の等電位線の分布を示す断面図として，正しいのは次のうちどれか。

ただし，誘電体の導電性及び電極と誘電体の端効果は無視できるものとする。

参考までに固体誘電体を取り除いた，空気中平行平板電極の場合の等電位線の分布を図2に示す。

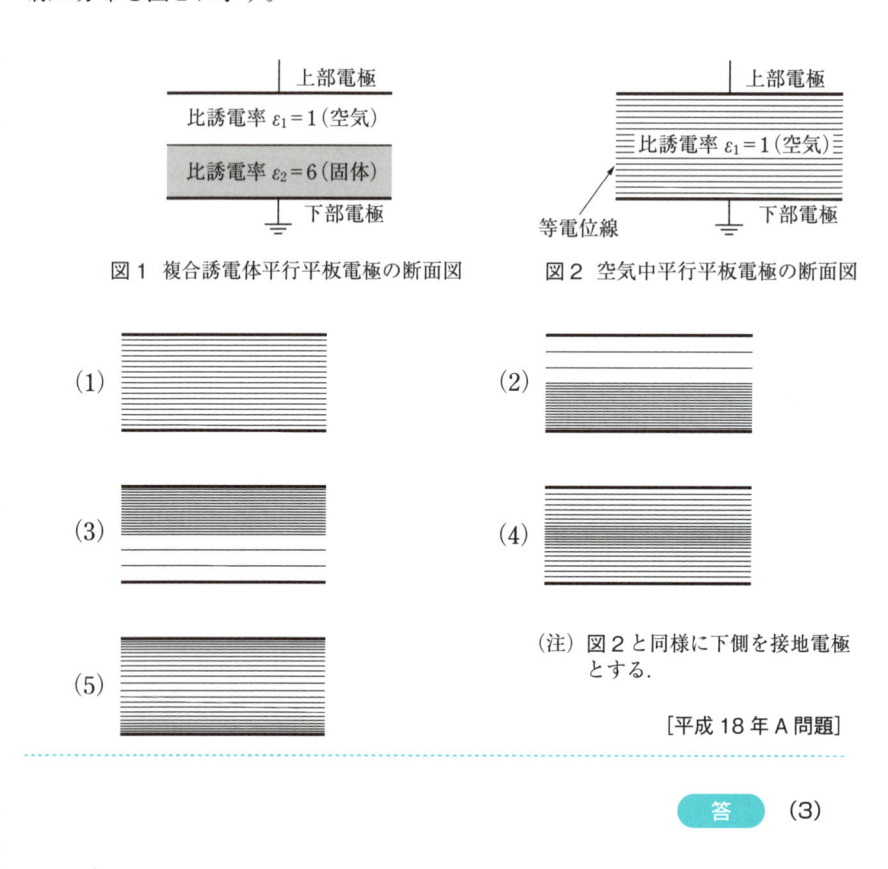

図1 複合誘電体平行平板電極の断面図

図2 空気中平行平板電極の断面図

(1) (2) (3) (4) (5)

（注）図2と同様に下側を接地電極とする．

［平成18年A問題］

答 (3)

解き方

図2.16において，空気中の電束と誘電体中の電束は平行，一様で D [C/m²] で，その密度は変わらない。

$$D = \frac{Q}{S}$$

電界は，

$$E_1 = \frac{D}{\varepsilon_0 \varepsilon_1} = \frac{Q}{\varepsilon_0 \varepsilon_1 S}$$

$$E_2 = \frac{D}{\varepsilon_0 \varepsilon_2 S}$$

図2.16

解き方

等電位面は電気力線と直角に交わり，電界の強さは電気力線密度である。比誘電率 ε_1 の電界の強さを E_1，電荷を Q〔C〕，面積を S〔m^2〕とすれば，比誘電率 ε_2 の電界の強さ E_2 は，

$$E_1 = \frac{Q}{\varepsilon_0 \varepsilon_1 S} = \frac{Q}{\varepsilon_0 \times 1 \times S} = \frac{Q}{\varepsilon_0 S}$$

$$E_2 = \frac{Q}{\varepsilon_0 \varepsilon_2 S} = \frac{Q}{\varepsilon_0 \times 6 \times S} = \frac{Q}{6\varepsilon_0 S} = \frac{E_1}{6}$$

となる。よって，電気力線は E_1，E_2 に比例する。

例題 4

真空中において，図に示すように点 O を通る直線上の，点 O からそれぞれ r〔m〕離れた 2 点 A，B に Q〔C〕の正の点電荷が置かれている。この直線に垂直で，点 O から x〔m〕離れた点 P の電位 V〔V〕を表す式として，正しいのは次のうちどれか。

ただし，真空の誘電率を ε_0〔F/m〕とする。

(1) $\dfrac{Q}{2\pi\varepsilon_0 \sqrt{r^2 + x^2}}$ (2) $\dfrac{Q}{2\pi\varepsilon_0 (r^2 + x^2)}$ (3) $\dfrac{Q}{4\pi\varepsilon_0 \sqrt{r^2 + x^2}}$

(4) $\dfrac{Q}{2\pi\varepsilon_0 x^2}$ (5) $\dfrac{Q}{4\pi\varepsilon_0 (r^2 + x^2)}$

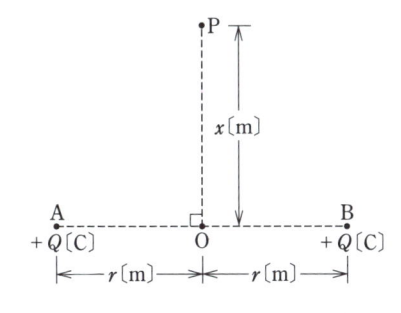

〔平成 17 年 A 問題〕

答 (1)

考え方

図 2.17 に示すように，電気力線の接線が電界の方向で，電気力線密度は電界の方向を示す。

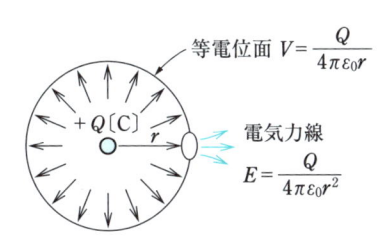

図 2.17

2.3 電界の強さと電位

電位の等しい点を連ねてできる面を等電位面といい、電気力線と直交する。電位は大きさだけの量で方向は関係しないので、スカラ量である。

点電荷 Q 〔C〕から r 〔m〕離れた場所の電位 V 〔V〕は、

$$V = -\int_{\infty}^{r} E dr = -\int_{\infty}^{r} \frac{Q}{4\pi\varepsilon_0 r^2} dr = -\frac{Q}{4\pi\varepsilon_0} \int_{\infty}^{r} \frac{1}{r^2} dr$$

$$= -\frac{Q}{4\pi\varepsilon_0} \left[-\frac{1}{r}\right]_{\infty}^{r} = \frac{Q}{4\pi\varepsilon_0}\left(\frac{1}{r} - \frac{1}{\infty}\right) = \frac{Q}{4\pi\varepsilon_0 r} \text{〔V〕}$$

解き方

点 A の $+Q$ 〔C〕による点 P の電位 V_{PA} 〔V〕は、

$$V_{PA} = \frac{Q}{4\pi\varepsilon_0 \sqrt{r^2+x^2}} \text{〔V〕}$$

点 B の $+Q$ 〔C〕による点 P の電位 V_{PB} 〔V〕は、

$$V_{PB} = \frac{Q}{4\pi\varepsilon_0 \sqrt{r^2+x^2}} \text{〔V〕}$$

となる。

求める点 P の電位 V 〔V〕は、電位の合成がスカラ量なので、

$$V = V_{PA} + V_{PB} = \frac{Q}{4\pi\varepsilon_0 \sqrt{r^2+x^2}} + \frac{Q}{4\pi\varepsilon_0 \sqrt{r^2+x^2}}$$

$$= \frac{Q}{2\pi\varepsilon_0 \sqrt{r^2+x^2}} \text{〔V〕}$$

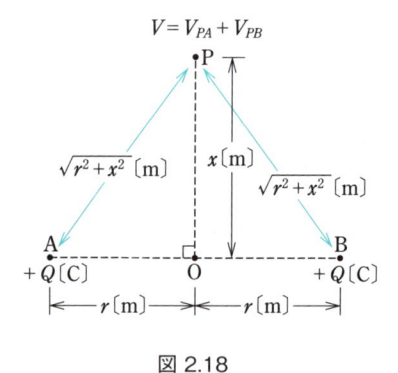

図 2.18

例題 5

真空中において，図のように点Aに正電荷 $+4Q$ 〔C〕，点Bに負電荷 $-Q$ 〔C〕の点電荷が配置されている。この2点を通る直線上で電位が0〔V〕になる点を点Pとする。点Pの位置を示すものとして，正しいものを組み合わせたのは次のうちどれか。なお，無限遠の点は除く。

ただし，点Aと点B間の距離を l〔m〕とする。また，点Aより左側の領域をa領域，点Aと点Bの間の領域をab領域，点Bより右側の領域をb領域とし，真空の誘電率を ε_0〔F/m〕とする。

	a 領域	ab 領域	b 領域
(1)	点Aより左 $l/3$〔m〕の点	この領域には存在しない	点Bより右 l〔m〕の点
(2)	この領域には存在しない	点Aより右 $4l/5$〔m〕の点	点Bより右 $l/3$〔m〕の点
(3)	この領域には存在しない	この領域には存在しない	点Bより右 l〔m〕の点
(4)	点Aより左 $l/3$〔m〕の点	点Aより右 $4l/5$〔m〕の点	点Bより右 $l/3$〔m〕の点
(5)	この領域には存在しない	点Aより右 $4l/5$〔m〕の点	点Bより右 l〔m〕の点

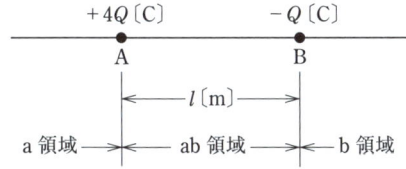

```
            +4Q〔C〕    -Q〔C〕
        ─────●──────────●─────
              A          B
              ├── l〔m〕──┤
       a領域 ─┤── ab領域 ──┤─ b領域
```

［平成22年A問題］

答 (2)

考え方　図2.19において，点Pの電位 V〔V〕は，電位の合成がスカラ量なので，

$$V = V_{PA} + V_{PB} = \frac{4Q}{4\pi\varepsilon_0 x} + \frac{-Q}{4\pi\varepsilon_0 (x+l)} \qquad (1)$$

となる。

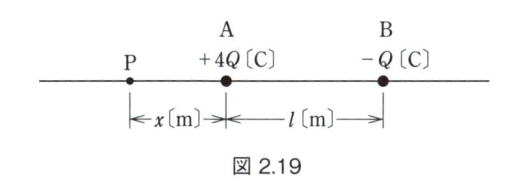

```
              A           B
     P     +4Q〔C〕     -Q〔C〕
  ───●───────●───────────●───
     ├ x〔m〕┤├── l〔m〕──┤
```

図 2.19

解き方

① a 領域

式(1)において $V = 0$ 〔V〕となる x は,

$$\frac{4}{x} = \frac{1}{x+l} \qquad 4(x+l) = x \qquad 3x = -4l \qquad x = -\frac{4}{3}l$$

x は負値なので, a の領域には電位が 0 V になる点は存在しない。

② ab 領域

図 2.20 に示すとおり, 点 A から右へ x 〔m〕離れた点の電位 V は,

$$V = \frac{4Q}{4\pi\varepsilon_0 x} + \frac{-Q}{4\pi\varepsilon_0 (l-x)} = 0$$

$$\frac{4}{x} = \frac{1}{l-x}$$

$$4(l-x) = x$$

$$4l = 5x$$

$$\therefore \quad x = \frac{4}{5}l \text{ 〔m〕}$$

図 2.20

したがって, 点 A より右 $4l/5$ 〔m〕の点となる。

③ b 領域

図 2.21 に示すとおり, 点 B から右へ x 〔m〕離れた点の電位 V は,

$$V = \frac{4Q}{4\pi\varepsilon_0 (l+x)} + \frac{-Q}{4\pi\varepsilon_0 x} = 0$$

$$\frac{4}{l+x} = \frac{1}{x} \qquad l+x = 4x \qquad l = 3x \qquad \therefore \quad x = \frac{l}{3} \text{ 〔m〕}$$

したがって, 点 B より右へ $l/3$ 〔m〕の点となる。

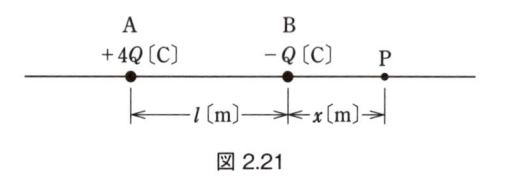

図 2.21

例題 6

真空中において, 図に示すように, 一辺の長さが 6 〔m〕の正三角形の頂点 A に 4×10^{-9} 〔C〕の正の点電荷が置かれ, 頂点 B に -4×10^{-9} 〔C〕の負の点電荷が置かれている。正三角形の残る頂点を点 C とし, 点 C より下した垂線と正三角形の辺 AB との交点を点 D として, 次の(a)及び(b)に答えよ。ただし, クーロンの法則の比例定数を 9×10^9 〔N·m²/C²〕とする。

(a) まず, q_0 〔C〕の正の点電荷を点 C に置いたときに, この正の点電荷に働く力の大きさは F_C 〔N〕であった。次に, この正の点電荷を点 D に移動

したときに，この正の点電荷に働く力の大きさは F_D〔N〕であった．力の大きさの比 F_C/F_D の値として，正しいのは次のうちどれか．

(1) $\dfrac{1}{8}$　　(2) $\dfrac{1}{4}$　　(3) 2　　(4) 4　　(5) 8

(b) 次に，q_0〔C〕の正の点電荷を点 D から点 C の位置に戻し，強さが 0.5〔V/m〕の一様な電界を辺 AB に平行に点 B から点 A の向きに加えた．このとき，q_0〔C〕の正の点電荷に電界の向きと逆の向きに 2×10^{-9}〔N〕の大きさの力が働いた．正の点電荷 q_0〔C〕の値として，正しいのは次のうちどれか．

(1) $\dfrac{4}{3}\times10^{-9}$　　(2) 2×10^{-9}

(3) 4×10^{-9}　　(4) $\dfrac{4}{3}\times10^{-8}$

(5) 2×10^{-8}

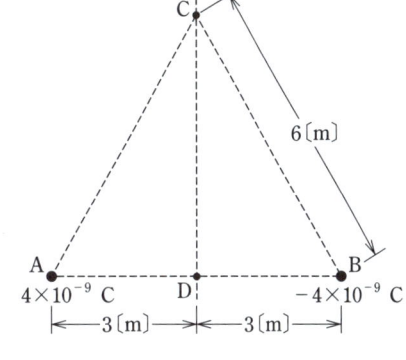

〔平成 22 年 B 問題〕

答　(a)-(1), (b)-(3)

考え方　図 2.22 に示すとおり，点 A の電荷 $+q$〔C〕，B 点の電荷を $-q$〔C〕とすれば，AC 間，BC 間に働く静電力の大きさは等しく，$q=4\times10^{-9}$〔C〕であるから，

$$F = F_{AC} = F_{BC} = 9\times10^9 \times \dfrac{qq_0}{r^2} = 9\times10^9 \times \dfrac{4\times10^{-9}q_0}{6^2}$$

$$= q_0 \text{〔W〕}$$

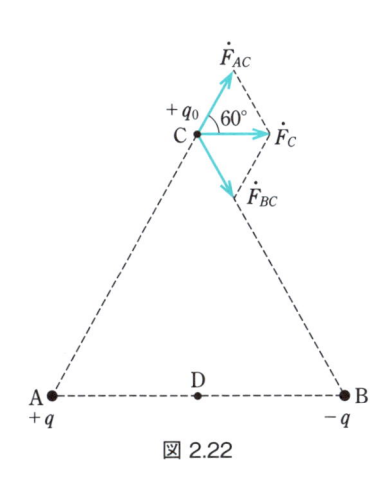

図 2.22

F_C は，$\dot{F}_{AC}$ と $\dot{F}_{BC}$ のベクトル合成で求める。

$$F_C = F \times 2 \times \cos 60° = q_0 \times 2 \times \frac{1}{2} = q_0 \text{ [N]}$$

となる。

次に，D 点に q_0 [C] を置たときの静電力は，

$$F = F_{AD} = F_{BD} = 9 \times 10^9 \times \frac{qq_0}{r'^2} = 9 \times 10^9 \times \frac{4 \times 10^{-9} q_0}{3^2}$$

$$= 4q_0 \text{ [N]}$$

F_C は $\dot{F}_{AD}$ と $\dot{F}_{BD}$ のベクトル合成で，図 2.23 に示す。

$$F_D = F \times 2 = 4q_0 \times 2 = 8q_0 \text{ [N]}$$

となる。

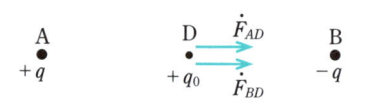

図 2.23

解き方 (a) 力の大きさの比 F_C/F_D は，

$$\frac{F_C}{F_D} = \frac{q_0}{8q_0} = \frac{1}{8}$$

(b) 本例題の内容を図示すると図 2.24 のようになる。

$$F_C - F_E = 2 \times 10^{-9}$$

$$q_0 - q_0 E = 2 \times 10^{-9}$$

$$q_0 = \frac{2 \times 10^{-9}}{1 - E} = \frac{2 \times 10^{-9}}{1 - 0.5} = 4 \times 10^{-9} \text{ [C]}$$

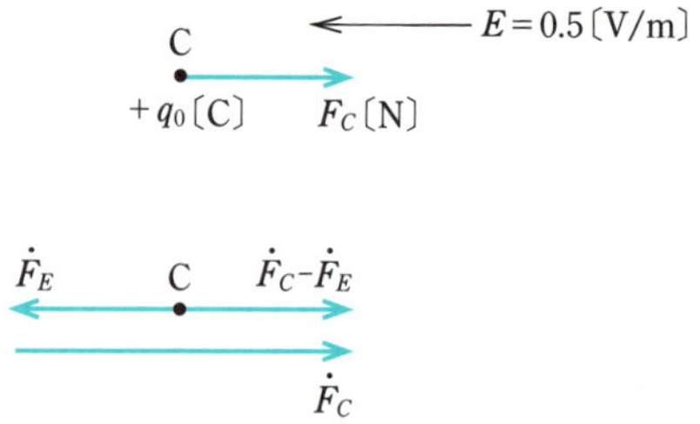

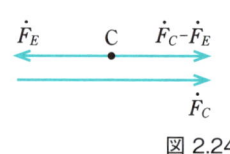

図 2.24

2.4 静電容量と静電エネルギー

例題1

真空中に半径 6.37×10^6 〔m〕の導体球がある。これの静電容量〔F〕の値として，最も近いのは次のうちどれか。
ただし，真空の誘電率を $\varepsilon_0 = 8.85 \times 10^{-12}$ 〔F/m〕とする。

(1) 7.08×10^{-4}　　(2) 4.45×10^{-3}　　(3) 4.51×10^3
(4) 5.67×10^4　　(5) 1.78×10^5

［平成 18 年 A 問題］

答 (1)

考え方　静電容量とは，電荷を蓄える容器の役割をする。コンデンサに蓄えられる電荷 Q〔C〕は，加える電圧 V〔V〕に比例する。この比例定数を C とすると，

$$Q = CV \text{〔C〕}$$

ここで，C は静電容量であり，単位には〔F〕(ファラド) を用いる。
図 2.25 に示すような球状導体の静電容量 C を求める。半径 r〔m〕の球導体に，Q〔C〕の電荷を与えたときの導体の電位 V〔V〕は，

$$V = \frac{Q}{4\pi\varepsilon_0 r}$$
$$= 9 \times 10^9 \times \frac{Q}{r} \text{〔V〕}$$

静電容量 C〔F〕は，

$$C = \frac{Q}{V} = 4\pi\varepsilon_0 r$$
$$= \frac{1}{9 \times 10^9} r \text{〔F〕}$$

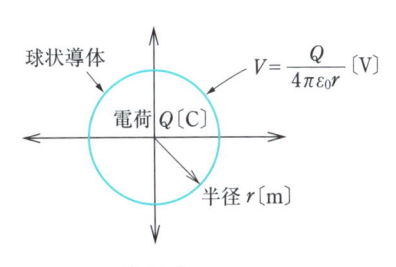

図 2.25

解き方　半径 r〔m〕の導体球に電荷 Q〔C〕を与えたときの電位 V〔V〕は，

$$V = \frac{Q}{4\pi\varepsilon_0 r} \text{〔V〕}$$

となる。求める静電容量 C〔F〕は，

$$C = \frac{Q}{V} = 4\pi\varepsilon_0 r = 4\pi \times 8.85 \times 10^{-12} \times 6.37 \times 10^6$$
$$\fallingdotseq 708 \times 10^{-6} = 7.08 \times 10^{-4} \text{〔F〕}$$

例題 2

図に示すように，電極板面積と電極板間隔がそれぞれ同一の 2 種類の平行平板コンデンサがあり，一方を空気コンデンサ A，他方を固体誘電体（比誘電率 $\varepsilon_r = 4$）が満たされたコンデンサ B とする。両コンデンサにおいて，それぞれ一方の電極に直流電圧 V〔V〕を加え，他方の電極を接地したとき，コンデンサ B の内部電界〔V/m〕及び電極板上に蓄えられた電荷〔C〕はコンデンサ A のそれぞれ何倍となるか。その倍率として，正しいものを組み合わせたのは次のうちどれか。

ただし，空気の比誘電率を 1 とし，コンデンサの端効果は無視できるものとする。

	内部電界	電荷
(1)	1	4
(2)	4	4
(3)	$\frac{1}{4}$	4
(4)	4	1
(5)	1	1

［平成 22 年 A 問題］

答 (1)

考え方 電極板面積と電極板間隔が同一であり，直流電圧 V〔V〕一定，コンデンサの端効果が無視できることから，この平行板コンデンサに発生する電界は平等電界である。よって，両コンデンサにおける電界は電極板間隔を d とすると，$E = V/d$〔V/m〕と同一値となり，倍率は 1 となる。

解き方 両コンデンサの静電容量を C_A, C_B，電極板面積を S，真空の誘電率を ε_0，固体誘電体の比誘電率を ε_r とすれば，

$$C_A = \varepsilon_0 \frac{S}{d}$$

$$C_B = \varepsilon_0 \varepsilon_r \frac{S}{d} = \varepsilon_r C_A = 4 C_A$$

また，それぞれの電荷を Q_A, Q_B とすれば，

$$Q_A = C_A V$$

$$Q_B = C_B V = 4 C_A V = 4 Q_A$$

$$\therefore \frac{Q_B}{Q_A} = 4$$

例題 3

真空中において，一辺 l〔m〕の正方形電極を間隔 d〔m〕で配置した平行板コンデンサがある。図1はこのコンデンサの電極板間に比誘電率 $\varepsilon_r = 3$ の誘電体を挿入した状態，図2は図1の誘電体を電極面積の $\frac{1}{2}$ だけ引き出した状態を示している。図1及び図2の二つのコンデンサの静電容量 C_1〔F〕及び C_2〔F〕の比 ($C_1 : C_2$) として，正しいのは次のうちどれか。

ただし，$l \gg d$ であり，コンデンサの端効果は無視できるものとする。

(1) 2：1　　(2) 3：1　　(3) 3：2　　(4) 4：3　　(5) 5：4

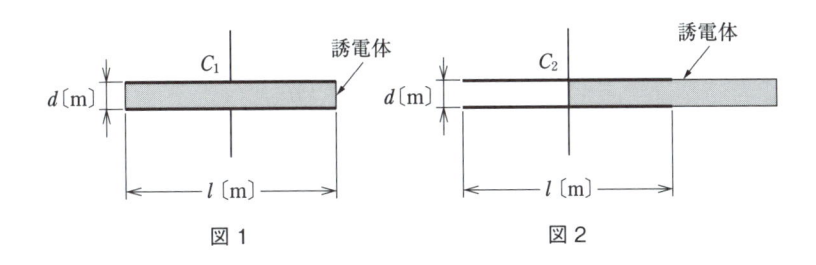

図1　　　　　　　　　　図2

〔平成15年A問題〕

答 (3)

考え方

例題の図1の平行板電極間の静電容量 C_1 は，

$$C_1 = \frac{\varepsilon_0 \varepsilon_r A}{d} \text{〔F〕}$$

ここで，A は電極面積〔m²〕である。

図2.26(a)はコンデンサの並列接続回路である。各コンデンサに蓄えられる電荷を Q_1, Q_2, Q_3〔C〕とすると，

$$Q_1 = C_1 V, \quad Q_2 = C_2 V, \quad Q_3 = C_3 V$$

回路全体に蓄えられる電荷 Q〔C〕は，

$$Q = Q_1 + Q_2 + Q_3 = C_1 V + C_2 V + C_3 V = (C_1 + C_2 + C_3) V$$

$$C = \frac{Q}{V} = C_1 + C_2 + C_3$$

となる。

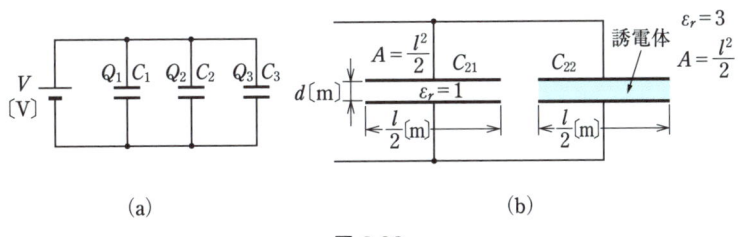

(a)　　　　　　　　　　(b)

図2.26

解き方

例題図1の静電容量 C_1〔F〕は，

$$C_1 = \frac{\varepsilon_0 \varepsilon_r A}{d} = \frac{\varepsilon_0 \times 3 \times l^2}{d} = \frac{3\varepsilon_0 l^2}{d}$$

例題図2の静電容量 C_2 は，図2.26(b)に示すように静電容量 C_{21} と C_{22} の並列回路となり，

$$C_2 = C_{21} + C_{22} = \frac{\varepsilon_0 \times 1 \times l \times \frac{l}{2}}{d} + \frac{\varepsilon_0 \times 3 \times l \times \frac{l}{2}}{d}$$

$$= \frac{\varepsilon_0 l^2}{2d} + \frac{3\varepsilon_0 l^2}{2d} = \frac{2\varepsilon_0 l^2}{d}$$

$$\therefore \quad C_1 : C_2 = \frac{3\varepsilon_0 l^2}{d} : \frac{2\varepsilon_0 l^2}{d} = 3 : 2$$

例題 4

真空中において，面積 S〔m^2〕の電極板を間隔 d〔m〕で配置した平行板コンデンサがある。この電極板と同じ形をした厚さ $\frac{d}{2}$〔m〕，比誘電率2の誘電体を図に示す間隔で平行に挿入した。このとき，誘電体を挿入する前と比較してコンデンサの静電容量〔F〕は何倍になるか。その倍率として最も近いのは次のうちどれか。

ただし，電極板の厚さ並びにコンデンサの端効果は，無視できるものとする。

(1) 1.3 　(2) 1.5 　(3) 2.0 　(4) 2.5 　(5) 3.0

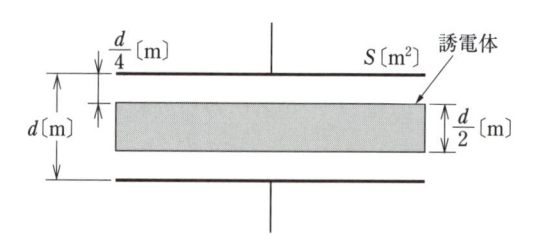

〔平成16年A問題〕

答 (1)

考え方　図2.27(a)はコンデンサの直列接続回路である。各コンデンサに蓄えられる電荷 Q〔C〕は等量である。各コンデンサの電位差は，

$$V_1 = \frac{Q}{C_1}$$

$$V_2 = \frac{Q}{C_2}$$

$$V_3 = \frac{Q}{C_3}$$

各電圧の和は電源電圧 V〔V〕と等しいので，

$$V = V_1 + V_2 + V_3 = \frac{Q}{C_1} + \frac{Q}{C_2} + \frac{Q}{C_3} = \left(\frac{1}{C_1} + \frac{1}{C_2} + \frac{1}{C_3}\right)Q$$

$$C = \frac{Q}{V} = \frac{1}{\frac{1}{C_1} + \frac{1}{C_2} + \frac{1}{C_3}}$$

$$\frac{1}{C} = \frac{1}{C_1} + \frac{1}{C_2} + \frac{1}{C_3}$$

となる。

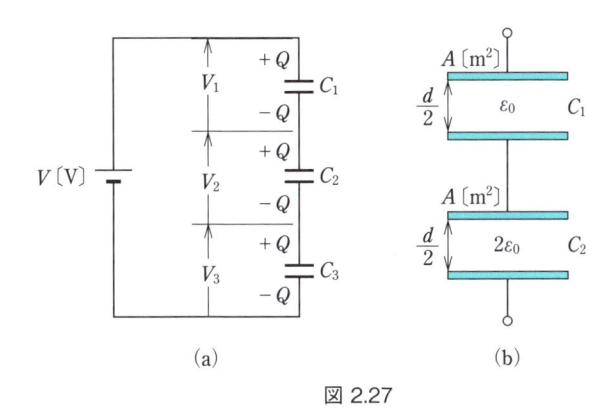

図 2.27

解き方 誘電体のない場合の静電容量 C_0 は，ε_0 を真空中の誘電率とすれば，

$$C_0 = \frac{\varepsilon_0 A}{d} \ \text{〔F〕}$$

となる。比誘電体を挿入すると，図 2.27(b)に示すように，静電容量 C_1 と C_2 の直列接続回路となり，合成静電容量 C は，

$$C = \frac{1}{\frac{1}{C_1} + \frac{1}{C_2}} = \frac{1}{\frac{1}{\frac{\varepsilon_0 A}{d/2}} + \frac{1}{\frac{2\varepsilon_0 A}{d/2}}} = \frac{1}{\frac{d}{2\varepsilon_0 A} + \frac{d}{4\varepsilon_0 A}}$$

$$= \frac{4\varepsilon_0 A}{3d} = \frac{4}{3}C_0 \fallingdotseq 1.3C_0$$

例題 5

次の文章は，平行板コンデンサに蓄えられるエネルギーについて述べたものである。

極板間に誘電率 ε〔F/m〕の誘電体をはさんだ平行板コンデンサがある。このコンデンサに電圧を加えたとき，蓄えられるエネルギー W〔J〕を誘電率 ε〔F/m〕，極板間の誘電体の体積 V〔m³〕，極板間の電界の大きさ E〔V/m〕で表現すると，W〔J〕は，誘電率 ε〔F/m〕の （ア） に比例し，体積 V〔m³〕に （イ） し，電界の大きさ E〔V/m〕の （ウ） に比例する。ただし，極板の端効果は無視する。

上記の記述中の空白箇所（ア），（イ）及び（ウ）に当てはまる語句として，正しいものを組み合わせたのは次のうちどれか。

	（ア）	（イ）	（ウ）
(1)	1乗	反比例	1乗
(2)	1乗	比例	1乗
(3)	2乗	反比例	1乗
(4)	1乗	比例	2乗
(5)	2乗	比例	2乗

〔平成20年A問題〕

答 (4)

考え方　図2.28に示すように，C〔F〕のコンデンサに電圧 V〔V〕を印加し，Q〔C〕の電荷が蓄えられるとき，蓄えられる静電エネルギー W〔J〕は，

$$W = \frac{1}{2}QV = \frac{1}{2}CV \cdot V = \frac{1}{2}CV^2 \text{〔J〕}$$

電極板面積 A〔m²〕，電極間距離 d〔m〕のコンデンサ内の電界の強さを E〔V/m〕，電束密度 D〔C/m²〕とすると，$V = Ed$，$Q = DA$ から，

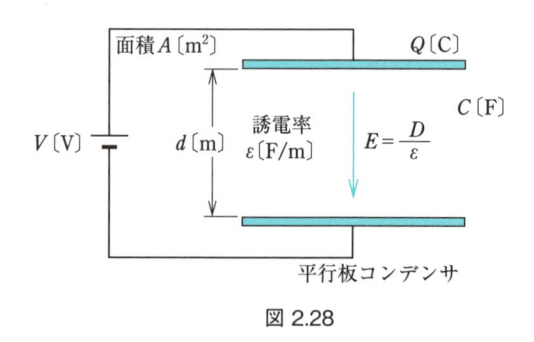

図2.28

$$W = \frac{1}{2}QV = \frac{1}{2}DA \cdot Ed = \frac{1}{2}ED \cdot Ad \quad [\text{J}]$$

ここで，Ad は誘電体の体積である。単位体積あたりの静電エネルギー w 〔J/m³〕は，

$$w = \frac{W}{Ad} = \frac{1}{2}ED = \frac{1}{2}E \cdot \varepsilon E = \frac{1}{2}\varepsilon E^2 \quad [\text{J/m}^3]$$

解き方 静電エネルギー W は $D = \varepsilon E$ から，

$$W = w \cdot Ad = \frac{1}{2}ED \cdot Ad = \frac{1}{2}\varepsilon E^2 \cdot Ad \quad [\text{J}]$$

となり，W は ε の 1 乗に比例し，体積 $Ad = V$ に比例し，電界の大きさ E の 2 乗に比例する。

例題 6

互いに 5〔mm〕の空げき間隔をおいて，平行平板状に並べられた 11 枚の同一形状の金属板がある。1 枚の金属板の面積は 0.5〔m²〕とする。いま，図のようにこの金属板をそれぞれ 1 枚おきに接続して空気コンデンサをつくる。次の (a) 及び (b) に答えよ。

ただし，真空の誘電率を $\varepsilon_0 = 8.85 \times 10^{-12}$〔F/m〕とし，空気の比誘電率は 1.0 とする。また，コンデンサの端効果は無視できるものとする。

(a) コンデンサの静電容量 C〔pF〕の値として，正しいのは次のうちどれか。

　(1) 88.5 　(2) 4 430 　(3) 8 850 　(4) 17.7×10^3
　(5) 117×10^4

(b) コンデンサ極板間の電界強度を 1 000〔kV/m〕とするとき，コンデンサに蓄えられるエネルギー W〔J〕の値として，最も近いのは次のうちどれか。

　(1) 1.11×10^{-3} 　(2) 5.54×10^{-2} 　(3) 1.11×10^{-1}
　(4) 2.21×10^{-1} 　(5) 2.21×10

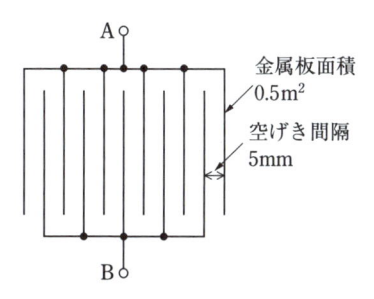

〔平成 18 年 B 問題〕

答 (a)-(3), (b)-(3)

2.4 静電容量と静電エネルギー

考え方 図2.29(a)に示すように，3枚の同一形状の金属板がある場合，図2.29(b)の2個のコンデンサの並列回路となる。したがって，図2.30に示すように11枚の同一形状の金属板の場合は，10個のコンデンサの並列回路となる。

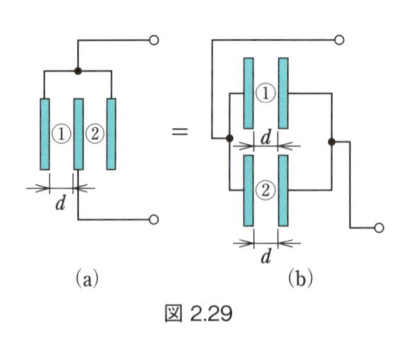

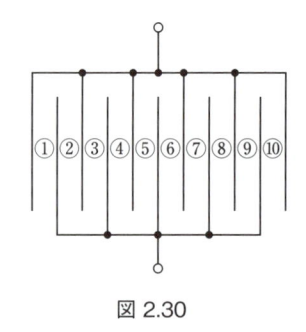

図2.29　　図2.30

解き方
(a) 1枚の金属板の面積を A 〔m²〕，空げき間隔を d 〔m〕，真空の誘電率を ε_0 〔F/m〕とすると，コンデンサが10個並列接続されているので，

$$C = \frac{\varepsilon_0 \varepsilon_s A}{d} \times 10 = \frac{8.85 \times 10^{-12} \times 1 \times 0.5}{5 \times 10^{-3}} \times 10$$
$$= 8.85 \times 10^{-9} \text{〔F〕} = 8\,850 \times 10^{-12} \text{〔F〕} \fallingdotseq 8\,850 \text{〔pF〕}$$

(b) コンデンサ極板間の電界強度を E 〔V/m〕とすると，端子AB間の電位差 V 〔V〕は，

$$V = E \cdot d = 1\,000 \times 10^3 \text{〔V/m〕} \times 5 \times 10^{-3} \text{〔m〕}$$
$$= 5\,000 \text{〔V〕}$$

コンデンサに蓄えられるエネルギー W 〔J〕は，

$$W = \frac{1}{2}CV^2 = \frac{1}{2} \times 8.85 \times 10^{-9} \times 5\,000^2 \fallingdotseq 0.111 \text{〔J〕}$$
$$= 1.11 \times 10^{-1} \text{〔J〕}$$

例題 7 図に示す5種類の回路は，直流電圧 E 〔V〕の電源と静電容量 C 〔F〕のコンデンサの個数と組み合わせを異にしたものである。これらの回路のうちで，コンデンサ全体に蓄えられている電界のエネルギーが最も小さい回路を示す図として，正しいのは次のうちどれか。

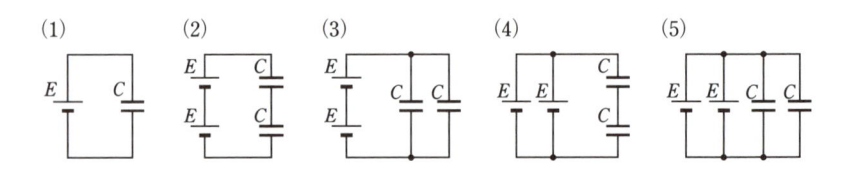

(1)　(2)　(3)　(4)　(5)

[平成 21 年 A 問題]

答 (4)

考え方 図 2.31(a) のコンデンサ直列回路の合成静電容量 C_0 は，

$$C_0 = \frac{1}{\frac{1}{C_1}+\frac{1}{C_2}} = \frac{C_1 C_2}{C_1+C_2}$$

静電エネルギー W は，

$$W = \frac{1}{2}C_0 E^2 = \frac{1}{2}\frac{C_1 C_2}{C_1+C_2}E^2 \ [\text{J}]$$

図 2.31(b) のコンデンサ並列回路の合成静電容量 C_0 は，

$$C_0 = C_1 + C_2$$

静電エネルギー W は，

$$W = \frac{1}{2}C_0 E^2 = \frac{1}{2}(C_1+C_2)E^2 \ [\text{J}]$$

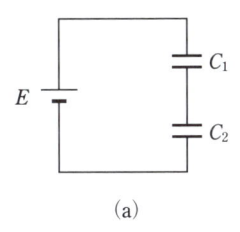

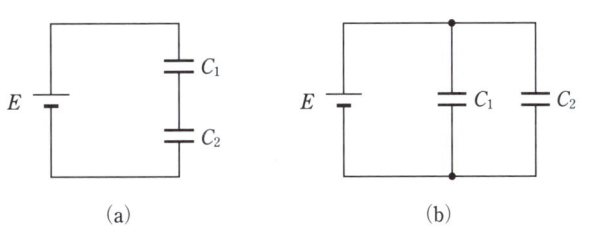

図 2.31

解き方 コンデンサ全体に蓄えられる電界のエネルギーを各選択肢について求める。

(1) $W = \dfrac{1}{2}CE^2 \ [\text{J}]$

(2) $W = \dfrac{1}{2}\dfrac{C \cdot C}{C+C}(2E)^2 = \dfrac{1}{2}\left(\dfrac{C}{2}\right)(2E)^2 = CE^2 \ [\text{J}]$

(3) $W = \dfrac{1}{2}(C+C)(2E)^2 = \dfrac{1}{2}(2C)(2E)^2 = 4CE^2 \ [\text{J}]$

(4) $W = \dfrac{1}{2}\dfrac{C \cdot C}{C+C}E^2 = \dfrac{1}{2}\left(\dfrac{C}{2}\right)E^2 = \dfrac{1}{4}CE^2 \ [\text{J}]$

(5) $W = \dfrac{1}{2}(C+C)E^2 = \dfrac{1}{2}(2C)E^2 = CE^2 \ [\text{J}]$

選択肢 (4) の回路が，コンデンサに蓄えられるエネルギーが最も小さい。

2.5 コンデンサの直並列回路

例題 1

図 1 に示すように，二つのコンデンサ $C_1 = 4\,[\mu\mathrm{F}]$ と $C_2 = 2\,[\mu\mathrm{F}]$ が直列に接続され，直流電圧 6 [V] で充電されている。次に電荷が蓄積されたこの二つのコンデンサを直流電源から切り離し，電荷を保持したまま同じ極性の端子同士を図 2 に示すように並列に接続する。並列に接続後のコンデンサの端子間電圧の大きさ V [V] の値として，正しいのは次のうちどれか。

(1) $\dfrac{2}{3}$　　(2) $\dfrac{4}{3}$　　(3) $\dfrac{8}{3}$　　(4) $\dfrac{16}{3}$　　(5) $\dfrac{32}{3}$

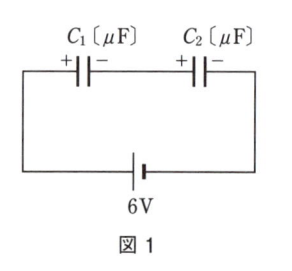

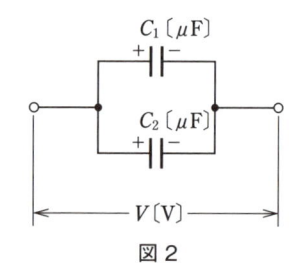

図 1　　　　　　　　図 2

[平成 20 年 A 問題]

答 (3)

考え方

図 2.32(a) に示すように，コンデンサの直列回路では，各コンデンサに蓄えられる電荷 Q [C] は等量である。

$$V = V_1 + V_2 = \frac{Q}{C_1} + \frac{Q}{C_2} = \left(\frac{1}{C_1} + \frac{1}{C_2}\right)Q \qquad (1)$$

図 2.32(b) に示すように，コンデンサの並列回路では，各コンデンサ

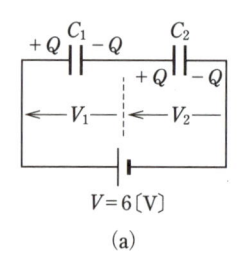

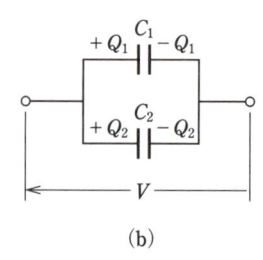

図 2.32

とも同じ電圧 V〔V〕が加わる。回路全体に蓄えられる電荷 Q_0〔C〕は，各コンデンサの電荷の和であるから，

$$Q_0 = Q_1 + Q_2 = C_1 V + C_2 V = (C_1 + C_2) V \tag{2}$$

解き方　式(1)に数値を代入すると，

$$V = 6 = \frac{Q}{4 \times 10^{-6}} + \frac{Q}{2 \times 10^{-6}} = \frac{3Q}{4 \times 10^{-6}}$$

$$Q = 6 \times \frac{4}{3} \times 10^{-6} = 8 \times 10^{-6} \text{〔C〕} = 8 \text{〔}\mu\text{C〕}$$

図2.32(b)の並列接続では，図2.32(a)の電荷の全計 $2Q$ が C_1，C_2 に配分される。C_1，C_2 の端子電圧 V は等しいため，

$$\frac{Q_1}{C_1} = \frac{Q_2}{C_2}, \quad \frac{Q_1}{4 \times 10^{-6}} = \frac{Q_2}{2 \times 10^{-6}}$$

$$Q_1 - 2Q_2 = 0 \tag{3}$$

$$Q_1 + Q_2 = 16 \text{〔}\mu\text{C〕} \tag{4}$$

式(4)−式(3)は，

$$3Q_2 = 16, \quad Q_2 = \frac{16}{3} \text{〔}\mu\text{C〕}$$

並列接続後のコンデンサの端子電圧の大きさ V〔V〕は，

$$V = \frac{Q_2}{C_2} = \frac{16}{3} \times \frac{1}{2} = \frac{8}{3} \text{〔V〕}$$

例題 2　静電容量がそれぞれ 20〔μF〕及び 30〔μF〕の二つのコンデンサを図1のように直列に接続し，10〔V〕の直流電圧を加えて充電した。その後，これらのコンデンサを直流電源から切り離して，同じ極性の端子同士を図2のように接続した。このとき，二つのコンデンサの端子電圧 E〔V〕の値として，正しいのは次のうちどれか。ただし，二つのコンデンサの初期電荷は零とする。

(1) 2.4　　(2) 3.6　　(3) 4.8　　(4) 6.0　　(5) 7.2

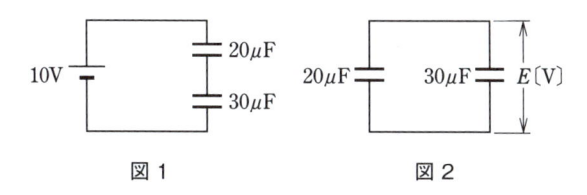

図1　　　　　　　　　図2

〔平成13年A問題〕

答　(3)

2.5 コンデンサの直並列回路

考え方 図2.33(a)のコンデンサの直列回路の合成静電容量 C_{10} は，

$$C_{10} = \frac{C_1 C_2}{C_1 + C_2}$$

となる。

図2.33(b)のコンデンサの並列回路の合成静電容量 C_{20} は，

$$C_{20} = C_1 + C_2$$

となる。

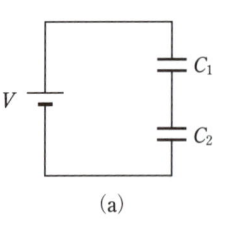

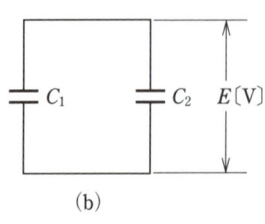

図 2.33

解き方 例題の図1のコンデンサ C_1, C_2 に蓄えられる電荷は等しく Q 〔C〕とすると，

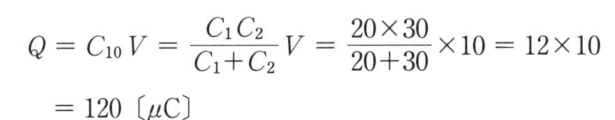

$$Q = C_{10} V = \frac{C_1 C_2}{C_1 + C_2} V = \frac{20 \times 30}{20 + 30} \times 10 = 12 \times 10$$

$$= 120 \ [\mu C]$$

例題の図2の端子電圧 E は，C_1 と C_2 の合計の電荷が $2Q$ 〔C〕であるから，

$$E = \frac{2Q}{C_{20}} = \frac{2Q}{C_1 + C_2} = \frac{2 \times 120}{20 + 30} = 4.8 \ [V]$$

例題 3 図のように，静電容量 C_1, C_2 及び C_3 のコンデンサが接続されている回路がある。スイッチSが開いているとき，各コンデンサの電荷は，すべて零であった。スイッチSを閉じると，$C_1 = 5$ 〔μF〕のコンデンサには 3.5×10^{-4} 〔C〕の電荷が，$C_2 = 2.5$ 〔μF〕のコンデンサには 0.5×10^{-4} 〔C〕の電荷が充電された。静電容量 C_3 〔μF〕の値として，正しいのは次のうちどれか。

(1) 0.2　(2) 2.5　(3) 5　(4) 7.5　(5) 15

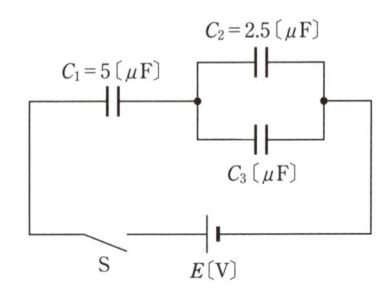

〔平成15年A問題〕

答 (5)

考え方 図2.34において，静電容量 C_1 の電荷 Q_1〔C〕，C_2 の電荷 Q_2〔C〕および C_3 の電荷 Q_3〔C〕は次式が成り立つ。

$$Q_1 = Q_2 + Q_3 \qquad (1)$$

また，C_2 と C_3 に加わる電圧 V は次式が成り立つ。

$$V = \frac{Q_2}{C_2} = \frac{Q_3}{C_3} \qquad (2)$$

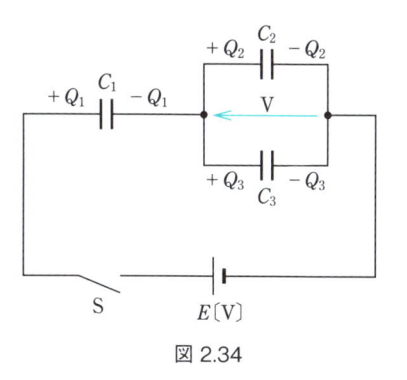

図2.34

解き方 静電容量 C_3 の電荷 Q_3〔C〕は式(1)から，

$$Q_3 = Q_1 - Q_2 = 3.5 \times 10^{-4} - 0.5 \times 10^{-4} = 3 \times 10^{-4} \text{〔C〕}$$

静電容量 C_3〔μF〕は式(2)から，

$$C_3 = \frac{Q_3}{Q_2} \times C_2 = \frac{3 \times 10^{-4}}{0.5 \times 10^{-4}} \times 2.5 \times 10^{-6} = 15 \times 10^{-6} \text{〔F〕}$$
$$= 15 \text{〔μF〕}$$

例題4 静電容量が C〔F〕と $2C$〔F〕の二つのコンデンサを図1，図2のように直列，並列に接続し，それぞれに V_1〔V〕，V_2〔V〕の直流電圧を加えたところ，両図の回路に蓄えられている総静電エネルギーが等しくなった。この場合，図1の C〔F〕のコンデンサの端子間の電圧を V_C〔V〕としたとき，電圧 $\left|\dfrac{V_C}{V_2}\right|$ の値として，正しいのは次のうちどれか。

(1) $\dfrac{\sqrt{2}}{9}$ (2) $\dfrac{2\sqrt{2}}{9}$ (3) $\dfrac{1}{\sqrt{2}}$ (4) $\sqrt{2}$ (5) 3.0

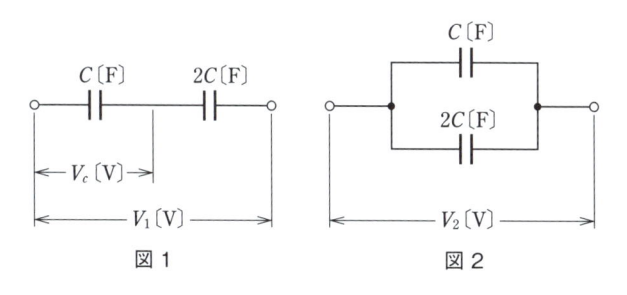

図1 図2

〔平成19年A問題〕

答 (4)

考え方 図 2.35 において，C と $2C$ の二つのコンデンサに蓄えられる電荷 Q〔C〕は等しい。

$$Q = CV_C = 2C(V_1 - V_C)$$

$$V_1 - V_C = \frac{V_C}{2}$$

となる。

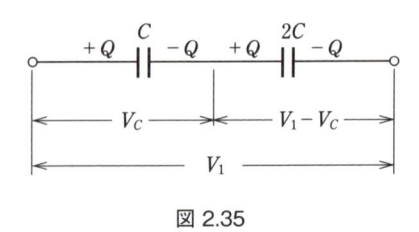

図 2.35

解き方 例題図 1 の回路に蓄えられる静電エネルギー W_1 は，

$$W_1 = \frac{1}{2}CV_C{}^2 + \frac{1}{2} \cdot 2C(V_1 - V_C)^2 = \frac{1}{2}CV_C{}^2 + \frac{1}{2}2C\left(\frac{V_C}{2}\right)^2$$

$$= \frac{3}{4}CV_C{}^2$$

例題図 2 の回路に蓄えられる静電エネルギー W_2 は，

$$W_2 = \frac{1}{2}CV_2{}^2 + \frac{1}{2} \cdot 2CV_2{}^2 = \frac{3}{2}CV_2{}^2 = \frac{6}{4}CV_2{}^2$$

題意により，$W_1 = W_2$ であるため，

$$\frac{3}{4}CV_C{}^2 = \frac{6}{4}CV_2{}^2$$

$$\frac{V_C}{V_2} = \sqrt{\frac{6}{3}} = \sqrt{2}$$

第2章 章末問題

2-1 真空中において，図に示すように一辺の長さが 30〔cm〕の正三角形の各頂点に 2×10^{-8}〔C〕の正の点電荷がある。この場合，各点電荷に働く力の大きさ F〔N〕の値として，最も近いのは次のうちどれか。

ただし，真空の誘電率を $\varepsilon_0 = \dfrac{1}{4\pi\times9\times10^9}$〔F/m〕とする。

(1) 6.92×10^{-5} (2) 4.00×10^{-5} (3) 3.46×10^{-5}
(4) 2.08×10^{-5} (5) 1.20×10^{-5}

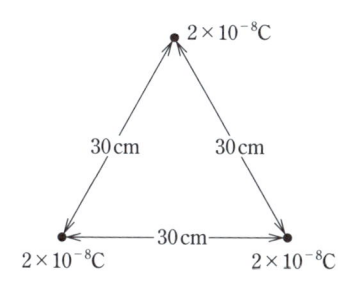

〔平成 17 年 A 問題〕

2-2 図のように，真空中の 3〔m〕離れた 2 点 A, B にそれぞれ 3×10^{-7}〔C〕の正の点電荷がある。A 点と B 点とを結ぶ直線上の A 点から 1〔m〕離れた P 点に Q〔C〕の正の点電荷を置いたとき，その点電荷に B 点の方向に 9×10^{-3}〔N〕の力が働いた。この点電荷 Q〔C〕の値として，最も近いのは次のうちどれか。

ただし，真空中の誘電率を $\varepsilon_0 = \dfrac{1}{4\pi\times9\times10^9}$〔F/m〕とする。

(1) 1.2×10^{-9} (2) 1.8×10^{-8} (3) 2.7×10^{-7}
(4) 4.4×10^{-6} (5) 7.3×10^{-5}

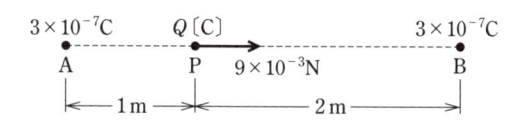

〔平成 14 年 A 問題〕

2-3 真空中において、それぞれ質量 m 〔kg〕、電荷 $+Q$ 〔C〕の小さな球の帯電体 A 及び B がある。これらの帯電体をそれぞれ長さ r 〔m〕の糸で点 P からつるしたところ、図のように、帯電体 A, B の間隔が a 〔m〕となって静止した。次の (a) 及び (b) に答えよ。

ただし、真空の誘電率は ε_0 〔F/m〕、重力加速度は g 〔m/s^2〕とする。また、帯電体 A 及び B の直径は r 〔m〕に比べて十分に小さく、糸の質量は無視できるものとする。

(a) 帯電体 A, B の間に働く力 F 〔N〕の大きさとして、正しいのは次のうちどれか。

(1) $\dfrac{Q}{4\pi\varepsilon_0 a}$ (2) $\dfrac{Q}{4\pi\varepsilon_0 a^2}$ (3) $\dfrac{Q^2}{2\pi\varepsilon_0 a}$ (4) $\dfrac{Q^2}{2\pi\varepsilon_0 a^2}$

(5) $\dfrac{Q^2}{4\pi\varepsilon_0 a^2}$

(b) 帯電体 A, B の静止状態において、糸の鉛直線に対する傾きが θ 〔°〕であったときに成立する式として、正しいのは次のうちどれか。

(1) $Q^2 = 16\pi\varepsilon_0 mgr^2 \sin^2\theta \tan\theta$

(2) $Q^2 = \dfrac{16\pi\varepsilon_0 mgr^2 \sin^2\theta}{\tan\theta}$

(3) $Q^2 = \dfrac{16\pi\varepsilon_0 mgr^2 \cos^3\theta}{\sin\theta}$

(4) $Q^2 = 8\pi\varepsilon_0 mgr^2 \sin^2\theta \tan\theta$

(5) $Q^2 = 8\pi\varepsilon_0 mgr^2 \sin\theta \cos\theta$

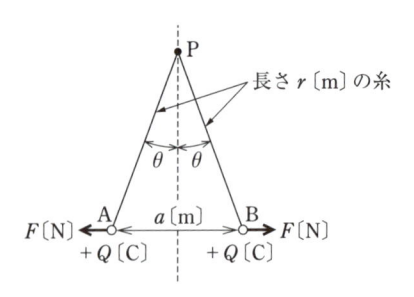

〔平成 15 年 B 問題〕

2-4 図のように，面積 S [m²] の電極板からなる平行板コンデンサがある。この電極板と平行に同じ形の導体平板を図に示す間隔で入れ，このコンデンサの両端の電極に 120 [V] の直流電圧を加えて充電した。このとき，図中の電圧 V_0 [V] の値として，正しいのは次のうちどれか。

ただし，電極板間の誘電体の誘電率は同一とし，充電前の電極及び導体平板の初期電荷は零とする。また，電極板及び導体平板の厚さ並びにこれらの端効果は，無視できるものとする。

(1) 0 (2) 30 (3) 60 (4) 90 (5) 120

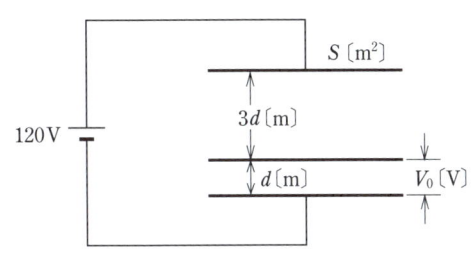

[平成 14 年 A 問題]

2-5 電極板の間隔が d_0 [m]，電極板面積が十分に広い平行板空気コンデンサがある。このコンデンサの電極板間にこれと同形，同面積の厚さ d_1 [m]，比誘電率 ε_r の誘電体を図のように挿入した。いま，このコンデンサの電極 A，B に $+Q$ [C]，$-Q$ [C] の電荷を与えた。次の (a) 及び (b) に答えよ。

ただし，コンデンサの初期電荷は零とし，端効果は無視できるものとする。また，空気の比誘電率は 1 とする。

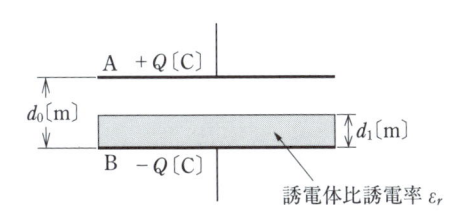

(a) 空げきの電界 E_1 [V/m] と誘電体中の電界 E_2 [V/m] の比 E_1/E_2 を表す式として，正しいのは次のうちどれか。

(1) ε_r (2) $\dfrac{\varepsilon_r d_1}{d_0 - d_1}$ (3) $\dfrac{\varepsilon_r d_1{}^2}{(d_0 - d_1)^2}$ (4) $\dfrac{\varepsilon_r (d_0 - d_1)}{d_1}$

(5) $\dfrac{\varepsilon_r d_1}{d_0}$

(b) 電極板の間隔 $d_0 = 1.0 \times 10^{-3}$ [m], 誘電体の厚さ $d_1 = 0.2 \times 10^{-3}$ [m] 及び誘電体の比誘電率 $\varepsilon_r = 5.0$ としたとき, 空げきの電界 $E_1 = 7 \times 10^4$ [V/m] であった。コンデンサの充電電圧 V [V] の値として, 正しいのは次のうちどれか。

(1) 100.8　　(2) 70.0　　(3) 67.2　　(4) 58.8　　(5) 56.7

[平成17年B問題]

2-6　図の回路において, スイッチSが開いているとき, 静電容量 $C_1 = 0.004$ [F] のコンデンサには電荷 $Q_1 = 0.3$ [C] が蓄積されており, 静電容量 $C_2 = 0.002$ [F] のコンデンサの電荷は $Q_2 = 0$ [C] である。この状態でスイッチSを閉じて, それから時間が十分に経過して過渡現象が終了した。この間に抵抗 R [Ω] で消費された電気エネルギー [J] の値として, 正しいのは次のうちどれか。

(1) 2.50　　(2) 3.75　　(3) 7.50　　(4) 11.25　　(5) 13.33

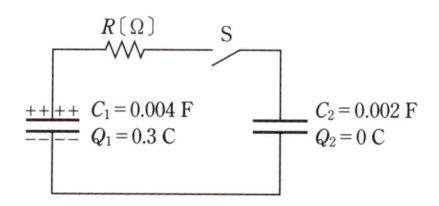

[平成14年A問題]

第 3 章

直流回路

Point 重要事項のまとめ

1 オームの法則

図 3.1 の回路に流れる電流 I〔A〕は，加えた電圧 V〔V〕に比例し，抵抗 R〔Ω〕に反比例する。

$$I = \frac{V}{R} \text{〔A〕}$$

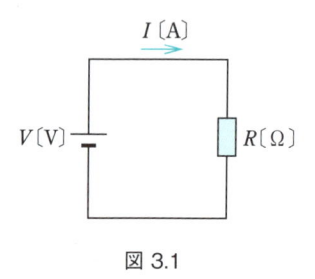

図 3.1

2 電池

図 3.2 に示すように，電池の内部抵抗を r〔Ω〕とし，負荷に流れる電流を I〔A〕とすると，電池の起電力は rI〔V〕だけ電圧が下がる。

$$V = E - Ir = R_L I$$

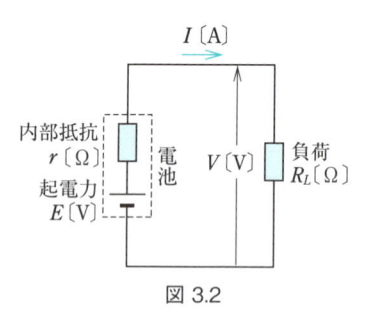

図 3.2

3 直列回路

2 つの抵抗が直列接続している場合，次式が成り立つ。

$$V = V_1 + V_2 = R_1 I + R_2 I$$
$$= (R_1 + R_2)I = RI$$

合成抵抗 R は，

$$R = R_1 + R_2 \text{〔Ω〕}$$

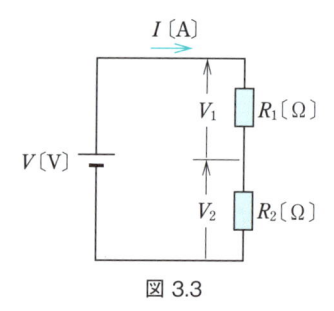

図 3.3

4 並列接続

各枝路の電流 I_1〔A〕, I_2〔A〕は，

$$I_1 = \frac{V}{R_1}, \ I_2 = \frac{V}{R_2}$$

$$I = I_1 + I_2 = \frac{V}{R_1} + \frac{V}{R_2}$$

$$= \left(\frac{1}{R_1} + \frac{1}{R_2}\right)V$$

合成抵抗 R は，

$$R = \frac{V}{I} = \frac{1}{\dfrac{1}{R_1} + \dfrac{1}{R_2}}$$

$$= \frac{R_1 R_2}{R_1 + R_2} \text{〔Ω〕}$$

図 3.4

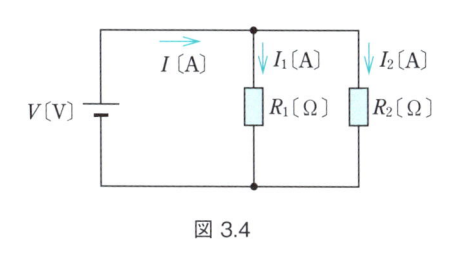

5 電気抵抗

導体の電気抵抗 R 〔Ω〕は，長さ l 〔m〕に比例し，断面積 A 〔m^2〕に反比例する。

$$R = \rho \frac{l}{A} \ \text{〔Ω〕}$$

ρ（ロー）は抵抗率で，単位は〔Ω·m〕である。

図 3.5

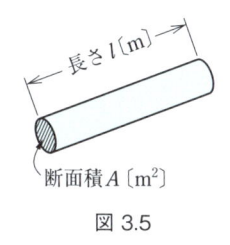

6 キルヒホッフの第 1 法則

回路網中の任意の接続点において，流入する電流と流出する電流は等しい。

$$I_1 + I_2 = I_3 + I_4 + I_5$$

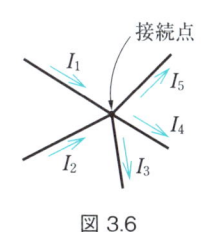

図 3.6

7 キルヒホッフの第 2 法則

回路網中の任意の閉回路の電源電圧の代数和は，その回路網中の電圧降下の代数和に等しい。

$$V_1 - V_2 = I_1 R_1 - I_2 R_2$$

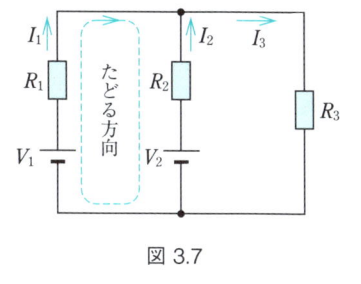

図 3.7

8 テブナンの定理

スイッチを開放したときの，ab 間の端子電圧を V_{ab} 〔V〕，電測側の合成抵抗を R_0 〔Ω〕（電圧源は短絡する）とし，スイッチを入れたときの電流 I 〔A〕は，

$$I = \frac{V_{ab}}{R_0 + R} \ \text{〔A〕}$$

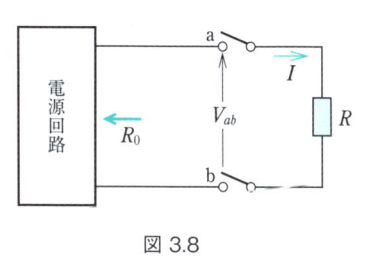

図 3.8

9 節点方程式

図 3.9 の接点 a にキルヒホッフの第一法則を適用すると，

$$I_1 + I_2 + I_3$$
$$= \frac{E_1 - V}{R_1} + \frac{E_2 - V}{R_2} + \frac{E_3 - V}{R_3}$$
$$= 0$$

電圧 V を求めて，電流を求める。

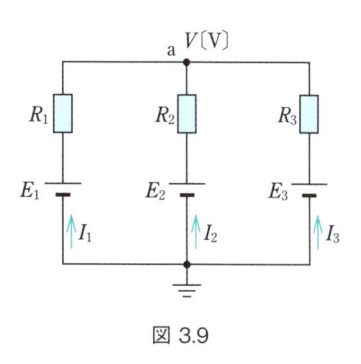

図 3.9

10 電力と電力量

電気が 1 秒間にする仕事の量を表したものが電力 P〔W〕(ワット) である。

$$P = I^2R = I \cdot IR = IV$$
$$= \frac{V^2}{R} \text{〔W〕}$$

P〔W〕の電力を t 時間使用したときの電力量 W は,

$$W = P \cdot t \text{〔W·h〕}$$

11 ホイートストンブリッジ

R_1, R_2, R_3 を調整して検流計に流れる電流を $I_g = 0$ とする。b 点と c 点の電位が等しくなる。平衡条件は,

$$R_4 R_2 = R_1 R_3$$

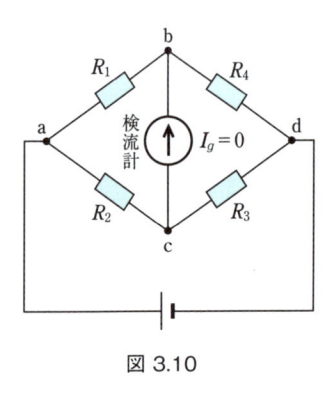

図 3.10

12 Δ-Y 変換

$$R_a = \frac{R_{ab} R_{ca}}{R_{ab} + R_{bc} + R_{ca}}$$

$$R_b = \frac{R_{bc} R_{ab}}{R_{ab} + R_{bc} + R_{ca}}$$

$$R_c = \frac{R_{ca} R_{bc}}{R_{ab} + R_{bc} + R_{ca}}$$

R_a, R_b, R_c を求めるにあたって, すべての分母は同一の $(R_{ab} + R_{bc} + R_{ca})$ となる。

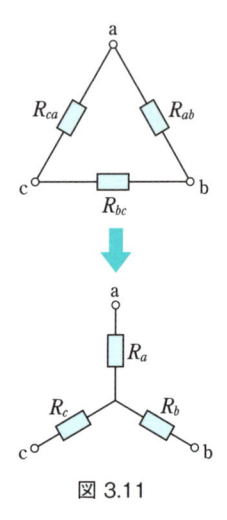

図 3.11

3.1 オームの法則と回路計算

例題 1

図のように，内部抵抗 r〔Ω〕，起電力 E〔V〕の電池に抵抗 R〔Ω〕の可変抵抗器を接続した回路がある。$R = 2.25$〔Ω〕にしたとき，回路を流れる電流は $I = 3$〔A〕であった。次に，$R = 3.45$〔Ω〕にしたとき，回路を流れる電流は $I = 2$〔A〕となった。この電池の起電力 E〔V〕の値として，正しいのは次のうちどれか。

(1) 6.75　　(2) 6.90　　(3) 7.05　　(4) 7.20　　(5) 9.30

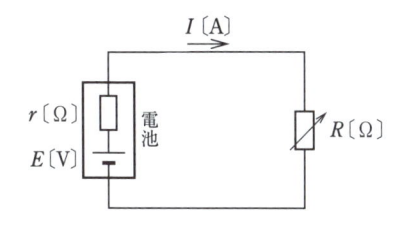

[平成 18 年 A 問題]

答 (4)

考え方　図 3.12 の回路に流れる電流 I〔A〕は，加えた電圧 V〔V〕に比例し，抵抗 R〔Ω〕に反比例する。この関係をオームの法則という。

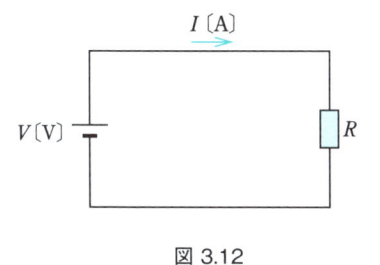

図 3.12

解き方　図 3.13(a)に示す回路の電流 I〔A〕は，

$$I = \frac{E}{r+2.25} = 3 \text{〔A〕}$$

$$E = 3(r+2.25) \tag{1}$$

図 3.13(b)に示す回路の電流 I〔A〕は，

$$I = \frac{E}{r+3.45} = 2 \text{〔A〕}$$

$$E = 2(r+3.45) \qquad (2)$$

式(1) = 式(2)とすると，

$$3(r+2.25) = 2(r+3.45)$$

$$r = 2\times3.45 - 3\times2.25 = 6.9-6.75 = 0.15 \ [\Omega] \qquad (3)$$

式(3)を式(1)に代入すると，

$$E = 3(r+2.25) = 3(0.15+2.25) = 3\times2.40 = 7.2 \ [\text{V}]$$

$I = \dfrac{E}{r+2.25} = 3 [\text{A}]$　　　　　$I = \dfrac{E}{r+3.45} = 2 [\text{A}]$

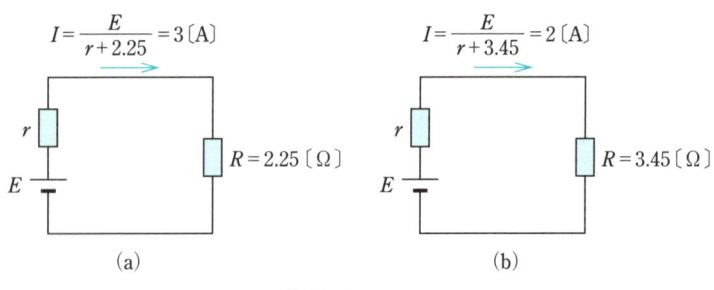

(a)　　　　　　　　　　　(b)

図 3.13

例題 2

抵抗値が異なる抵抗 R_1 〔Ω〕と R_2 〔Ω〕を図1のように直列に接続し，30〔V〕の直流電圧を加えたところ，回路に流れる電流は 6〔A〕であった。次に，この抵抗 R_1 〔Ω〕と R_2 〔Ω〕を図2のように並列に接続し，30〔V〕の直流電圧を加えたところ，回路に流れる電流は 25〔A〕であった。このとき，抵抗 R_1 〔Ω〕，R_2 〔Ω〕のうち小さい方の抵抗〔Ω〕の値として，正しいのは次のうちどれか。

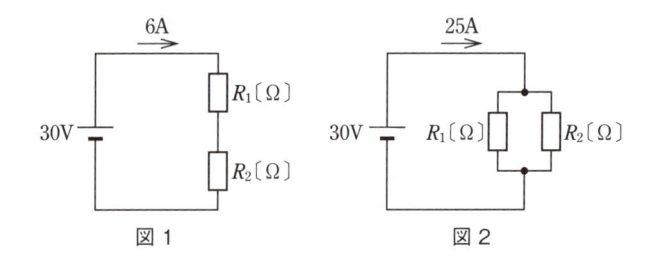

(1)　1　　(2)　1.2　　(3)　1.5　　(4)　2　　(5)　3

図 1　　　　　　　　　図 2

［平成 21 年 A 問題］

答　(4)

考え方　図 3.14(a)は，抵抗を直列接続した回路である。この回路では次式が成り立つ。

$$V = V_1 + V_2 = R_1 I + R_2 I = (R_1 + R_2) I = RI$$

84　　　　　　　　　　　　　　　　　　　　　　　　　　　　直流回路

$$R = R_1 + R_2$$

R〔Ω〕は合成抵抗を表す。

図 3.14(b)は，抵抗を並列接続した回路である。この回路では次式が成り立つ。

$$I = I_1 + I_2 = \frac{V}{R_1} + \frac{V}{R_2} = \left(\frac{1}{R_1} + \frac{1}{R_2}\right)V$$

合成抵抗 R〔Ω〕は次式から求める。

$$R = \frac{V}{I} = \frac{1}{\dfrac{1}{R_1} + \dfrac{1}{R_2}} = \frac{R_1 R_2}{R_1 + R_2}\ 〔Ω〕$$

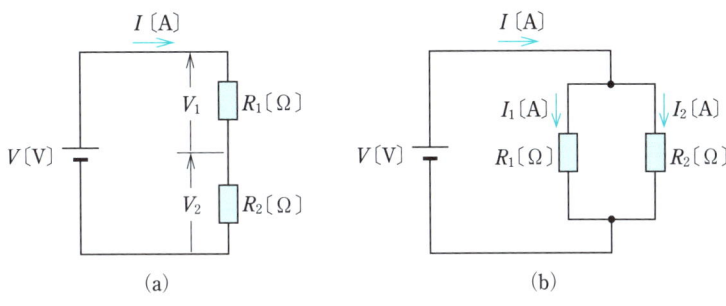

図 3.14

解き方

例題図 1 からは，

$$R = R_1 + R_2 = \frac{V}{I} = \frac{30}{6} = 5\ 〔Ω〕 \tag{1}$$

例題図 2 からは，

$$R = \frac{R_1 R_2}{R_1 + R_2} = \frac{V}{I} = \frac{30}{25} = 1.2\ 〔Ω〕 \tag{2}$$

式(2)から，$R_1 R_2 = 1.2(R_1 + R_2)$ となり，これを式(1)に代入すると，

$$R_1 R_2 = 1.2(R_1 + R_2) = 1.2 \times 5 = 6\ 〔Ω〕 \tag{3}$$

式(1)は，$R_2 = 5 - R_1$ となり，これを式(3)に代入すると，

$R_1 R_2 = R_1(5 - R_1) = 5R_1 - R_1^2 = 6$

$R_1^2 - 5R_1 + 6 = 0$

$(R_1 - 2)(R_1 - 3) = 0 \quad \therefore\quad R_1 = 2$ または 3

$R_1 = 2$〔Ω〕のとき $R_2 = 3$〔Ω〕，$R_1 = 3$〔Ω〕のとき $R_2 = 2$〔Ω〕となる。

題意より，小さいほうの抵抗の値であるから，$R_1 = 2$〔Ω〕または $R_2 = 2$〔Ω〕が答となる。

3.1 オームの法則と回路計算

例題 3

　図のように，抵抗，切換スイッチS及び電流計を接続した回路がある。この回路に直流電圧100〔V〕を加えた状態で，図のようにスイッチSを開いたとき電流計の指示値は2.0〔A〕であった。また，スイッチSを①側に閉じたとき電流計の指示値は2.5〔A〕，スイッチSを②側に閉じたとき電流計の指示値は5.0〔A〕であった。このとき，抵抗 r〔Ω〕の値として，正しいのは次のうちどれか。

　ただし，電流計の内部抵抗は無視できるものとし，測定誤差はないものとする。

(1) 20　　(2) 30　　(3) 40　　(4) 50　　(5) 60

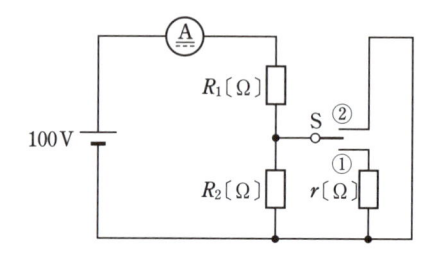

［平成20年A問題］

答　(5)

考え方

図3.15(a)の回路においては，次式が成り立つ。

$$I_1 = \frac{V}{R_1} \qquad (1)$$

図3.15(b)の回路においては，次式が成り立つ。

$$I_2 = \frac{V}{R_1 + R_2} \qquad (2)$$

図3.15(c)の回路においては，次式が成り立つ。

$$I_3 = \frac{V}{R_1 + \dfrac{R_2 r}{R_2 + r}} \qquad (3)$$

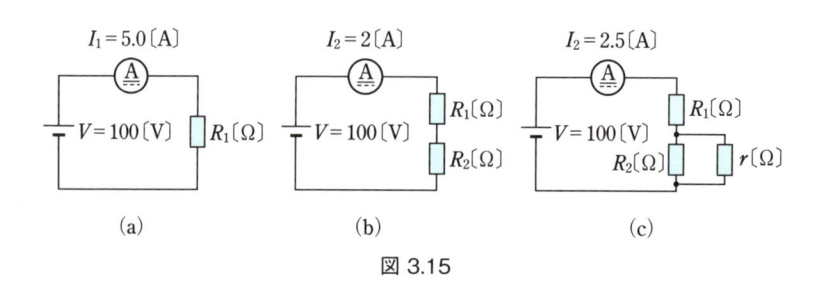

(a) $I_1 = 5.0$〔A〕　(b) $I_2 = 2$〔A〕　(c) $I_2 = 2.5$〔A〕

図3.15

解き方

① 例題図のスイッチを②側に閉じたときは，図 3.15(a) の回路となるため，式(1)から，

$$I_1 = \frac{V}{R_1} = \frac{100}{R_1} = 5 \text{ [A]}$$

$$R_1 = \frac{100}{5} = 20 \text{ [Ω]}$$

② 例題図のスイッチを開いたときは，図 3.15(b) の回路となるため，式(2)から，

$$I_2 = \frac{V}{R_1 + R_2} = \frac{100}{R_1 + R_2} = 2 \text{ [A]}$$

$$R_1 + R_2 = \frac{100}{2} = 50 \text{ [Ω]}$$

$$R_2 = 50 - R_1 = 50 - 20 = 30 \text{ [Ω]}$$

③ 例題図のスイッチを①側に閉じたときは，図 3.15(c) の回路となるため，式(3)から，

$$I_3 = \frac{V}{R_1 + \dfrac{R_2 r}{R_2 + r}} = \frac{100}{R_1 + \dfrac{R_2 r}{R_2 + r}} = 2.5 \text{ [A]}$$

$$R_1 + \frac{R_2 r}{R_2 + r} = \frac{100}{2.5} = 40$$

$$20 + \frac{30 \times r}{30 + r} = \frac{100}{2.5} = 40$$

$$\frac{30 \times r}{30 + r} = 20$$

$$30r = 600 + 20r$$

$$r = 60 \text{ [Ω]}$$

例題 4

図の抵抗回路において，端子 a, b 間の合成抵抗 R_{ab} [Ω] の値は $1.8R$ [Ω] であった。このとき，抵抗 R_x [Ω] の値として，正しいのは次のうちどれか。

(1) R　　(2) $2R$　　(3) $3R$　　(4) $4R$　　(5) $5R$

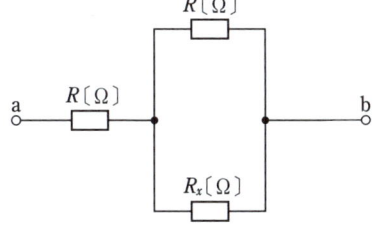

[平成 16 年 A 問題]

答 (4)

3.1 オームの法則と回路計算

考え方 端子 ab 間の合成抵抗 R_{ab}〔Ω〕は,

$$R_{ab} = R + \frac{RR_x}{R+R_x}$$

となる。

解き方 題意より, $R_{ab} = 1.8R$ であるから,

$$R_{ab} = R + \frac{RR_x}{R+R_x} = 1.8R$$

上式から R_x を求めると,

$$\frac{RR_x}{R+R_x} = 0.8R$$

$$\frac{R_x}{R+R_x} = 0.8$$

$$R_x = 0.8R + 0.8R_x$$

$$\therefore \quad R_x = \frac{0.8}{0.2}R = 4R \text{〔Ω〕}$$

例題 5　図のような直流回路において,電源を流れる電流は 100〔A〕であった。このとき,80〔Ω〕の抵抗を流れる電流 I〔A〕の値として,正しいのは次のうちどれか。

(1) 3　　(2) 4　　(3) 5　　(4) 6　　(5) 7

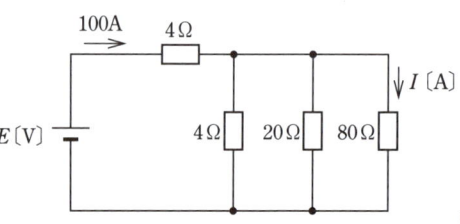

[平成 13 年 A 問題]

答 (2)

考え方 図 3.16 において,各枝路の電流 I_4, I_{20}, I は,

$$I_4 = \frac{E_1}{4}$$

$$I_{20} = \frac{E_1}{20}$$

$$I = \frac{E_1}{80}$$

図 3.16

と電流は抵抗に反比例する。

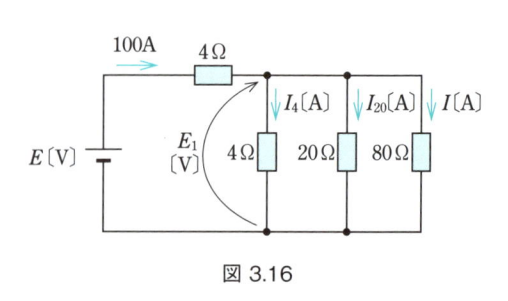

88　　直流回路

解き方

I_4, I_{20}, I は抵抗に反比例するので，

$$I_4 : I_{20} : I = \frac{1}{4} : \frac{1}{20} : \frac{1}{80} = \frac{20}{80} : \frac{4}{80} : \frac{1}{80} = 20 : 4 : 1$$

また，$I_4 + I_{20} + I = 100$〔A〕であるから，

$$I_4 : I_{20} : I = 80 : 16 : 4$$

で，抵抗 80 Ω の抵抗に流れる電流は 4 A となる。

例題 6

図のような直流回路において，$R = 10$〔Ω〕のときは $I = 5$〔A〕であり，$R = 8$〔Ω〕にしたときは $I = 6$〔A〕であった。この場合，電源電圧 V〔V〕の値として，正しいのは次のうちどれか。

(1) 35　　(2) 40　　(3) 48　　(4) 50　　(5) 60

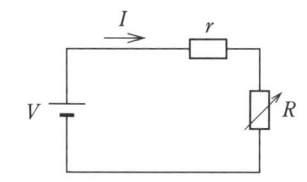

［平成 10 年 A 問題］

答　(5)

考え方

電源電圧 V〔V〕は一定で，抵抗が変化する回路である。

① $R = 10$〔Ω〕のとき $I = 5$〔A〕であるから，

$$V = I(r+R) = 5(r+10) \tag{1}$$

② $R = 8$〔Ω〕のとき $I = 6$〔A〕であるから，

$$V = I(r+R) = 6(r+8) \tag{2}$$

解き方

式(1) = 式(2) として r を求める。

$$5(r+10) = 6(r+8)$$
$$5r+50 = 6r+48$$
$$r = 2 \text{〔Ω〕} \tag{3}$$

式(3)を式(1)に代入して，

$$V = 5(r+10) = 5(2+10) = 60 \text{〔V〕}$$

3.1 オームの法則と回路計算

3.2 キルヒホッフの法則，テブナンの法則および節点方程式

例題 1

図のように，既知の直流電源 E〔V〕，未知の抵抗 R_1〔Ω〕，既知の抵抗 R_2〔Ω〕及び R_3〔Ω〕からなる直流回路がある。抵抗 R_3〔Ω〕に流れる電流が I_3〔A〕であるとき，抵抗 R_1〔Ω〕を求める式として，正しいのは次のうちどれか。

(1) $R_1 = \dfrac{R_2 R_3}{R_2 + R_3}\left(\dfrac{E}{R_2 I_3} - \dfrac{R_2}{R_3}\right)$

(2) $R_1 = \dfrac{R_2 R_3}{R_2 + R_3}\left(\dfrac{E}{R_2 I_3} - \dfrac{R_3}{R_2}\right)$

(3) $R_1 = \dfrac{R_2 R_3}{R_2 + R_3}\left(\dfrac{E}{R_2 I_3} - 1\right)$

(4) $R_1 = \dfrac{R_2 R_3}{R_2 + R_3}\left(\dfrac{E}{R_3 I_3} - \dfrac{R_3}{R_2}\right)$

(5) $R_1 = \dfrac{R_2 R_3}{R_2 + R_3}\left(\dfrac{E}{R_3 I_3} - 1\right)$

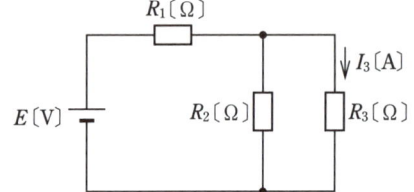

〔平成 18 年 A 問題〕

答 (5)

考え方

① キルヒホッフの第 1 法則

回路網中の任意の接続点において，「流入する電流と，流出する電流は等しい」というものである。図 3.17 の接続点 a において，

$$I_1 = I_2 + I_3 \tag{1}$$

② キルヒホッフの第 2 法則

回路網中の任意の閉回路の電源電圧の代数和は，その回路網中の電圧降下に等しい。図 3.17 の点線の方向にたどると，

$$E = R_1 I_1 + I_3 R_3 \tag{2}$$

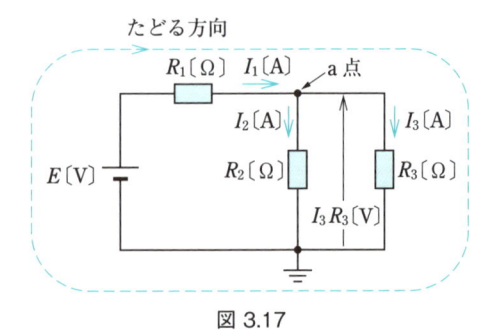

図 3.17

解き方

図 3.17 の a 点の電圧 V_a は，$V_a = I_3 R_3$ から式(1)は，

$$I_1 = I_2 + I_3 = \frac{V_a}{R_2} + I_3 = \frac{I_3 R_3}{R_2} + I_3 = \frac{R_2 + R_3}{R_2} I_3$$

また，R_1 の電圧降下を V_1〔V〕とすると，式(2)は，

$$V_1 = R_1 I_1 = E - I_3 R_3$$

抵抗 R_1〔Ω〕を求めると，

$$R_1 = \frac{V_1}{I_1} = \frac{E - I_3 R_3}{\dfrac{R_2 + R_3}{R_2} I_3} = \frac{R_2(E - R_3 I_3)}{(R_2 + R_3) I_3}$$

$$= \frac{R_2 R_3}{R_2 + R_3} \times \frac{E - R_3 I_3}{R_3 I_3} = \frac{R_2 R_3}{R_2 + R_3}\left(\frac{E}{R_3 I_3} - 1\right)$$

例題 2

図 1 の直流回路において，端子 a-c 間に直流電圧 100〔V〕を加えたところ，端子 b-c 間の電圧は 20〔V〕であった。また，図 2 のように端子 b-c 間に 150〔Ω〕の抵抗を並列に追加したとき，端子 b-c 間の端子電圧は 15〔V〕であった。いま，図 3 のように端子 b-c 間を短絡したとき，電流 I〔A〕の値として，正しいのは次のうちどれか。

(1) 0　　(2) 0.10　　(3) 0.32　　(4) 0.40　　(5) 0.67

図 1

図 2

図 3

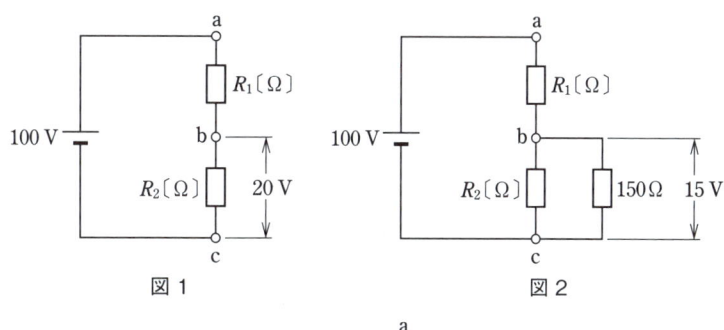

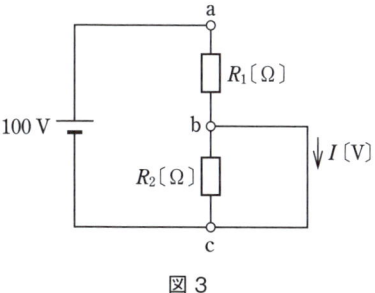

〔平成 22 年 A 問題〕

答 (4)

3.2 キルヒホッフの法則，テブナンの法則および節点方程式

考え方 例題の図1を図3.18に示す。電源から流れる電流をI_0〔A〕とすると，

$$I_0 = \frac{100}{R_1+R_2}$$

$$R_2 I_0 = 20$$

$$\therefore \quad R_2 \frac{100}{R_1+R_2} = 20$$

$$100R_2 = 20(R_1+R_2)$$

$$80R_2 = 20R_1$$

$$R_2 = 0.25R_1 \tag{1}$$

例題の図2を図3.19に示す。b点にキルヒホッフの法則の第1法則を適用すると，

$$\frac{85}{R_1} = 0.1 + \frac{15}{R_2}$$

$$85R_2 = 0.1R_1R_2 + 15R_1 \tag{2}$$

式(2)に式(1)を代入すると，

$$21.25R_1 = 0.025R_1R_1 + 15R_1$$

$$R_1 = \frac{21.25-15}{0.025} = 250 \; 〔Ω〕$$

となる。

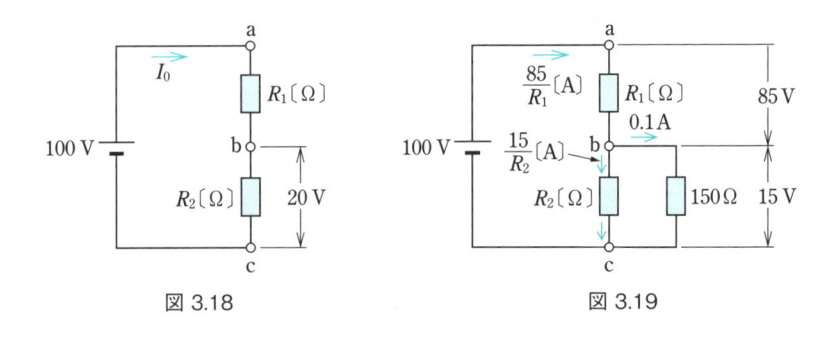

図3.18

図3.19

解き方 例題の図3の電流I〔A〕の値は，

$$I = \frac{100}{R_1} = \frac{100}{250} = 0.4 \; 〔A〕$$

例題 3

起電力が E〔V〕で内部抵抗が r〔Ω〕の電池がある。この電池に抵抗 R_1〔Ω〕と可変抵抗 R_2〔Ω〕を並列につないだとき，抵抗 R_2〔Ω〕から発生するジュール熱が最大となるときの抵抗 R_2〔Ω〕の値を表す式として，正しいのは次のうちどれか。

(1)　$R_2 = r$　　(2)　$R_2 = R_1$　　(3)　$R_2 = \dfrac{rR_1}{r - R_1}$

(4)　$R_2 = \dfrac{rR_1}{R_1 - r}$　　(5)　$R_2 = \dfrac{rR_1}{r + R_1}$

〔平成 19 年 A 問題〕

答 (5)

考え方

① テブナンの定理

図 3.20(a)において，出力端子 ab 間の電圧を V_{ab}〔V〕，この端子から電源側を測った内部合成抵抗を R_0〔Ω〕とする。このとき電源回路の電圧源は短絡，電流源は開放する。この ab 端子間に外部抵抗 R〔Ω〕を接続したとき，これに流れる電源 I〔A〕は，

$$I = \frac{V_{ab}}{R_0 + R} \text{〔A〕}$$

となる。

② 電力と電力量

電気が 1 秒間にする仕事の量を表したものが電力 P〔W〕である。

$$P = I^2 R = IR \cdot I = VI \text{〔W〕}$$

P〔W〕の電力を t 時間使用したときの電力量 W〔W·h〕は，

$$W = Pt \text{〔W·h〕}$$

③ 最小に関する定理

2つの正数の積が一定であれば，それらの和は 2 数が相等しいとき最小となる。2 つの正数を a, b とし，$a \cdot b =$ 一定であれば，$a = b$ のとき，$a + b$ は最小となる。

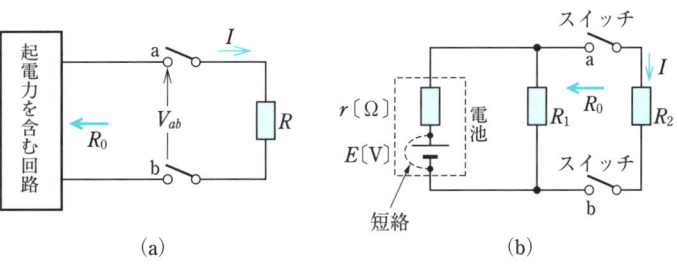

図 3.20

解き方 図3.20(b)に示すように，スイッチが開路のとき，端子ab間の電圧 V_{ab} は，$V_{ab} = ER_1/(r+R_1)$ である。端子ab間から電源側を見た内部合成抵抗 R_0 は，電圧源 E を短絡し，$R_0 = rR_1/(r+R_1)$ となる。

テブナンの定理により，スイッチを閉じたときに R_2 に流れる電流 I は，

$$I = \frac{V_{ab}}{R_0 + R_2} = \frac{ER_1}{(r+R_1)} \cdot \frac{1}{\frac{rR_1}{r+R_1} + R_2} = \frac{ER_1}{rR_1 + R_2(r+R_1)}$$

となる。

抵抗 R_2〔Ω〕から発生するジュール熱 P は，

$$P = I^2 R_2 = \frac{E^2 R_1^2 R_2}{\{rR_1 + R_2(r+R_1)\}^2} \tag{1}$$

式(1)の分母，分子を R_2 で割り，展開すると，

$$P = \frac{E^2 R_1^2}{\frac{r^2 R_1^2}{R_2} + 2rR_1(r+R_1) + R_2(r+R_1)^2} \tag{2}$$

式(2)の第1, 3項の積は，

$$\frac{r^2 R_1^2}{R_2} \times R_2(r+R_1)^2 = r^2 R_1^2 \times (r+R_1)^2 = 一定$$

となり，「最小に関する定理」により，第1項＝第3項のとき分母は最小となる。

$$\frac{r^2 R_1^2}{R_2} = R_2(r+R_1)^2$$

$$R_2^2 = \frac{r^2 R_1^2}{(r+R_1)^2}$$

$$\therefore \quad R_2 = \frac{rR_1}{r+R_1}$$

例題 4 図1の抵抗回路において，抵抗 R〔Ω〕の消費する電力は 72〔W〕である。このときのpq端子の電圧 V〔V〕を求める。次の(a)及び(b)に答えよ。

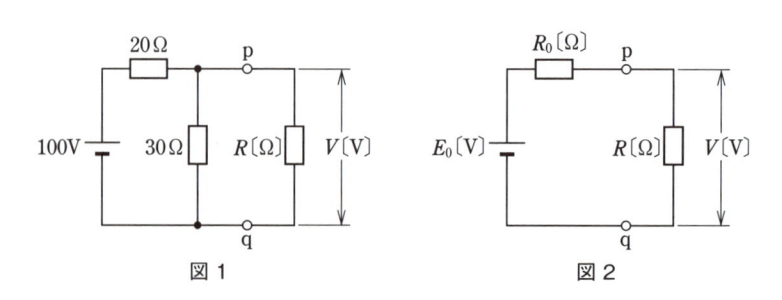

図1

図2

(a) 図1のpq端子から左側を見た回路は，図2に示すように，電圧源 E_0〔V〕と内部抵抗 R_0〔Ω〕の電源回路に置き換えることができる。E_0〔V〕と R_0〔Ω〕の値として，正しいものを組み合わせたのは次のうちどれか。

(1) $E_0 = 40$, $R_0 = 6$ (2) $E_0 = 60$, $R_0 = 12$
(3) $E_0 = 100$, $R_0 = 20$ (4) $E_0 = 60$, $R_0 = 30$
(5) $E_0 = 40$, $R_0 = 50$

(b) 抵抗 R〔Ω〕が72〔W〕を消費するときの R〔Ω〕の値には二つある。それぞれに対応した電圧 V〔V〕のうち，高い方の電圧〔V〕の値として，正しいのは次のうちどれか。

(1) 36 (2) 50 (3) 72 (4) 84 (5) 100

［平成14年B問題］

答 (a)-(2), (b)-(1)

考え方 テブナンの定理により，図3.21(a)で端子p，qを開設してpq間の端子電圧を求める。

また，図3.21(b)により，p，q端子から電源回路を見た内部抵抗を R_0 を求める。

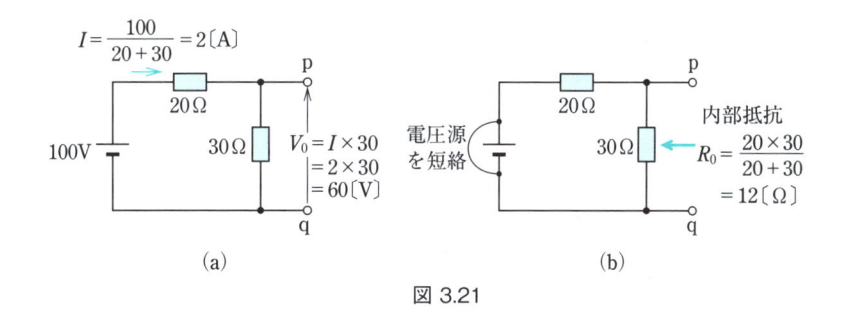

図 3.21

解き方 (a) 図3.21(a)から E_0 を求める。

$$E_0 = \frac{100}{20+30} \times 30 = 60 \text{〔V〕}$$

図3.21(b)から内部抵抗 R_0 を求める。

$$R_0 = \frac{20 \times 30}{20+30} = 12 \text{〔Ω〕}$$

(b) 例題の図2から抵抗 R〔Ω〕を流れる電流は，テブナンの定理から，

$$I = \frac{E_0}{R_0+R} = \frac{60}{12+R} \,[\text{A}]$$

抵抗 R 〔Ω〕で消費する電力 $P = 72$ 〔W〕は，

$$P = I^2R = \left(\frac{60}{12+R}\right)^2 R = 72 \,[\text{W}]$$

$$60^2 R = 72\,(12+R)^2$$

$$50R = (12+R)^2 = 144+24R+R^2$$

$$R^2 - 26R + 144 = 0$$

R に関する 2 次方程式を解くと，

$$R = \frac{26 \pm \sqrt{26^2 - 4 \times 144}}{2} = \frac{26 \pm 10}{2} = 18 \text{ または } 8$$

例題図 2 の電圧 V は，$V = RI = 60R/(12+R)$ であるから，R に 18 と 8 を代入すると，

高いほうの電圧では，$V = 60 \times 18/(12+18) = 36$ 〔V〕

低いほうの電圧では，$V = 60 \times 8/(12+8) = 24$ 〔V〕

例題 5

図のような直流回路において，抵抗 6 〔Ω〕の端子間電圧の大きさ V 〔V〕の値として，正しいのは次のうちどれか。

(1) 2　　(2) 5　　(3) 7　　(4) 12　　(5) 15

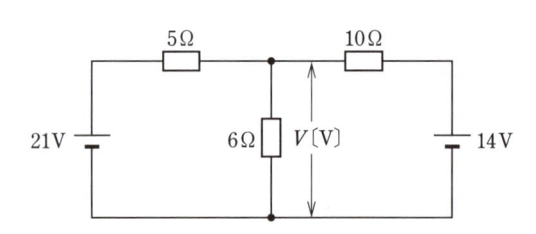

〔平成 15 年 A 問題〕

答 (4)

考え方　節点方程式

図 3.22(a)に枝の電流と両端電圧の関係を示す。

$$V_1 = V_2 + E - IR$$

$$I = \frac{V_2 + E - V_1}{R} \tag{1}$$

このように，枝を流れる電流は，枝の両端の電圧がわかればオームの法則で計算できる。

図 3.22

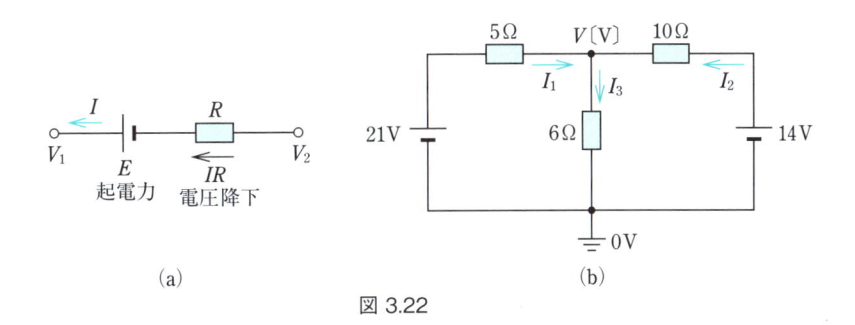

解き方 図 3.22(b) に示すように，下側の節点の電圧を 0 V とすると，式(1) において $V_2 = 0$ となり，$V_1 = V$ として上側の節点の電圧 V〔V〕とすると，

$$I_1 = \frac{21-V}{5}$$

$$I_2 = \frac{14-V}{10}$$

$$I_3 = -\frac{V}{6}$$

上側の節点 a に，キルヒホッフの第 1 法則を適用すると，$I_1 + I_2 + I_3 = 0$ であるから，

$$\frac{21-V}{5} + \frac{14-V}{10} - \frac{V}{6} = 0 \Rightarrow \frac{42+14-2V-V}{10} = \frac{V}{6}$$

$$\Rightarrow \frac{56-3V}{10} = \frac{V}{6}$$

$$56 \times 6 - 18V = 10V \Rightarrow V = \frac{56 \times 6}{28} = 12 \text{〔V〕}$$

例題 6 図のような直流回路において，$2R$〔Ω〕の抵抗に流れる電流 I〔A〕の値として，正しいのは次のうちどれか。

(1) $\dfrac{2E}{7R}$ (2) $\dfrac{5E}{6R}$ (3) $\dfrac{E}{6R}$ (4) $\dfrac{3E}{4R}$ (5) $\dfrac{E}{2R}$

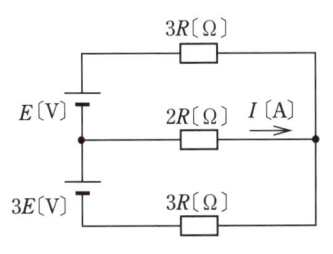

[平成 13 年 A 問題]

答 (1)

考え方 節点方程式を適用すると，図 3.23 の b 点の電圧を 0 V とし，a 点を V [V] とすると，

$$I_1 = \frac{3E - V}{3R}$$

$$I_2 = \frac{-E - V}{3R}$$

$$I = \frac{V}{2R}$$

$3E$ と E の方向が逆なため，E にはマイナスが付く。

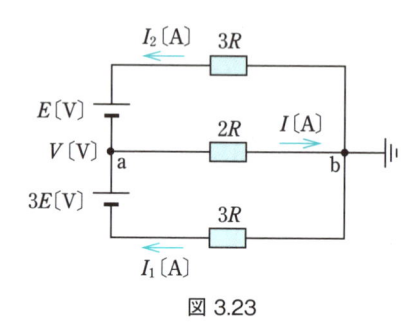

図 3.23

解き方 a 点にキルヒホッフの第 1 法則を適用すると，$I_1 + I_2 = I$ であるから，

$$\frac{3E - V}{3R} + \frac{-E - V}{3R} = \frac{V}{2R}$$

$$\frac{2E - 2V}{3R} = \frac{V}{2R}$$

$$4E - 4V = 3V$$

$$7V = 4E$$

$$V = \frac{4}{7}E$$

$2R$ [Ω] の抵抗に流れる電流 I [A] は，

$$I = \frac{V}{2R} = \frac{4}{7}E \times \frac{1}{2R} = \frac{2E}{7R}$$

となる。

3.3 ブリッジ回路

例題 1

図のような直流回路において，スイッチSを閉じても，開いても電流計の指示値は，$\dfrac{E}{4}$〔A〕一定である。このとき，抵抗 R_3〔Ω〕，R_4〔Ω〕のうち小さい方の抵抗〔Ω〕の値として，正しいのは次のうちどれか。

ただし，直流電圧源は E〔V〕とし，電流計の内部抵抗は無視できるものとする。

(1) 1 　(2) 2 　(3) 3 　(4) 4 　(5) 8

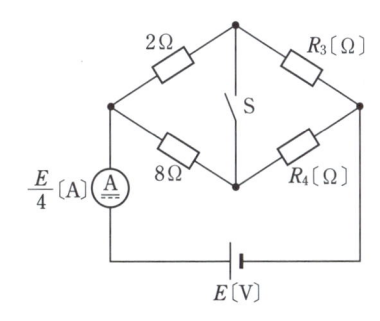

［平成 19 年 A 問題］

答 (3)

考え方　ホイートストンブリッジ

図 3.24 のように，抵抗 R_1, R_2, R_3, R_4 からなる回路で，4 つの抵抗の値を適当に調整して，$I_g = 0$ の状態で「ブリッジが平衡した」という。

$$V_1 = V_2 \;\Rightarrow\; I_1 R_1 = I_2 R_2 \;\Rightarrow\; \dfrac{I_1}{I_2} = \dfrac{R_2}{R_1}$$

$$V_3 = V_4 \;\Rightarrow\; I_1 R_3 = I_2 R_4 \;\Rightarrow\; \dfrac{I_1}{I_2} = \dfrac{R_4}{R_3}$$

したがって，

$$\dfrac{I_1}{I_2} = \dfrac{R_2}{R_1} = \dfrac{R_4}{R_3}$$

ブリッジの平衡状態は $R_1 R_4 = R_2 R_3$ であり，向き合う抵抗 R_1 と

R_4, R_2 と R_3 の積が等しいこと，つまり「たすきがけ」が等しいことが条件となる。

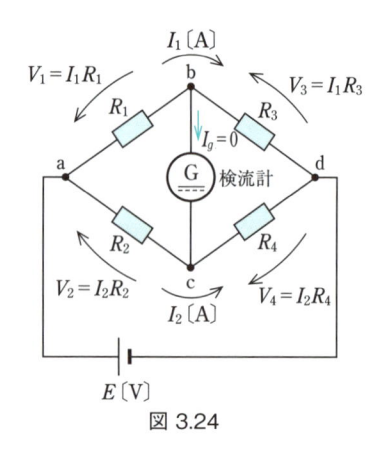

図 3.24

解き方

スイッチ S を開閉しても，スイッチには電流が流れず，ブリッジ回路が平衡していることになる。

ブリッジの平衡条件から，

$$2R_4 = 8R_3$$
$$R_4 = 4R_3$$

平衡状態では，スイッチを短絡しても開放しても変化がないので，開放したときの電源からみた合成抵抗 R_0 は，

$$R_0 = \frac{E}{I} = \frac{E}{\frac{E}{4}} = 4 = \frac{(2+R_3)(8+R_4)}{(2+R_3)+(8+R_4)}$$

$$= \frac{(2+R_3)(8+4R_3)}{(2+R_3)+(8+4R_3)}$$

$$(2+R_3)(8+4R_3) = (10+5R_3) \times 4$$
$$16+16R_3+4R_3{}^2 = 40+20R_3$$
$$4R_3{}^2-4R_3-24 = 0$$
$$(2R_3+4)(2R_3-6) = 0$$

これから，$R_3 = 3$ または $R_3 = -2$ となる。ここで，$R_3 = -2$ は不適であるから，

$$R_3 = 3 \ [\Omega]$$
$$R_4 = 4R_3 = 4 \times 3 = 12 \ [\Omega]$$

となる。

例題 2

図のような直流回路において，抵抗 3〔Ω〕の端子間の電圧が 1.8〔V〕であった。このとき，電源電圧 E〔V〕の値として，正しいのは次のうちどれか。

(1) 1.8　　(2) 3.6　　(3) 5.4　　(4) 7.2　　(5) 10.4

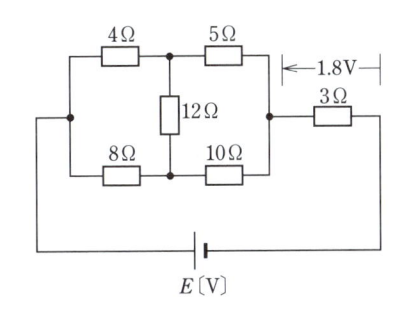

[平成 16 年 A 問題]

答 (3)

考え方　例題の回路は，$4×10 = 8×5$ とブリッジ回路の平衡条件を満足しているので，中央の 12〔Ω〕の上部を短絡しても開放しても同一であるので，開放しているとして計算する（図 3.25）。

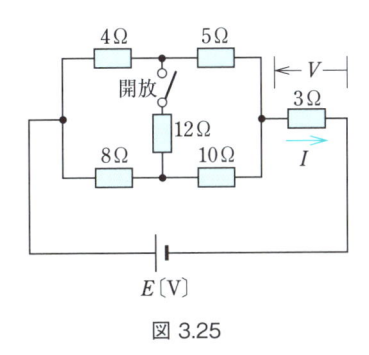

図 3.25

解き方

$$V = I \times 3 = \frac{E}{\frac{(4+5)(8+10)}{(4+5)+(8+10)}+3} \times 3 = \frac{E}{\frac{9 \times 18}{9+18}+3} \times 3$$

$$= \frac{E}{6+3} \times 3 = \frac{E}{3} = 1.8 \text{〔V〕}$$

電源電圧 E〔V〕は，

$$E = 3 \times V = 3 \times 1.8 = 5.4 \text{〔V〕}$$

となる。

例題 3

図のブリッジ回路を用いて，未知抵抗 R_x を測定したい。抵抗 $R_1 = 3$ 〔kΩ〕，$R_2 = 2$ 〔kΩ〕，$R_4 = 3$ 〔kΩ〕とし，$R_3 = 6$ 〔kΩ〕の滑り抵抗器の接触子の接点Cをちょうど中央に調整したとき（$R_{ac} = R_{bc} = 3$ 〔kΩ〕）ブリッジが平衡したという。次の（a）及び（b）に答えよ。

ただし，直流電圧源は 6 〔V〕とし，電流計の内部抵抗は無視できるものとする。

(a) 未知抵抗 R_x 〔kΩ〕の値として，正しいのは次のうちどれか。
   (1) 0.1　　(2) 0.5　　(3) 1.0　　(4) 1.5　　(5) 2.0

(b) 平衡時の電流計の指示値〔mA〕の値として，最も近いのは次のうちどれか。
   (1) 0　　(2) 0.4　　(3) 1.5　　(4) 1.7　　(5) 2.0

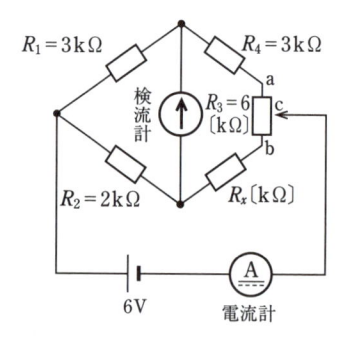

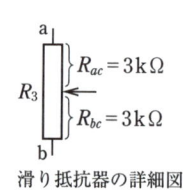

［平成 18 年 B 問題］

答　(a)-(3)，(b)-(4)

考え方　(a) 図 3.26(a)において，ブリッジの平衡状態であれば，
$$R_1 \times (R_x + R_{bc}) = R_2 \times (R_4 + R_{ac}) \tag{1}$$

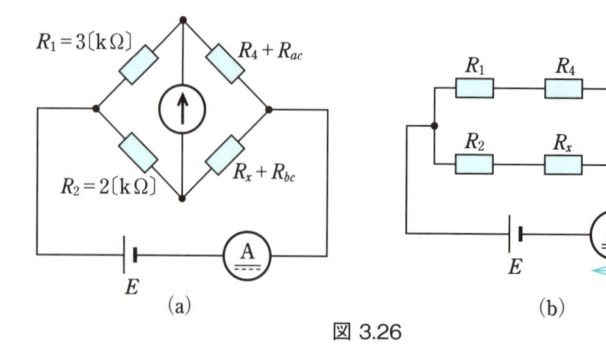

図 3.26

(b) 平衡時は，図 3.26(b)に示すように，検流計の個所を開して電流 I を求める。

$$I = \frac{E}{R_1+R_4+R_{ac}} + \frac{E}{R_2+R_x+R_{ac}} \text{ [A]}$$

解き方 (a) 式(1)に数値を代入して，

$$3 \times (R_x+3) = 2 \times (3+3)$$
$$3R_x+9 = 12$$

求める抵抗 R_x〔kΩ〕は，

$$R_x = \frac{12-9}{3} = \frac{3}{3} = 1 \text{ [kΩ]}$$

(b) 式(2)に数値を代入して，

$$I = \frac{6}{3+3+3} + \frac{6}{2+1+3} = \frac{6}{9} + \frac{6}{6} \fallingdotseq 1.67 \text{ [mA]}$$
$$\fallingdotseq 1.7 \text{ [mA]}$$

例題 4

図は，抵抗 R_{ab}〔kΩ〕のすべり抵抗器，抵抗 R_d〔kΩ〕，抵抗 R_e〔kΩ〕と直流電圧 $E_s = 12$〔V〕の電源を用いて，端子 H，G 間に接続した未知の直流電圧〔V〕を測るための回路である。次の(a)及び(b)に答えよ。

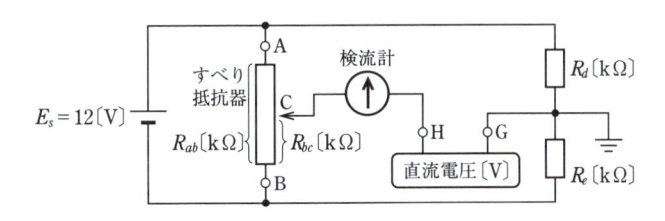

(a) 抵抗 $R_d = 5$〔kΩ〕，抵抗 $R_e = 5$〔kΩ〕として，直流電圧 3〔V〕の電源の正極を端子 H に，負極を端子 G に接続した。すべり抵抗器の接触子 C の位置を調整して検流計の電流を零にしたところ，すべり抵抗器の端子 B と接触子 C 間の抵抗 $R_{bc} = 18$〔kΩ〕となった。すべり抵抗器の抵抗 R_{ab}〔kΩ〕の値として，正しいのは次のうちどれか。

(1) 18　　(2) 24　　(3) 36　　(4) 42　　(5) 50

(b) 次に，直流電圧 3〔V〕の電源を取り外し，未知の直流電圧 E_x〔V〕の電源を端子 H, G 間に接続した。抵抗 $R_d = 2$〔kΩ〕，抵抗 $R_e = 22$〔kΩ〕としてすべり抵抗器の接触子 C の位置を調整し，すべり抵抗器の端子 B と接触子 C 間の抵抗 $R_{bc} = 12$〔kΩ〕としたときに，検流計の電流が零となった。このときの E_x〔V〕の値として，正しいのは次のうちどれか。
ただし，端子 G を電位の基準（0〔V〕）とする。

(1) −5　　(2) −3　　(3) 0　　(4) 3　　(5) 5

3.3 ブリッジ回路

[平成 16 年 B 問題]

答 (a)-(2), (b)-(1)

考え方 (a) 題意によれば図 3.27(a) となる。C 端子の電圧 E_c は，検流計の電流 $I_g = 0$ であることから $E_c = 3V$ で，端子 C，B 間を流れる電流 I は，

$$I = \frac{E_c - E_b}{R_{bc}} = \frac{3-(-6)}{18 \times 10^3} = 0.5 \times 10^{-3} \text{ [A]} = 0.5 \text{ [mA]}$$

となる。

(b) 題意によれば，図 3.27(b) となる。端子 A の電圧 E_a は，R_d と R_e の分圧に比例するため，

$$E_a = \frac{2}{2+22} \times 12 = 1 \text{ [V]}$$

となる。

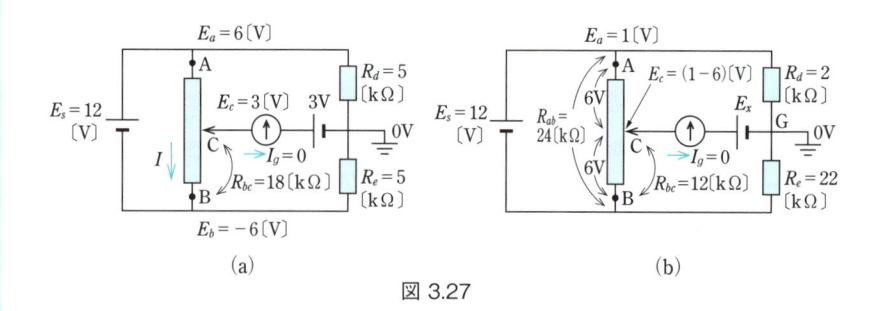

図 3.27

解き方 (a) 図 3.27(a) の電流 I は $I_g = 0$ であるため，端子 A，C 間にも I が流れる。

抵抗 R_{ab} の値は，

$$R_{ab} = \frac{E_s}{I} = \frac{12}{0.5 \times 10^{-3}} = 24 \times 10^3 \text{ [Ω]} = 24 \text{ [kΩ]}$$

(b) 図 3.27(b) により，$R_{ab} = 24$ [kΩ]，$R_{bc} = 12$ [kΩ] で，$E_{ac} = 6$ [V]，$E_{cb} = 6$ [V]，$E_a = 1$ [V] から E_c は，

$$E_c = E_a - E_{ac} = 1 - 6 = -5 \text{ [V]}$$

となり，$I_g = 0$ のため $E_x = E_c$ となり，$E_x = -5$ [V] となる。

3.4 複雑な回路

例題 1

図のように，抵抗 $R_{ab} = 140$〔Ω〕のすべり抵抗器に抵抗 $R_1 = 10$〔Ω〕，抵抗 $R_2 = 5$〔Ω〕を接続した回路がある。この回路を流れる電流が $I = 9$〔A〕のとき，抵抗 R_1 を流れる電流は $I_1 = 3$〔A〕であった。このときのすべり抵抗器の抵抗比（抵抗 R_{ac}：抵抗 R_{bc}）の値として，正しいのは次のうちどれか。

(1)　1：13　　(2)　1：3　　(3)　5：9　　(4)　9：5　　(5)　13：1

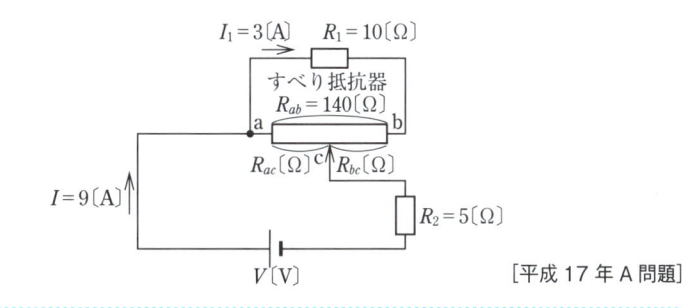

[平成17年A問題]

答 (3)

考え方　例題の図の端子 a，c 間を流れる電流を I_2 として，端子 a にキルヒホッフの第 1 法則を適用すると，

$$I = I_1 + I_2$$
$$I_2 = I - I_1 = 9 - 3 = 6 \text{〔A〕}$$

となる。

解き方　端子 a，c 間の電圧 V_{ac} は，

$$V_{ac} = I_2 R_{ac} = 6R_{ac} = I_1 R_1 + I_1 R_{bc} = 3 \times 10 + 3R_{bc}$$
$$= 30 + 3R_{bc} \quad (1)$$

すべり抵抗全体の抵抗は $R_{ab} = 140$〔Ω〕なので，

$$140 = R_{ac} + R_{bc}$$
$$R_{bc} = 140 - R_{ac} \quad (2)$$

式(2)を式(1)に代入すると，

$$6R_{ac} = 30 + 3(140 - R_{ac})$$

$$9R_{ac} = 450$$
$$R_{ac} = 50 \text{ [}\Omega\text{]}$$

$R_{ac} = 50$ を，式(2)に代入すると，
$$R_{bc} = 140 - R_{ac} = 140 - 50 = 90 \text{ [}\Omega\text{]}$$

求める R_{ac} と R_{bc} の比は，
$$R_{ac} : R_{bc} = 5 : 9$$

となる。

例題 2

図のような直流回路において，電源電圧が E [V] であったとき，末端の抵抗の端子間電圧の大きさが1 [V] であった。このときの電源電圧 E [V] の値として，正しいのは次のうちどれか。

(1) 34　　(2) 20　　(3) 14　　(4) 6　　(5) 4

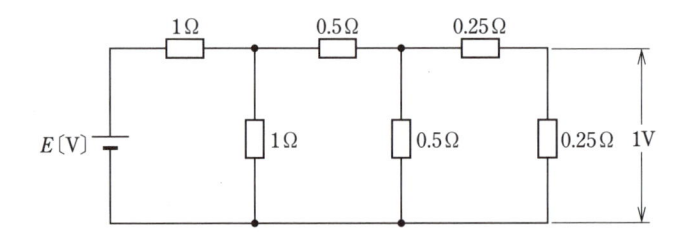

［平成15年A問題］

答 (2)

考え方

図3.28に示すように，0.25 [Ω] の電圧が1 [V] であるから I_1 は，
$$I_1 = \frac{1 \text{ [V]}}{0.25 \text{ [}\Omega\text{]}} = 4 \text{ [A]}$$

となる。

E_3 の電圧は，1 [V] と抵抗 0.25 [Ω] の電圧降下を加えて求める。
$$E_3 = 1 + 0.25 \times 4 = 2 \text{ [V]}$$

I_3 を求める。

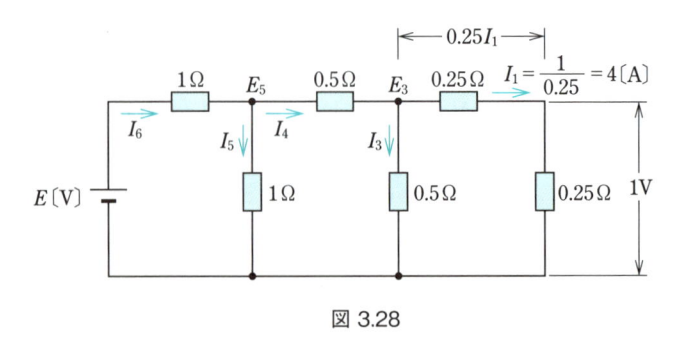

図3.28

$$I_3 = \frac{E_3}{0.5} = \frac{2}{0.5} = 4 \,〔\text{A}〕$$

このようにして，I_4，E_5，I_5，I_6 を求め，E を計算する。

解き方

抵抗 $0.5\,\Omega$ に流れる電流 I_4 は，キルヒホッフの第 1 法則より，
$$I_4 = I_1 + I_3 = 4 + 4 = 8 \,〔\text{A}〕$$
電流 I_5 が流れる並列抵抗 $1\,\Omega$ の端子電圧 E_5 は，
$$E_5 = E_3 + 0.5 I_4 = 2 + 0.5 \times 8 = 6 \,〔\text{V}〕$$
そこに流れる電流は，
$$I_5 = \frac{E_5}{1} = 6 \,〔\text{A}〕$$
抵抗 $1\,\Omega$ に流れる電流 I_6 は，
$$I_6 = I_4 + I_5 = 8 + 6 = 14 \,〔\text{A}〕$$
$$E = E_5 + 1 \times I_6 = 6 + 1 \times 14 = 20 \,〔\text{V}〕$$

例題 3

図の直流回路において，次の（a）及び（b）に答えよ。
ただし，電源電圧 E〔V〕の値は一定で変化しないものとする。

(a) 図 1 のように抵抗 R〔Ω〕を端子 a，d 間に接続したとき，$I_1 = 4.5$〔A〕，$I_2 = 0.5$〔A〕の電流が流れた。抵抗 R〔Ω〕の値として，正しいのは次のうちどれか。
　　(1) 20　　(2) 40　　(3) 80　　(4) 160　　(5) 180

(b) 図 1 の抵抗 R〔Ω〕を図 2 のように端子 b，c 間に接続し直したとき，回路に流れる電流 I_3〔A〕の値として，最も近いのは次のうちどれか。
　　(1) 4.0　　(2) 4.2　　(3) 4.5　　(4) 4.8　　(5) 5.5

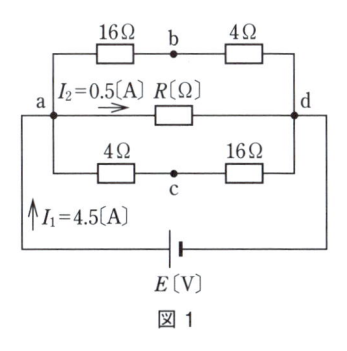

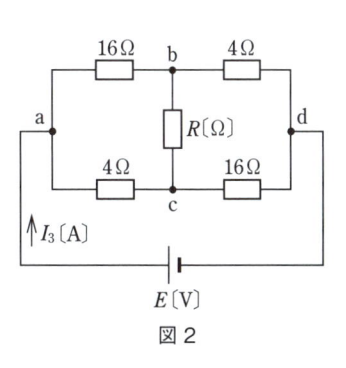

図 1　　　　図 2

［平成 17 年 B 問題］

答　(a)-(3)，(b)-(2)

考え方 (a) 図 3.29(a) の端子 a, b, d 間の抵抗は, $R_{abd} = 16+4 = 20$ 〔Ω〕, 端子 a, c, d の抵抗は, $R_{acd} = 4+16 = 20$ 〔Ω〕と, $R_{abd} = R_{acd}$ のため, $I_b = I_c$ となり, a 点にキルヒホッフの第 1 法則を適用すると,

$$I_1 = I_b + I_2 + I_c = 2I_b + I_2$$

$$I_b = \frac{1}{2}(I_1 - I_2) = \frac{1}{2}(4.5 - 0.5) = 2 \text{ 〔A〕}$$

となる。

(b) Δ-Y 変換を使用する。図 3.29(b) から次式のよう変換される。

$$R_{ab} = \frac{R_a R_b + R_b R_c + R_c R_a}{R_c} \quad , \quad R_a = \frac{R_{ab} R_{ca}}{R_{ab} + R_{bc} + R_{ca}}$$

$$R_{bc} = \frac{R_a R_b + R_b R_c + R_c R_a}{R_a} \quad , \quad R_b = \frac{R_{bc} R_{ab}}{R_{ab} + R_{bc} + R_{ca}}$$

$$R_{ca} = \frac{R_a R_b + R_b R_c + R_c R_a}{R_b} \quad , \quad R_c = \frac{R_{ca} R_{bc}}{R_{ab} + R_{bc} + R_{ca}}$$

R_{ab}, R_{bc}, R_{ca} を求めるときは,すべての分子は共通の $(R_a R_b + R_b R_c + R_c R_a)$ となり,分母は求めたい抵抗の端子に垂直な位置の抵抗となる。

R_a, R_b, R_c を求めるときは,すべての分母は共通の $(R_{ab} + R_{bc} + R_{ca})$ となり,分子は Δ と Y を図で重ねたとき,求めたい抵抗をはさむ 2 つの抵抗の積となる。

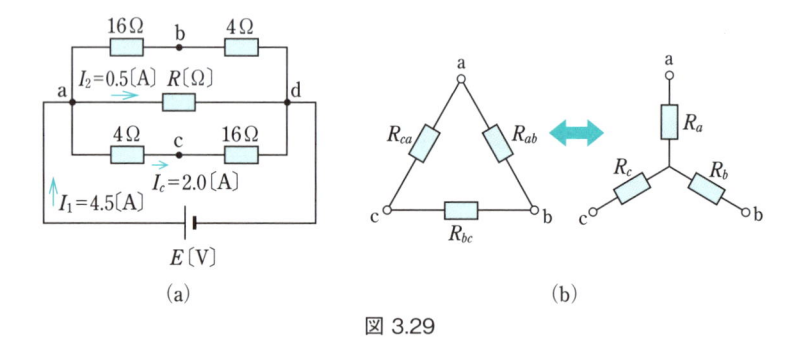

図 3.29

解き方 (a) 図 3.29(a) において, a-d 間の電圧(電源電圧)E は,

$$E = I_b(16+4) = 2 \times 20 = 40 \text{ 〔V〕}$$

求める R は,

$$R = \frac{E}{I_2} = \frac{40}{0.5} = 80 \text{ 〔Ω〕}$$

(b) 例題図 2 は,ブリッジの平衡条件が成立していないので,図 3.30 (a) に示すように, a-b-c の Δ 結線を Y 結線に等価変換する。

$$R_a = \frac{16 \times 4}{16+80+4} = 0.64 \text{ [Ω]}$$

$$R_b = \frac{16 \times 80}{16+80+4} = 12.8 \text{ [Ω]}$$

$$R_c = \frac{80 \times 4}{16+80+4} = 3.2 \text{ [Ω]}$$

図 3.30(b) の a-d 間の合成抵抗 R [Ω] は,

$$R = R_a + \frac{(R_b+4)(R_c+16)}{(R_b+4)+(R_c+16)}$$

$$= 0.64 + \frac{(12.8+4) \times (3.2+16)}{(12.8+4)+(3.2+16)} = 9.6 \text{ [Ω]}$$

求める I_3 は,

$$I_3 = \frac{E}{R} = \frac{40}{9.6} \fallingdotseq 4.17 \text{ [A]} \fallingdotseq 4.2 \text{ [A]}$$

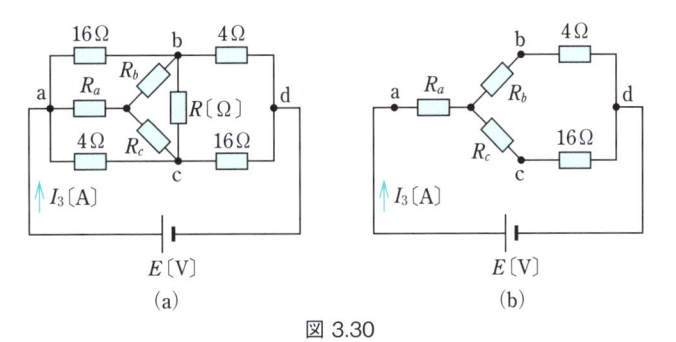

図 3.30

例題 4

図のような直流回路において, 電流の比 I_1/I_2 はいくらか. 正しい値を次のうちから選べ.

(1) 0.43 　　(2) 0.57 　　(3) 0.75 　　(4) 1.33 　　(5) 1.75

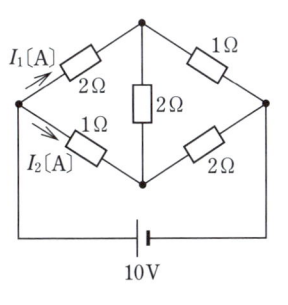

[平成 9 年 A 問題]

答 (3)

3.4 複雑な回路

考え方 抵抗 1Ω と 2Ω とが，それぞれの対辺にもある回路の対称性から，電流分布は図 3.31 のようになる。

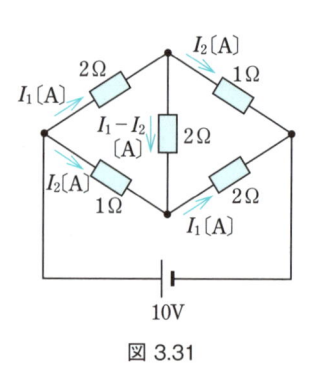

図 3.31

解き方 図 3.31 の左側のデルタ閉回路について，キルヒホッフの第 2 法則を適用すれば，

$$2I_1 + 2(I_1 - I_2) - I_2 = 0$$

$$4I_1 = 3I_2$$

$$\therefore \quad \frac{I_1}{I_2} = \frac{3}{4} = 0.75$$

3.5 定電圧源と定電流源

例題 1

図の直流回路において、二つの電流源の電流 I_1 〔A〕および I_2 〔A〕の値の組合せとして、正しいのは次のうちどれか。

(1)　$I_1 = 0$, $I_2 = 10$　　(2)　$I_1 = 4$, $I_2 = 6$　　(3)　$I_1 = 5$, $I_2 = 5$
(4)　$I_1 = 6$, $I_2 = 4$　　(5)　$I_1 = 10$, $I_2 = 0$

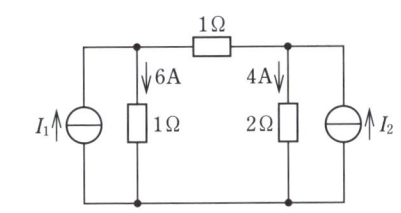

[平成 11 年 A 問題]

答　(2)

考え方

定電流源は、内部抵抗が ∞〔Ω〕で、負荷抵抗が変化しても常に定電流を出力する電源である。

図 3.32 において、点 a の電位は、$V_a = 4$〔A〕$\times 2$〔Ω〕$= 8$〔V〕、点 b の電位は、$V_b = 6$〔A〕$\times 1$〔Ω〕$= 6$〔V〕となり、電位は、V_a のほうが高く、

$$I = \frac{V_a - V_b}{1〔Ω〕} = \frac{8-6}{1} = 2 \text{〔A〕}$$

となる。

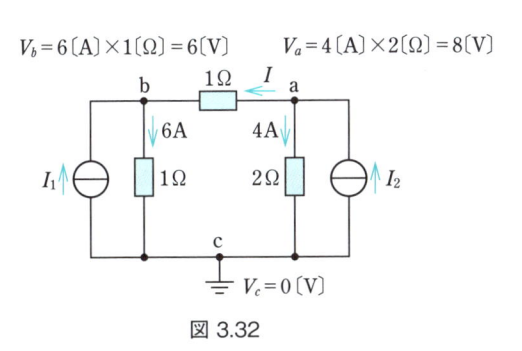

図 3.32

解き方 点aと点bにキルヒホッフの法則を適用して,
$$I_1 = 6-I = 6-2 = 4 \text{[A]}$$
$$I_2 = 4+I = 4+2 = 6 \text{[A]}$$

例題 2 図のような直流回路において,3Ωの抵抗を流れる電流〔A〕の値として,正しいのは次のうちどれか。

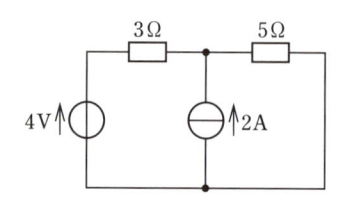

(1) 0.35　　(2) 0.45　　(3) 0.55　　(4) 0.65　　(5) 0.75

［平成9年A問題］

答 (5)

考え方 定電圧源は,内部抵抗が0Ωの電圧源のことである。内部抵抗が0Ωであれば,端子電圧は負荷電流が変化しても一定電圧を出力する。

図3.33のように,求める3〔Ω〕の抵抗に流れる電流をI〔A〕とすれば,5Ωの抵抗に流れる電流I_1は,a点にキルヒホッフの第1法則を適用すれば,
$$I_1 = 2-I$$
となる。

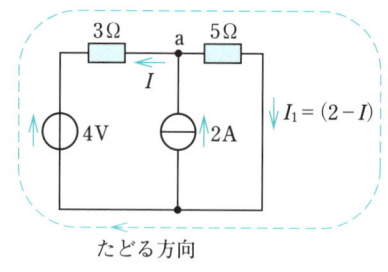

図 3.33

解き方 図3.33において,外まわりの閉回路を考えれば,
$$4 = -3I+5(2-I) = 10-8I$$
$$I = \frac{10-4}{8} = \frac{6}{8} = 0.75 \text{[A]}$$

第3章 章末問題

3-1 図の回路において、端子 ab からみた等価抵抗はいくらか。正しい値を次のうちから選べ。

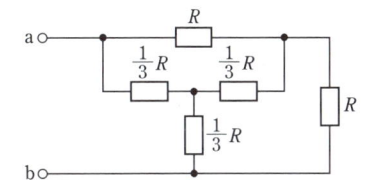

(1) $\dfrac{3}{2}R$ (2) $\dfrac{2}{3}R$ (3) $\dfrac{1}{2}R$

(4) R (5) $2R$

[平成9年A問題]

3-2 図のような、抵抗 $P = 1$ 〔kΩ〕、抵抗 $Q = 10$ 〔Ω〕のホイートストンブリッジ回路がある。このブリッジ回路において、抵抗 R は 100 〔Ω〕～2 〔kΩ〕の範囲内にある。この R のすべての範囲でブリッジの平衡条件を満たす可変抵抗 S の値の範囲として、正しいのは次のうちどれか。

(1)   0.5 〔Ω〕 ～   10 〔Ω〕
(2)   10 〔Ω〕 ～ 200 〔Ω〕
(3)   500 〔Ω〕 ～   5 〔kΩ〕
(4)   10 〔kΩ〕 ～ 200 〔kΩ〕
(5)   500 〔kΩ〕 ～   1 〔MΩ〕

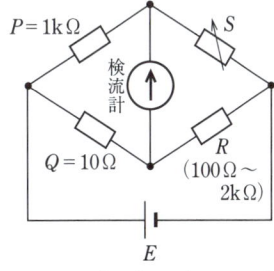

[平成14年A問題]

3-3 図の直流回路において、電源を流れる電流 I 〔A〕の値として、正しいのは次のうちどれか。

(1) 1.0   (2) 1.5   (3) 2.0   (4) 2.5   (5) 3.0

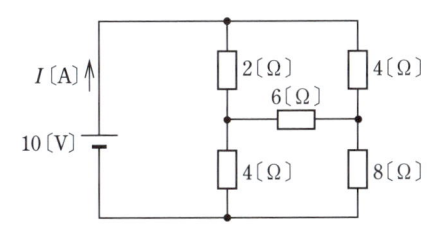

[平成12年A問題]

3-4 図のような回路において，端子 ab 間の合成抵抗〔Ω〕の値として，正しいのは次のうちどれか。

(1) 2.5　　(2) 3.0　　(3) 3.5　　(4) 4.0　　(5) 4.5

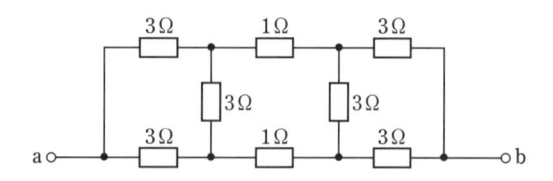

[平成 10 年 A 問題]

3-5 二つの抵抗 R_1〔Ω〕及び R_2〔Ω〕を図1のように並列に接続した場合の全消費電力は，これら二つの抵抗を図2のように直列に接続した場合の全消費電力の6倍であった。このとき，R_2 の値として，正しいものは次のうちどれか。ただし，$R_1 = 1$〔Ω〕，$R_2 > R_1$ とし，電源 E の内部抵抗は無視するものとする。

(1) 1.1　　(2) 1.4　　(3) 2.0　　(4) 3.7　　(5) 4.3

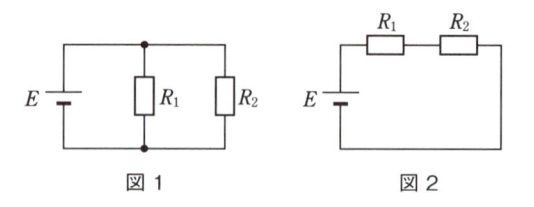

[平成 10 年 A 問題]

3-6 図のように，2種類の直流電源と3種類の抵抗からなる回路がある。各抵抗に流れる電流を図に示す向きに定義するとき，電流 I_1〔A〕，I_2〔A〕，I_3〔A〕の値として，正しいものを組み合わせたのは次のうちどれか。

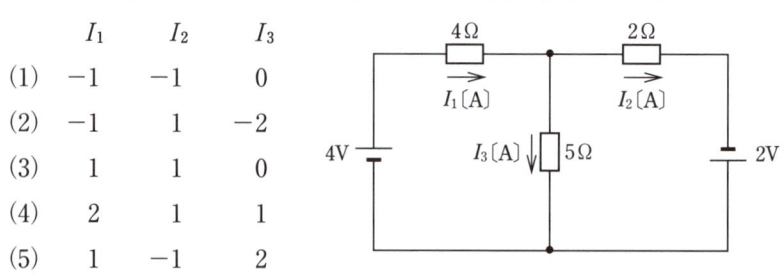

	I_1	I_2	I_3
(1)	−1	−1	0
(2)	−1	1	−2
(3)	1	1	0
(4)	2	1	1
(5)	1	−1	2

[平成 20 年 A 問題]

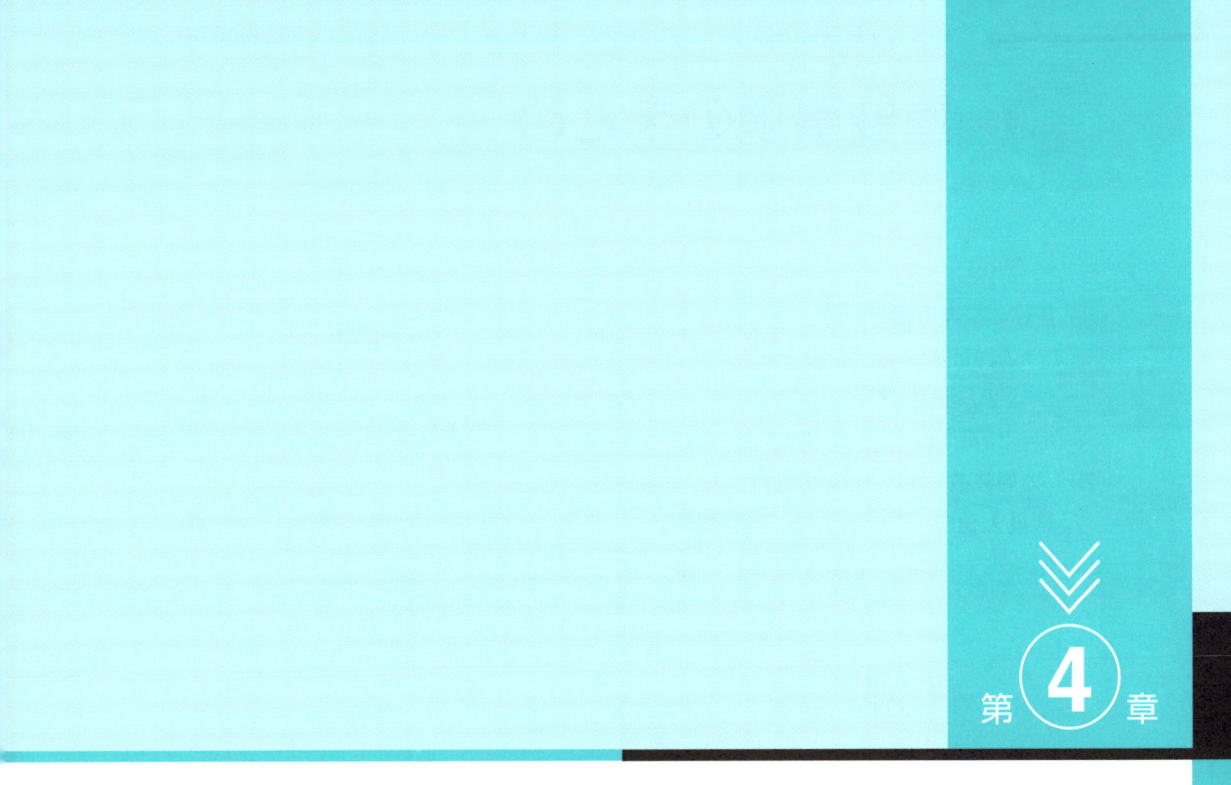

第4章 交流回路と三相交流回路

Point 重要事項のまとめ

1 正弦波交流の瞬時計算

$$i = I_m \sin\theta = I_m \sin\omega t = \sqrt{2}\, I \sin 2\pi f t$$

$\omega:(=2\pi f)$〔rad/s〕で角速度，f:〔Hz〕で周波数，θ:〔rad〕で角度。

I_m は最大値で，$I = I_m/\sqrt{2}$ を実効値という。

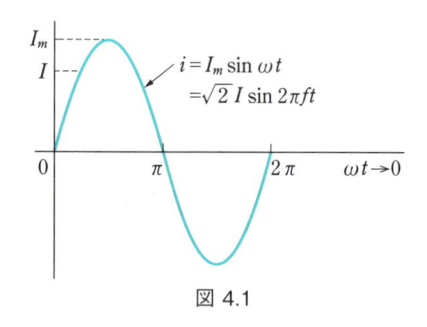

図 4.1

2 周波数 f〔Hz〕

交流は，1秒あたりの波形の繰返しの数を周波数という。単位は〔Hz〕(ヘルツ)を用いる。1つの波の繰返し時間間隔を周期 T〔s〕という。周波数と周期の関係は，$T = 1/f$〔s〕で，50 Hz の周期は，$1/50 = 0.02$〔s〕である。

3 RLC 直列回路

図 4.2(a) から各部の端子電圧のベクトル和は $\dot{V}$ に等しい。

$$\dot{V} = \dot{V}_R + \dot{V}_L + \dot{V}_C$$
$$= R\dot{I} + jX_L \dot{I} - jX_C \dot{I}$$
$$= \left\{R + j\left(\omega L - \frac{1}{\omega C}\right)\right\}\dot{I} = \dot{Z}\dot{I}$$

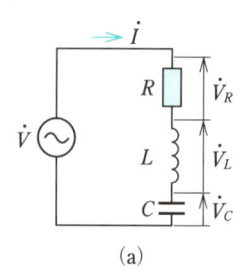

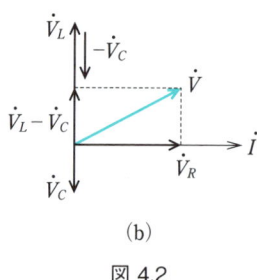

図 4.2

4 直列共振

図 4.2(a) において，$\dot{Z} = R + j0$，電圧 $\dot{V}$ と $\dot{I}$ が同相となることを直列共振という。

$$\omega L = \frac{1}{\omega C}$$

共振周波数 f_0〔Hz〕は，

$$f_0 = \frac{1}{2\pi\sqrt{LC}}$$

5 RLC 並列回路

図 4.3(a) を RLC 並列回路という。回路全体の電流 $\dot{I}$〔A〕は，

$$\dot{I} = \dot{I}_R + \dot{I}_L + \dot{I}_C$$
$$= \frac{\dot{V}}{R} + \frac{\dot{V}}{j\omega L} + j\omega C\, \dot{V}$$
$$= \left(\frac{1}{R} + \frac{1}{j\omega L} + j\omega C\right)\dot{V}$$

(a)

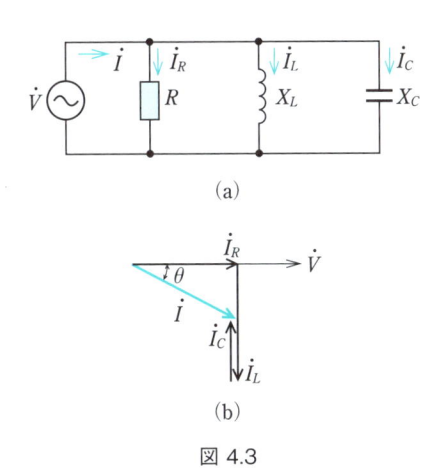

(b)

図 4.3

6 RLC 並列回路の並列共振

図 4.3 (a) で，$\omega C = 1/\omega L$ で電流が最小になる。共振周波数 f_0〔Hz〕は，

$$f_0 = \frac{1}{2\pi\sqrt{LC}} \text{〔Hz〕}$$

直列および並列回路の共振周波数は同じである。

7 正弦波交流の合成

$v_1 = \sqrt{2}\,V_1 \sin(\omega t + \theta_1)$
$v_2 = \sqrt{2}\,V_2 \sin(\omega t + \theta_2)$
$V^2 = (V_1 \cos\theta_1 + V_2 \cos\theta_2)^2$
$\qquad + (V_1 \sin\theta_1 + V_2 \sin\theta_2)^2$

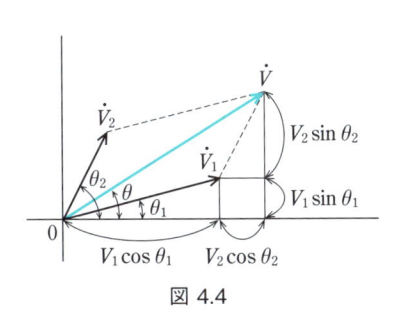

図 4.4

8 実効値

実効値とは，負荷抵抗に直流電圧を加えたときと，同じ熱エネルギーを供給できる交流の大きさのことである。

正弦波交流では，最大値 V_m〔V〕と実効値 V〔V〕との間には次の関係がある。

$$V = \frac{V_m}{\sqrt{2}}$$

9 平均値 V_a〔V〕

図 4.5 のように，交流の半周期間の平均を平均値という。

正弦波交流において，平均値 V_a〔V〕と最大値 V_m〔V〕の関係は次のとおり。

$$V_a = \frac{2}{\pi} V_m \fallingdotseq 0.637 V_m \text{〔V〕}$$

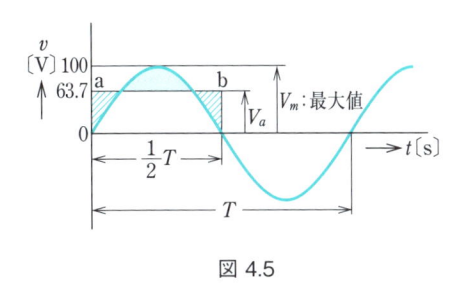

図 4.5

10 単相交流回路の皮相電力 S〔V·A〕

交流回路の電圧 V〔V〕，電流 I〔A〕とすると，図 4.6 に示すように，負荷の皮相電力 S〔V·A〕は，

$$S = VI = \sqrt{P^2 + Q^2} = I^2 Z$$

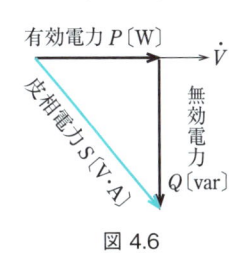

図 4.6

11 有効電力 P〔W〕

$$P = S \cos\theta = VI \cos\theta = I^2 R$$

$\cos\theta$ を力率という。θ は力率角といい，V と I との位相角である。力率 $\cos\theta$ は，次式で表される。

$$\cos\theta = \frac{P}{VI}$$

12 無効電力 Q〔var〕

$Q = S\sin\theta = VI\sin\theta = I^2 X_L$

$\sin\theta$ を無効率といい，次の式で表される。

$$\sin\theta = \frac{Q}{S} = \frac{Q}{VI} = \sqrt{1-\cos^2\theta}$$

$$Q = \sqrt{S^2-P^2}$$

13 複素数電力

$\dot{V}=a+jb,\ \dot{I}=c+jd$

$S = \dot{V}\bar{I} = (a+jb)(c-jd)$
$\quad = ac+bd+j(bc-ad)$
$\quad = P+jQ$

無効電力 Q は，遅れ無効電力で，正符号として示す。

14 ひずみ波交流

$v = V_0 + \sqrt{2}\,V_1\sin\omega t$
$\quad + \sqrt{2}\,V_2\sin 2\omega t + \cdots\cdots$
$\quad + \sqrt{2}\,V_n\sin n\omega t$

ひずみ波の実効値：

$V = \sqrt{V_0^2+V_1^2+\cdots\cdots+V_n^2}$

ひずみ率 d：

$d = \dfrac{\sqrt{V_2^2+V_3^2+\cdots\cdots+V_n^2}}{V_1}$
$\quad \times 100\ 〔\%〕$

15 ひずみ波の電力 P〔W〕

ひずみ波の電力 P〔W〕は，同じ周波数の電圧と電流の間にのみ電力が生じる。このため，各調波ごとの電力を求め，その和が全電力となる。

$P = V_0 I_0 + V_1 I_1\cos\theta_1 + \cdots\cdots$
$\quad + V_n I_n\cos\theta_n\ 〔\text{W}〕$

16 RL 直列回路の過渡現象

図 4.7(a) に示す回路において，スイッチ S を入れると，図 4.7(b) に示す電流 i が流れる。$t=0$ のとき，電流 i が 0 となり v_R は 0 で，すべてが v_L となり，$v_L = V$ となる。

$v_R = Ri = V\left(1-e^{-\frac{R}{L}t}\right)$

$v_L = Ve^{-\frac{R}{L}t}$

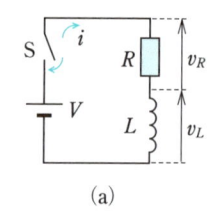

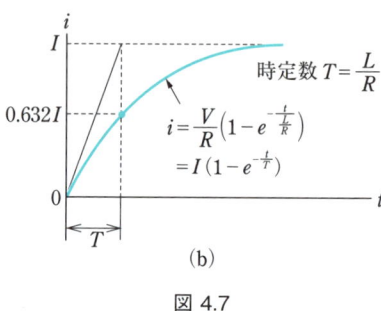

(a)

(b)

図 4.7

17 RC 直列回路の過渡現象

図 4.8(a) に示す回路において，スイッチ S を入れると，図 4.8(b) に示す電流 i が流れる。$t=0$ では，コンデンサ C が短絡状態で急激な電流 V/R が流れる。コンデンサ C が充電されるにつれて，v_R の電圧は低下する。

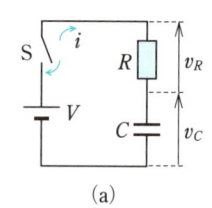

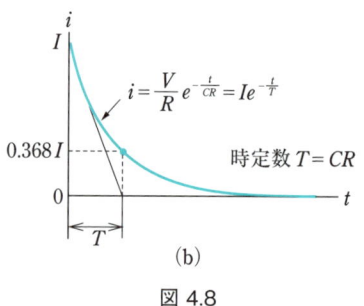

(a)

(b)

図 4.8

18 対称三相交流

電圧の実効値を V〔V〕とし，v_a を基準とすると各相電圧 v_a, v_b, v_c は，

$$v_a = \sqrt{2}\,V \sin \omega t \ \text{〔V〕}$$

$$v_b = \sqrt{2}\,V \sin \left(\omega t - \frac{2}{3}\pi\right) \ \text{〔V〕}$$

$$v_c = \sqrt{2}\,V \sin \left(\omega t - \frac{4}{3}\pi\right) \ \text{〔V〕}$$

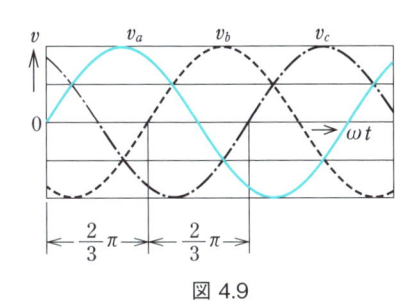

図 4.9

19 三相交流の電圧ベクトル図

相順が，a, b, c の順とする $\dot{V}_a$, $\dot{V}_b$, $\dot{V}_c$ のベクトル図を図 4.10 に示す。

$\dot{V}_a$ を基準にして，$2/3\pi$〔rad〕ずつ位相を遅らせる。

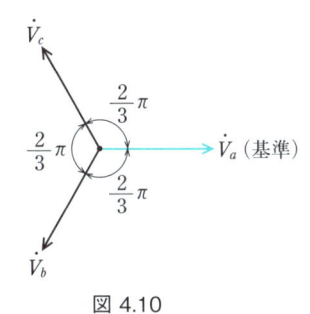

図 4.10

20 Δ-Y 変換

$$\dot{Z}_A = \frac{\dot{Z}_{CA}\dot{Z}_{AB}}{\dot{Z}_{AB}+\dot{Z}_{BC}+\dot{Z}_{CA}}$$

$$\dot{Z}_B = \frac{\dot{Z}_{AB}\dot{Z}_{BC}}{\dot{Z}_{AB}+\dot{Z}_{BC}+\dot{Z}_{CA}}$$

$$\dot{Z}_C = \frac{\dot{Z}_{BC}\dot{Z}_{CA}}{\dot{Z}_{AB}+\dot{Z}_{BC}+\dot{Z}_{CA}}$$

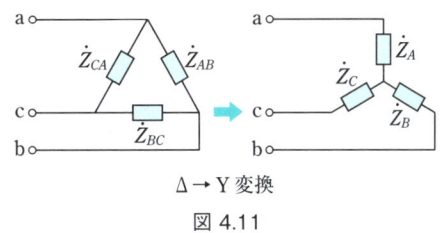

Δ→Y 変換
図 4.11

21 線電流と相電流

図 4.12(a)において $\dot{I}_a$, $\dot{I}_b$, $\dot{I}_c$ を線電流といい，$\dot{I}_{ab}$, $\dot{I}_{bc}$, $\dot{I}_{ca}$, $\dot{I}'_{ab}$, $\dot{I}'_{bc}$, $\dot{I}'_{ca}$ を相電流という。

$$|\dot{I}_a| = \sqrt{3}\,|\dot{I}_{ab}| = \sqrt{3}\,\frac{|\dot{V}_{ab}|}{|\dot{Z}|}$$

線電流 $\dot{I}_a$ は相電流 $\dot{I}_{ab}$ より，$\pi/6$〔rad〕遅れる。

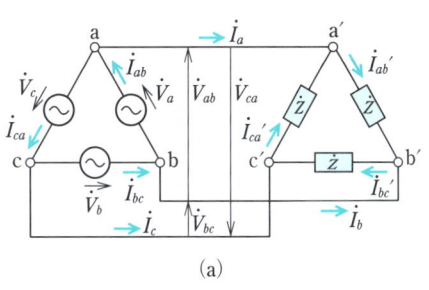

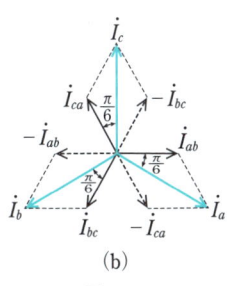

図 4.12

4.1 正弦波交流の瞬時値計算

例題 1

ある回路に，$i = 4\sqrt{2} \sin 120\pi t$〔A〕の電流が流れている。この電流の瞬時値が，時刻 $t = 0$〔s〕以降に初めて 4〔A〕となるのは，時刻 $t = t_1$〔s〕である。t_1〔s〕の値として，正しいのは次のうちどれか。

(1) $\dfrac{1}{480}$ (2) $\dfrac{1}{360}$ (3) $\dfrac{1}{240}$ (4) $\dfrac{1}{160}$ (5) $\dfrac{1}{120}$

〔平成 21 年 A 問題〕

答 (1)

考え方 瞬時値と最大値

$$i = I_m \sin \theta = I_m \sin \omega t = \sqrt{2} I \sin 2\pi f t$$

$\omega:(= 2\pi f \text{〔rad/s〕})$ で角速度，$f:$〔Hz〕で周波数，$\theta:$〔rad〕で角度

図 4.13 は，交流電流の波形である。I_m は最大値で，$I = I_m/\sqrt{2}$ を実効値という。電流は常に変化しており，その瞬時のそれぞれの電流の大きさを瞬時値という。

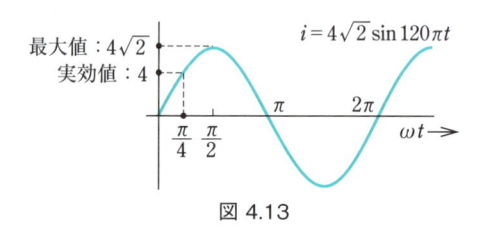

図 4.13

解き方 図 4.13 において，$i = 4\sqrt{2} \sin 120\pi t$〔A〕の式に，瞬時値 $i = 4$〔A〕を代入する。

$$4 = 4\sqrt{2} \sin 120\pi t \Rightarrow \frac{1}{\sqrt{2}} = \sin 120\pi t$$

$\sin \theta = 1/\sqrt{2}$ のときの角度 θ は，$\theta = \pi/4$〔rad〕となる。

$$\theta = \frac{\pi}{4} = 120\pi t_1 \Rightarrow t_1 = \frac{1}{4 \times 120} = \frac{1}{480}$$

例題 2

ある回路に電圧 $v = 100\sin\left(100\pi t + \dfrac{\pi}{3}\right)$〔V〕を加えたところ，回路に $i = 2\sin\left(100\pi t + \dfrac{\pi}{4}\right)$〔A〕の電流が流れた。この電圧と電流の位相差 θ〔rad〕を時間〔s〕の単位に変換して表した値として，正しいのは次のうちどれか。

(1) $\dfrac{1}{400}$　(2) $\dfrac{1}{600}$　(3) $\dfrac{1}{1\,200}$　(4) $\dfrac{1}{1\,440}$　(5) $\dfrac{1}{2\,400}$

[平成 17 年 A 問題]

答 (3)

考え方　交流は，1 秒あたりの波形の繰返しの数を周波数といい，f で表し，単位は〔Hz〕（ヘルツ）を用いる。図 4.14 のように，1 つの繰返し時間間隔を交流の周期といい，T で表し，その単位は〔s〕を用いる。

周波数 f〔Hz〕と周期 T〔s〕には，次の関係がある。

$$T = \dfrac{1}{f} \text{〔s〕}$$

電圧 $v = 100\sin(100\pi t + \pi/3)$ と電流 $i = 2\sin(100\pi t + \pi/4)$ の位相角〔rad〕は，

$$\theta = \dfrac{\pi}{3} - \dfrac{\pi}{4} = \dfrac{4-3}{12}\pi = \dfrac{\pi}{12} \text{〔rad〕}$$

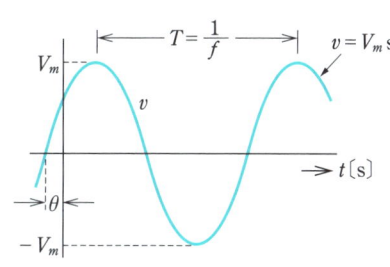

図 4.14

解き方　角速度 $\omega = 2\pi ft = 100\pi t = 2 \times \pi \times 50 \times t$ から，周波数 $f = 50$〔Hz〕となる。50 Hz の 1 周期 T〔s〕は，

$$T = \dfrac{1}{f} = \dfrac{1}{50} = 0.02 \text{〔s〕}$$

求める位相差 θ の時間 t〔s〕は，

$$0.02 : t = 2\pi : \dfrac{\pi}{12}$$

$$t = \dfrac{0.02 \times \dfrac{\pi}{12}}{2\pi} = \dfrac{1}{\dfrac{12 \times 2}{0.02}} = \dfrac{1}{1\,200} \text{〔s〕}$$

4.1 正弦波交流の瞬時値計算

例題 3

　図1のように，R〔Ω〕の抵抗，インダクタンスL〔H〕のコイル及び静電容量C〔F〕のコンデンサを並列に接続した回路がある。この回路に正弦波交流電圧e〔V〕を加えたとき，この回路の各素子に流れる電流i_R〔A〕，i_L〔A〕，i_C〔A〕とe〔V〕の時間変化はそれぞれ図2のようで，それぞれの電流の波高値は10〔A〕，15〔A〕，5〔A〕であった。回路に流れる電流i〔A〕の電圧e〔V〕に対する位相として，正しいのは次のうちどれか。

(1)　30°遅れる　　(2)　30°進む　　(3)　45°遅れる
(4)　45°進む　　(5)　90°遅れる

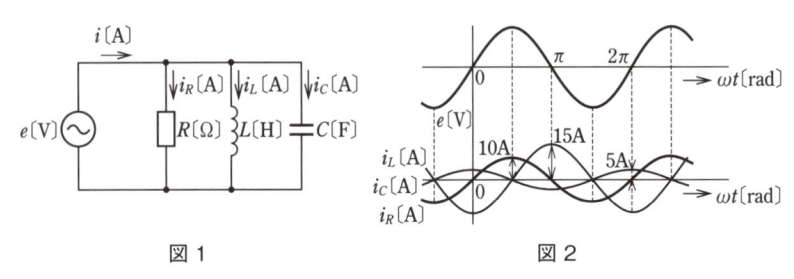

図1　　　図2

〔平成15年A問題〕

答　(3)

考え方

① 抵抗回路

　図4.15のように抵抗R〔Ω〕に電圧V〔V〕の電圧を加えたとき，回路に流れる電流$\dot{I}_R$〔A〕は，

$$\dot{I}_R = \frac{\dot{V}}{R}$$

となり，電圧と電流は同相となる。

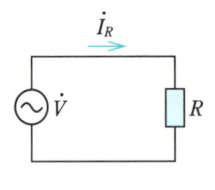

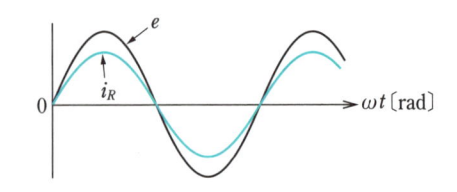

図4.15　抵抗回路

② インダクタンス回路

　図4.16のように，インダクタンスL〔H〕にV〔V〕の電圧を加えたとき，回路に流れる電流$\dot{I}_L$〔A〕は，

$$\dot{I}_L = \frac{\dot{V}}{jX_L} = -j\frac{\dot{V}}{X_L} = -j\frac{\dot{V}}{\omega L} = -j\frac{\dot{V}}{2\pi f L} \text{〔A〕}$$

$X_L = \omega L = 2\pi f L$〔Ω〕は誘導性リアクタンスといい，電流$\dot{I}_L$は電圧$\dot{V}$より$\pi/2$〔rad〕遅れる。

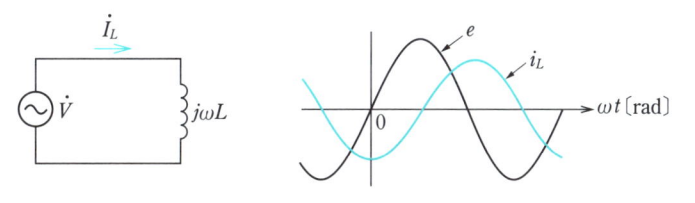

図 4.16 インダクタンス回路

③ 静電容量回路

図 4.17 のように，静電容量 C〔F〕に V〔V〕の電圧を加えたとき，回路に流れる電流 $\dot{I}_C$〔A〕は，

$$\dot{I}_C = \frac{\dot{V}}{-jX_C} = j\frac{\dot{V}}{X_C} = j\frac{\dot{V}}{\dfrac{1}{\omega C}} = j\omega C\dot{V} = j2\pi fC\dot{V} \text{〔A〕}$$

$X_C = 1/\omega C = 1/2\pi fC$〔Ω〕を容量性リアクタンスといい，電流$\dot{I}_C$は電圧$\dot{V}$より$\pi/2$〔rad〕進む。

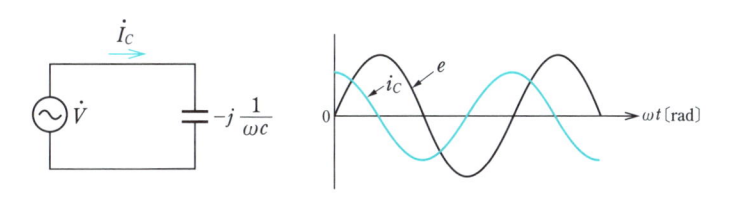

図 4.17 静電容量回路

解き方 各素子に流れる電流（実効値）は，

$$\dot{I}_R = \frac{10}{\sqrt{2}} \text{〔A〕}$$

$$\dot{I}_L = -j\frac{15}{\sqrt{2}} \text{〔A〕}$$

$$\dot{I}_C = j\frac{5}{\sqrt{2}} \text{〔A〕}$$

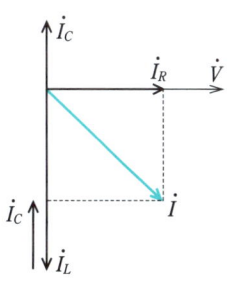

$\dot{V}$（実効値）を基準とする図 4.18 のベクトル図でこれらを示す。

図 4.18 ベクトル図

例題の回路に流れる全電流 $\dot{I}$ は，

$$\dot{I} = \dot{I}_R + \dot{I}_L + \dot{I}_C = \frac{10}{\sqrt{2}} - j\left(\frac{15}{\sqrt{2}}\right) + j\left(\frac{5}{\sqrt{2}}\right)$$

$$= \frac{1}{\sqrt{2}}(10 - j10) = \frac{10}{\sqrt{2}}(1-j) = \frac{10}{\sqrt{2}}(\sqrt{1^2+1^2}) \angle -\frac{\pi}{4}$$

$$= 10 \angle -45° \ [A]$$

となり，電流 i は電圧 e の位相に対して，45°遅れることがわかる。

例題 4

図のように，二つの正弦波交流電圧源 e_1〔V〕，e_2〔V〕が直列に接続されている回路において，合成電圧 v〔V〕の最大値は e_1 の最大値の ［（ア）］ 倍となり，その位相は e_1 を基準として ［（イ）］〔rad〕の ［（ウ）］ となる。

上記の記述中の空白箇所（ア），（イ）及び（ウ）に当てはまる語句，式又は数値として，正しいものを組み合わせたのは次のうちどれか。

	（ア）	（イ）	（ウ）
(1)	$\frac{1}{2}$	$\frac{\pi}{3}$	進み
(2)	$1+\sqrt{3}$	$\frac{\pi}{6}$	遅れ
(3)	2	$\frac{2\pi}{3}$	進み
(4)	$\sqrt{3}$	$\frac{\pi}{6}$	遅れ
(5)	2	$\frac{\pi}{3}$	進み

$e_1 = E \sin(\omega t + \theta)$〔V〕

$e_2 = \sqrt{3} E \sin\left(\omega t + \theta + \frac{\pi}{2}\right)$〔V〕

v〔V〕

［平成 18 年 A 問題］

答 (5)

考え方

2つの交流電圧の和をベクトルを用いて合成する。

$$e_1 = \sqrt{2} E_1 \sin(\omega t + \theta_1)$$
$$e_2 = \sqrt{2} E_2 \sin(\omega t + \theta_2)$$

ベクトル合成は，図 4.19 に示すように $\dot{E}_0$ として表す。

$$E_0{}^2 = (E_1 \cos\theta_1 + E_2 \cos\theta_2)^2 + (E_1 \sin\theta_1 + E_2 \sin\theta_2)$$

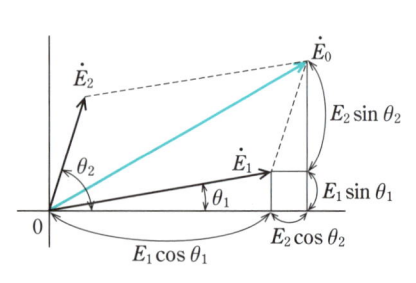

図 4.19

解き方 図 4.20 に示すように e_1 を基準ベクトルとすると，e_2 は e_1 より $\pi/2$ 〔rad〕進んで，大きさが e_1 の $\sqrt{3}$ 倍である。

e_1 と e_2 のベクトル合成 $\dot{E}_0$ は，

$$\dot{E}_0 = \dot{E}_1 + \dot{E}_2 = (1+j\sqrt{3})E$$
$$= \sqrt{1+(\sqrt{3})^2}\, E \angle \frac{\pi}{3}$$
$$= 2E \angle \frac{\pi}{3}$$
$$v = 2E \sin\left(\omega t + \theta + \frac{\pi}{3}\right)$$

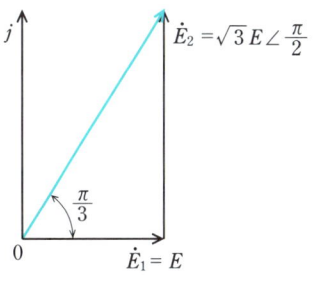

図 4.20

例題 5 図の交流回路において，回路素子は，インダクタンス L のコイル又は静電容量 C のコンデンサである。この回路に正弦波交流電圧 $v = 500 \sin(1\,000\,t)$ 〔V〕を加えたとき，回路に流れる電流は，$i = -50 \cos(1\,000\,t)$ 〔A〕であった。このとき，次の (a) 及び (b) に答えよ。

(a) 回路素子の値として，正しいのは次のうちどれか。
 (1) $C = 100$〔nF〕 (2) $L = 10$〔mH〕 (3) $L = 100$〔mH〕
 (4) $C = 10$〔nF〕 (5) $C = 10$〔μF〕

(b) この回路素子に蓄えられるエネルギーの最大値 $W_{\max}$〔J〕の値として，正しいのは次のうちどれか。
 ただし，インダクタンスの場合には $\frac{1}{2}Li^2$ の，静電容量の場合には $\frac{1}{2}Cv^2$ のエネルギーが蓄えられるものとする。
 (1) 125 (2) 25 (3) 12.5 (4) 6.25 (5) 2.5

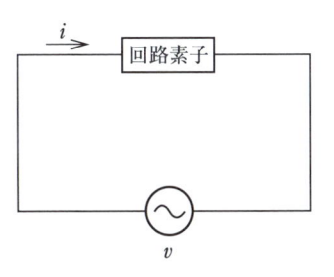

［平成 17 年 B 問題］

答 (a)-(2), (b)-(3)

4.1 正弦波交流の瞬時値計算

考え方

cos と sin の関係は次のとおり。

$$\cos\omega t = \sin\left(\omega t + \frac{\pi}{2}\right) = \sin\omega t \cos\frac{\pi}{2} + \cos\omega t \sin\frac{\pi}{2}$$
$$= \sin\omega t \cdot 0 + \cos\omega t \cdot 1 = \cos\omega t$$

これを $\sin\omega t$ を基準軸にとると，例題の交流電圧 v と電流 i のベクトルは図 4.21 のようになる。

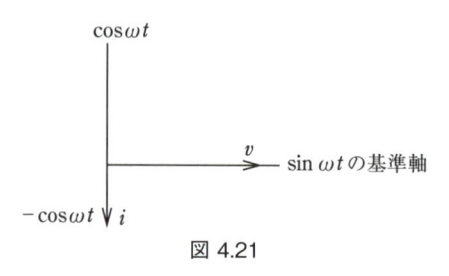

図 4.21

解き方

(a) 電流 i は，電圧 v に対して 90°遅れるので，回路素子はインダクタンス L であり，そのインピーダンス Z は，

$$Z = \frac{|v|}{|i|} = \frac{500}{50} = 10 \ [\Omega]$$

$Z = \omega L = 1\,000\,L$ 〔Ω〕であるから，

$$1\,000\,L = 10$$
$$\therefore \ L = 10 \times 10^{-3} \ [H] = 10 \ [mH]$$

(b) インダクタンスに蓄えられるエネルギーの最大値 $W_{\max}$ は，

$$W_{\max} = \frac{1}{2}Li^2 = \frac{1}{2} \times 10 \times 10^{-3} \times 50^2 = 12.5 \ [J]$$

例題 6

表は，正弦波交流電圧 v 〔V〕を全波整流及び半波整流した場合の整流波形について，それぞれの平均値〔V〕及び実効値〔V〕を示したものである。

表中の空白箇所（ア）及び（イ）に記入する式として，正しいものを組み合わせたのは次のうちどれか。

整流波形	平均値	実効値
（全波整流波形）	$\dfrac{2V_m}{\pi}$	（ア）
（半波整流波形）	（イ）	$\dfrac{V_m}{2}$

	（ア）	（イ）
(1)	$\dfrac{V_m}{2\sqrt{2}}$	$\dfrac{\sqrt{2}\,V_m}{\pi}$
(2)	$\dfrac{V_m}{2}$	$\dfrac{\sqrt{2}\,V_m}{\pi}$
(3)	$\dfrac{V_m}{\sqrt{2}}$	$\dfrac{\sqrt{2}\,V_m}{\pi}$
(4)	$\dfrac{V_m}{\sqrt{2}}$	$\dfrac{V_m}{\pi}$
(5)	$\dfrac{V_m}{2\sqrt{2}}$	$\dfrac{V_m}{\pi}$

［平成 12 年 A 問題］

答　(4)

考え方

表 4.1 は，各種波形の実効値，平均値などを示す。

① 実効値とは「瞬時値の 2 乗和の平均値の平方根」であるので，図 4.22 に示すような電圧 e の実効値は次式で表される。

$$\begin{aligned}
V &= \sqrt{\frac{1}{T}\int_0^T e^2 dt} = \sqrt{\frac{1}{T}\int_0^T (V_m \sin \omega t)^2 dt} \\
&= V_m \sqrt{\frac{1}{T}\int_0^T \sin^2 \omega t\, dt} \\
&= V_m \sqrt{\frac{1}{T}\int_0^T \frac{1-\cos 2\omega t}{2} dt} \\
&= V_m \sqrt{\frac{1}{2T}\left[t - \frac{1}{2\omega}\sin 2\omega t\right]_0^T} \\
&= V_m \sqrt{\frac{1}{2T}\left(T - \frac{1}{2\omega}\sin 2\omega T - 0 + \frac{1}{2\omega}\sin 0°\right)} \\
&= V_m \sqrt{\frac{1}{2T}(T - 0 - 0 + 0)} = \frac{V_m}{\sqrt{2}}
\end{aligned}$$

表 4.1

	正弦波	全波整流	半波整流	方形波
最大値	V_m	V_m	V_m	V_m
実効値	$V_m/\sqrt{2}$	$V_m/\sqrt{2}$	$V_m/2$	V_m
平均値	$2V_m/\pi$	$2V_m/\pi$	V_m/π	V_m
波高率	$\sqrt{2}$	$\sqrt{2}$	2	1
波形率	$\pi/(2\sqrt{2})$	$\pi/(2\sqrt{2})$	$\pi/2$	1

4.1 正弦波交流の瞬時値計算

② 平均値とは「正弦波の瞬時値の半周期の平均値であるので，図4.22 に示すような電圧 e の平均値は次式で表される。

$$V_a = \frac{2}{T}\int_0^{\frac{T}{2}} e\,dt = \frac{2}{T}V_m\int_0^{\frac{T}{2}} \sin\omega t\,dt$$

$$= \frac{2V_m}{T}\frac{1}{\omega}\Big[-\cos\omega t\Big]_0^{\frac{T}{2}} = \frac{2V_m}{T}\frac{T}{2\pi}\Big(\cos 0° - \cos\frac{\omega T}{2}\Big)$$

$$= \frac{V_m}{\pi}(1+1) = \frac{2}{\pi}V_m$$

図 4.22

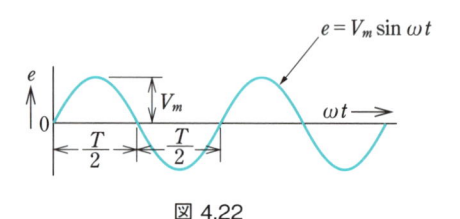

③ 波形率と波高率

$$波形率 = \frac{実効値}{平均値}$$

$$波高率 = \frac{最大値}{実効値}$$

解き方 (ア) 全波整流の実効値は，正弦波の実効値と同じであるので，$V_m/\sqrt{2}$ である。

(イ) 半波整流の平均値は，全波整流の平均値の半分であるので，V_m/π である。

4.2 インピーダンスの直並列回路

例題 1

図のように，$R = \sqrt{3}\,\omega L$〔Ω〕の抵抗，インダクタンス L〔H〕のコイル，スイッチSが角周波数 ω〔rad/s〕の交流電圧 $\dot{E}$〔V〕の電源に接続されている。スイッチSを開いているとき，コイルを流れる電流の大きさを I_1〔A〕，電源電圧に対する電流の位相差を θ_1〔°〕とする。また，スイッチSを閉じているとき，コイルを流れる電流の大きさを I_2〔A〕，電源電圧に対する電流の位相差を θ_2〔°〕とする。このとき，$\dfrac{I_1}{I_2}$ 及び $|\theta_1-\theta_2|$〔°〕の値として，正しいものを組み合わせたのは次のうちどれか。

	$\dfrac{I_1}{I_2}$	$|\theta_1-\theta_2|$
(1)	$\dfrac{1}{2}$	30
(2)	$\dfrac{1}{2}$	60
(3)	2	30
(4)	2	60
(5)	2	90

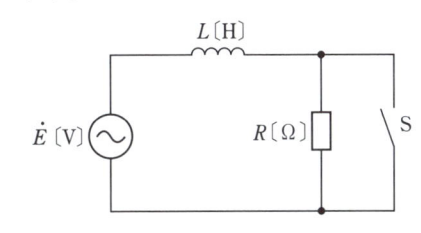

〔平成21年A問題〕

答 (2)

考え方　図4.23(a)に示すような RL 直列回路において，R および L の端子電圧を $\dot{V}_R$〔V〕，$\dot{V}_L$〔V〕とすれば，図4.23(b)に示すように，

$$\dot{V}_R = R\dot{I} \quad (\dot{V}_R と \dot{I} は同相)$$
$$\dot{V}_L = j\omega L\dot{I} \quad (\dot{V}_L は \dot{I} より 90°進む)$$

電源電圧 $\dot{E}$〔V〕は，$\dot{V}_R$ と $\dot{V}_L$ のベクトル和であるから，

$$\dot{E} = \dot{V}_R + \dot{V}_L$$

回路電流の大きさ I および電源電圧 $\dot{E}$ と回路電流 $\dot{I}$ の位相差 θ は，次式となる。

$$I = \dfrac{V}{\sqrt{R^2+(\omega L)^2}} \quad 〔A〕$$

$$\theta = \tan^{-1}\dfrac{V_L}{V_R} = \tan^{-1}\dfrac{\omega L}{R}$$

インピーダンス $\dot{Z}$ の大きさ Z〔Ω〕は，
$$Z = \sqrt{R^2 + (\omega L)^2}$$

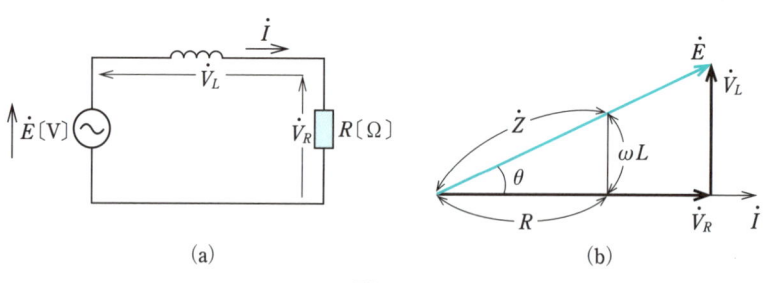

図 4.23

解き方

スイッチ S を開放したときの電流 $\dot{I}_1$ の大きさおよび位相差 θ_1 は，

$$I_1 = \frac{E}{\sqrt{R^2 + (\omega L)^2}} = \frac{E}{\sqrt{(\sqrt{3}\,\omega L)^2 + (\omega L)^2}} = \frac{E}{2\omega L} \text{〔A〕}$$

$$\tan \theta_1 = \frac{\omega L}{R} = \frac{\omega L}{\sqrt{3}\,\omega L} = \frac{1}{\sqrt{3}} = \tan 30°$$

図 4.24 から，電源電圧 $\dot{E}$ に対する電流 $\dot{I}_1$ の位相差 $\theta_1 = 30°$ の遅れとなる。

次に，スイッチ S 閉じたときに流れる電流 $\dot{I}_2$ は，

$$\dot{I}_2 = \frac{\dot{E}}{j\omega L} = -j\frac{\dot{E}}{\omega L}$$

と回路はインダクタンス L のみで，$\theta_2 = 90°$ の遅れとなる。

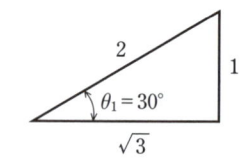

図 4.24

$$\therefore \quad \frac{I_1}{I_2} = \frac{\frac{E}{2\omega L}}{\frac{E}{\omega L}} = \frac{1}{2}$$

$$|\theta_1 - \theta_2| = |30° - 90°| = 60°$$

例題 2

図のように，R〔Ω〕の抵抗とインダクタンス L〔H〕のコイルを直列に接続した回路がある。この回路に角周波数 ω〔rad/s〕の正弦波交流電圧 $\dot{E}$〔V〕を加えたとき，この電圧の位相〔rad〕に対して回路を流れる電流 $\dot{I}$〔A〕の位相〔rad〕として，正しいのは次のうちどれか。

(1) $\sin^{-1}\dfrac{R}{\omega L}$〔rad〕進む　(2) $\cos^{-1}\dfrac{R}{\omega L}$〔rad〕遅れる

(3) $\cos^{-1}\dfrac{\omega L}{R}$〔rad〕進む　(4) $\tan^{-1}\dfrac{R}{\omega L}$〔rad〕遅れる

(5) $\tan^{-1}\dfrac{\omega L}{R}$〔rad〕遅れる

交流回路と三相交流回路

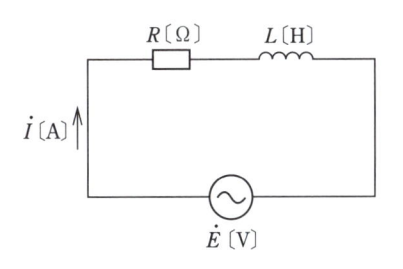

[平成 18 年 A 問題]

答 (5)

考え方　電源電圧 $\dot{E}$ は，各部の端子電圧のベクトル和で，
$$\dot{E} = \dot{V}_R + \dot{V}_L = R\dot{I} + j\omega L\dot{I} = (R + j\omega L)\dot{I} = \dot{Z}\dot{I}$$
電流 $\dot{I}$ は，
$$\dot{I} = \frac{\dot{E}}{\dot{Z}} = \frac{\dot{E}}{R + j\omega L} \text{〔A〕}$$

解き方　電圧 $\dot{E}$ の位相に対して回路を流れる電流 $\dot{I}$ の位相 θ は，
$$\theta = \tan^{-1}\frac{V_L}{V_R} = \tan^{-1}\frac{\omega L}{R}$$
となり，$\tan^{-1}(\omega L/R)$〔rad〕の遅れとなる。

例題 3　図のように，8〔Ω〕の抵抗と静電容量 C〔F〕のコンデンサを直列に接続した交流回路がある。この回路において，電源 E〔V〕の周波数を 50〔Hz〕にしたときの回路の力率は，80〔％〕になる。電源 E〔V〕の周波数を 25〔Hz〕にしたときの回路の力率〔％〕の値として，最も近いのは次のうちどれか。

(1) 40　　(2) 42　　(3) 56　　(4) 60　　(5) 83

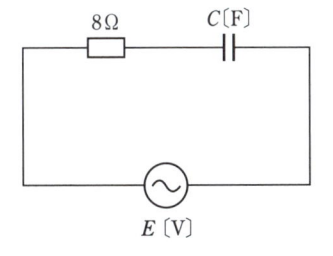

[平成 19 年 A 問題]

答 (3)

4.2 インピーダンスの直並列回路

考え方 図4.25(a)のRC直列回路において、RおよびCの端子電圧を$\dot{V}_R$〔V〕、$\dot{V}_C$〔V〕とすれば、

$$\dot{V}_R = R\dot{I} \qquad (\dot{V}_R と \dot{I} は同相)$$

$$\dot{V}_C = -j\frac{1}{\omega C}\dot{I} \quad (\dot{V}_C は \dot{I} より 90° 遅れ)$$

電源電圧$\dot{E}$〔V〕は、

$$\dot{E} = \dot{V}_R + \dot{V}_C = R\dot{I} - j\frac{1}{\omega C}\dot{I} = \left(R - j\frac{1}{\omega C}\right)\dot{I} = \dot{Z}\dot{I}$$

回路を流れる電流$\dot{I}$の大きさIと位相差θは、

$$I = \frac{E}{\sqrt{R^2 + \left(\frac{1}{\omega C}\right)^2}}$$

$$\theta = \tan^{-1}\frac{\left(-\frac{1}{\omega C}\right)}{R} = \tan^{-1}\left(-\frac{1}{\omega CR}\right)$$

力率$\cos\theta$は、

$$\cos\theta = \frac{R}{\sqrt{R^2 + \left(\frac{1}{\omega C}\right)^2}} = \frac{R}{\sqrt{R^2 + X_C^2}} \qquad (1)$$

ここで、$X_C = \dfrac{1}{\omega C}$ で X_C〔Ω〕を容量性リアクタンスという。

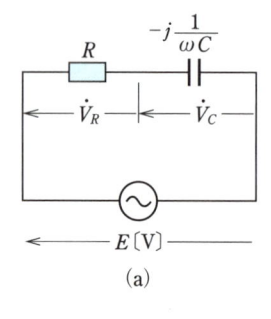

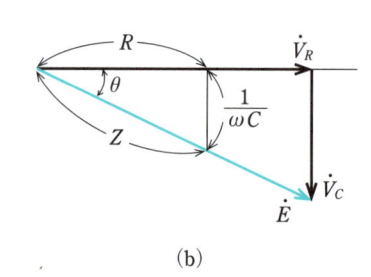

図4.25

解き方 周波数が50 Hzのときの容量性リアクタンスをX_Cとすると、このときの力率は式(1)から、

$$力率 \cos\theta = \frac{8}{\sqrt{8^2 + X_C^2}} = 0.8$$

$$8^2 + X_C^2 = \left(\frac{8}{0.8}\right)^2 = 100$$

$$\therefore\ X_C = \sqrt{100 - 64} = \sqrt{36} = 6$$

容量性リアクタンスX_Cは、

$$X_C = \frac{1}{\omega C} = \frac{1}{2\pi f C}$$

で，周波数に逆比例するので，25〔Hz〕の容量性リアクタンス X'_C は，

$$X'_C = \frac{50}{25} \times X_C = \frac{50}{25} \times 6 = 12 \text{〔Ω〕}$$

25〔Hz〕時の力率 $\cos\theta' = \dfrac{8}{\sqrt{8^2+12^2}} \fallingdotseq 0.555 \Rightarrow 56\text{〔%〕}$

例題 4

図1に示す，R〔Ω〕の抵抗，インダクタンス L〔H〕のコイル，静電容量 C〔F〕のコンデンサからなる並列回路がある。この回路に角周波数 ω〔rad/s〕の交流電圧 $\dot{E}$〔V〕を加えたところ，この回路に流れる電流 $\dot{I}$〔A〕，$\dot{I}_R$〔A〕，$\dot{I}_L$〔A〕，$\dot{I}_C$〔A〕のベクトル図が図2に示すようになった。このときの L と C の関係を表す式として，正しいのは次のうちどれか。

(1) $\omega L < \dfrac{1}{\omega C}$ (2) $\omega L > \dfrac{1}{\omega C}$ (3) $\omega^2 = \dfrac{1}{\sqrt{LC}}$

(4) $\omega L = \dfrac{1}{\omega C}$ (5) $R = \sqrt{\dfrac{L}{C}}$

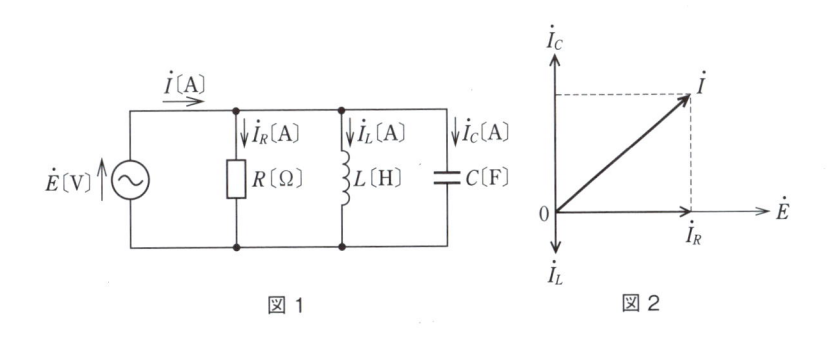

図1

図2

［平成19年A問題］

答 (2)

考え方　例題の図1の並列回路に流れる電流は，

$$\dot{I}_R = \frac{\dot{E}}{R} \text{〔A〕}$$

$$\dot{I}_L = \frac{\dot{E}}{j\omega L} = -j\frac{\dot{E}}{\omega L} \text{〔A〕}$$

$$\dot{I}_C = \frac{\dot{E}}{\dfrac{1}{j\omega C}} = j\omega C \dot{E} \text{〔A〕}$$

回路の全電流 $\dot{I}$ は次のようになる。

$$\dot{I} = \dot{I}_R + \dot{I}_C + \dot{I}_L = \left\{\frac{1}{R} + j\left(\omega C - \frac{1}{\omega L}\right)\right\}\dot{E} \text{〔A〕}$$

解き方

インダクタンス L に流れる電流 I_L と，静電容量 C に流れる電流 I_C を，例題図2で比較すると，

$$I_C > I_L \Rightarrow \omega CE > \frac{E}{\omega L}$$

$$\therefore \ \omega L > \frac{1}{\omega C}$$

例題 5

図に示す RLC 回路において，静電容量 C〔F〕のコンデンサが電圧 V〔V〕に充電されている。この状態でスイッチSを閉じて，それから時間が十分に経過してコンデンサの端子電圧が最終的に零となった。この間に抵抗 R〔Ω〕で消費された電気エネルギー〔J〕を表す式として，正しいのは次のうちどれか。

(1) $\frac{1}{2}C^2V$ (2) $\frac{1}{2}CV^2$ (3) $\frac{1}{2}\frac{V^2}{R}$ (4) $\frac{1}{2}L^2V$

(5) $\frac{1}{2}LV^2$

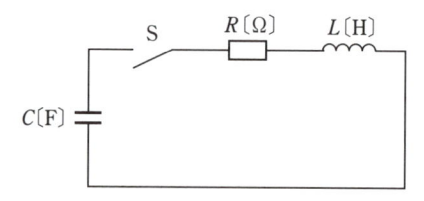

〔平成19年A問題〕

答 (2)

考え方

静電容量 C〔F〕に電源電圧 V〔V〕を接続すると $Q = CV$〔C〕の電荷が蓄えられる。コンデンサに蓄えられるエネルギー W_C〔J〕は，

$$W_C = \frac{1}{2}VQ = \frac{1}{2}\frac{Q^2}{C} = \frac{1}{2}CV^2 \ \text{〔J〕}$$

解き方

スイッチSを閉じて，コンデンサの端子電圧が0となったので，すべてが抵抗 R で消費されたと考える。抵抗 R で消費された電気エネルギー W_R〔J〕は，静電エネルギー W_C に等しく，

$$W_R = W_C = \frac{1}{2}CV^2 \ \text{〔J〕}$$

4.3 共振回路

例題 1

図のように，$R = 200$〔Ω〕の抵抗，インダクタンス $L = 2$〔mH〕のコイル，静電容量 $C = 0.8$〔μF〕のコンデンサを直列に接続した交流回路がある。この回路において，電源電圧 $\dot{E}$〔V〕と電流 $\dot{I}$〔A〕とが同相であるとき，この電源電圧の角周波数 ω〔rad/s〕の値として，正しいのは次のうちどれか。

(1) 1.0×10^3
(2) 3.0×10^3
(3) 2.0×10^4
(4) 2.5×10^4
(5) 3.5×10^4

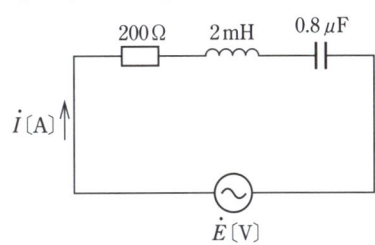

［平成 18 年 A 問題］

答 (4)

考え方 図 4.26(a) において，$X_L = X_C$ の場合，$X_L - X_C = 0$ となり，$\dot{Z} = R + j0 = R$ となる。回路を流れる電流 $\dot{I}$〔A〕は，次式のとおりである。

$$\dot{I} = \frac{\dot{E}}{\dot{Z}} = \frac{\dot{E}}{R} \text{〔A〕}$$

このとき，図 4.26(b) のように電圧 $\dot{E}$ と電流 $\dot{I}$ は同相となり，この状態を直列共振という。

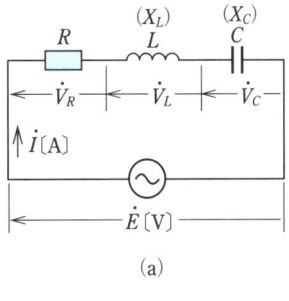

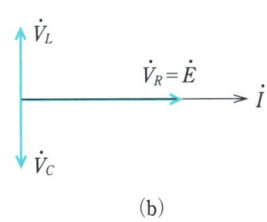

解き方 直列共振時には，$\omega L = \dfrac{1}{\omega C}$ の条件が成り立つので，

$$\omega^2 = \frac{1}{LC} = \frac{1}{2 \times 10^{-3} \times 0.8 \times 10^{-6}} = \frac{1}{1.6 \times 10^{-9}}$$

$$\therefore \omega = \frac{1}{\sqrt{1.6 \times 10^{-9}}} = \frac{1}{4 \times 10^{-5}} = 2.5 \times 10^4 \text{〔rad/s〕}$$

図 4.26

例題 2

図のように，静電容量 C_x〔F〕及び C〔F〕のコンデンサとインダクタンス L〔H〕のコイルを直列に接続した交流回路がある。この回路において，スイッチ S を開いたときの共振周波数は f_1〔Hz〕，閉じたときの共振周波数は f_2〔Hz〕である。f_1〔Hz〕が f_2〔Hz〕の 2 倍であるとき，静電容量の比 $\dfrac{C}{C_x}$ の値として，正しいのは次のうちどれか。

(1) $\dfrac{1}{3}$ (2) $\dfrac{1}{2}$ (3) 1
(4) 2 (5) 3

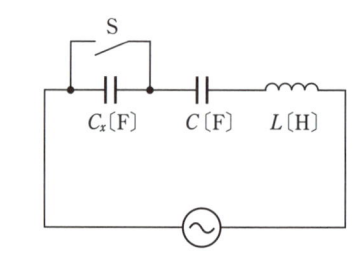

［平成 17 年 A 問題］

答 (5)

考え方

図 4.27(a) に示すように，スイッチ S を開いたときの回路の合成静電容量 C_1 は，$C_1 = \dfrac{C_x C}{C_x + C}$ で表されるから，共振周波数 f_1〔Hz〕は，

$$f_1 = \dfrac{1}{2\pi\sqrt{LC_1}} \text{〔Hz〕}$$

スイッチ S を閉じたときの共振周波数 f_2〔Hz〕は，

$$f_2 = \dfrac{1}{2\pi\sqrt{LC}} \text{〔Hz〕}$$

解き方

$f_1 = 2f_2$ であることから，

$$\dfrac{f_1}{f_2} = \dfrac{\dfrac{1}{2\pi\sqrt{LC_1}}}{\dfrac{1}{2\pi\sqrt{LC}}} = \sqrt{\dfrac{LC}{LC_1}} = \sqrt{\dfrac{C}{C_1}}$$

$$= 2$$

求める C/C_x は，

$$\dfrac{C}{C_1} = \dfrac{C}{\dfrac{C_x C}{C_x + C}} = \dfrac{C(C_x + C)}{C_x C} = 4$$

$C(C_x + C) = 4C_x C$

$C_x + C = 4C_x$

$C = 3C_x$

∴ $\dfrac{C}{C_x} = 3$

図 4.27

例題 3

図のように，正弦波交流電圧 $e = E_m \sin\omega t$〔V〕の電源，静電容量 C〔F〕のコンデンサ及びインダクタンス L〔H〕のコイルからなる交流回路がある。この回路に流れる電流 i〔A〕が常に零となるための角周波数 ω〔rad/s〕の値を表す式として，正しいのは次のうちどれか。

(1) $\dfrac{1}{\sqrt{LC}}$ (2) $\sqrt{LC}$ (3) $\dfrac{1}{LC}$ (4) $\sqrt{\dfrac{L}{C}}$ (5) $\sqrt{\dfrac{C}{L}}$

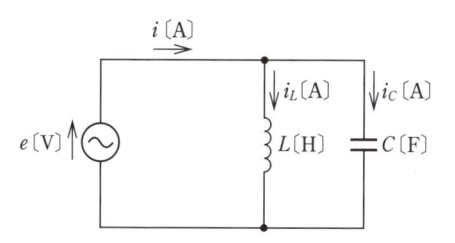

[平成 20 年 A 問題]

答 (1)

考え方　例題の回路で，周波数 f〔Hz〕を低い周波数から高い周波数に変えていくと，回路電流 i〔A〕は減少していき，ある f〔Hz〕のとき，図 4.28 に示すように，$|\dot{I}_C| = |\dot{I}_L|$ で $i = 0$ となる。これを LC 並列共振という。

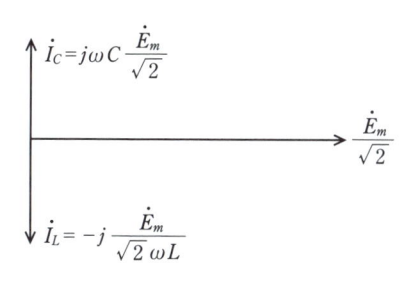

図 4.28

解き方　$|\dot{I}_C| = |\dot{I}_L|$ であるから，

$$\omega C \frac{E_m}{\sqrt{2}} = \frac{E_m}{\sqrt{2}\,\omega L}$$

$$\omega C = \frac{1}{\omega L}$$

$$\therefore\ \omega = \frac{1}{\sqrt{LC}}$$

例題 4

図のような RLC 交流回路がある。この回路に正弦波交流電圧 $E = 100$ 〔V〕を加えたとき、可変抵抗 R 〔Ω〕に流れる電流 I 〔A〕は零であった。また、可変抵抗 R 〔Ω〕の値を変えても I 〔A〕の値に変化はなかった。このとき、容量性リアクタンス X_C 〔Ω〕の端子電圧 V 〔V〕とこれに流れる電流 I_C 〔A〕の値として、正しいものを組み合わせたのは次のうちどれか。

ただし、誘導性リアクタンス $X_L = 20$ 〔Ω〕とする。

	電圧 V 〔V〕	電流 I_C 〔A〕
(1)	100	0
(2)	50	5
(3)	100	5
(4)	50	20
(5)	100	20

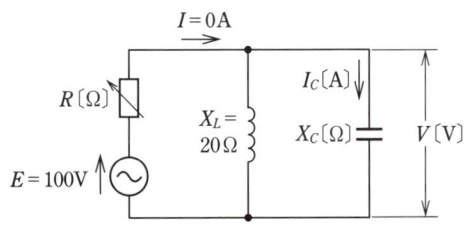

[平成 14 年 A 問題]

答 (3)

考え方

図 4.29 に示すように、LC 並列共振であるので、$|\dot{I}_C| = |\dot{I}_L|$ であるから、
$$E = I_C X_C = I_L X_L = 100 \text{〔V〕} \quad (1)$$
となる。

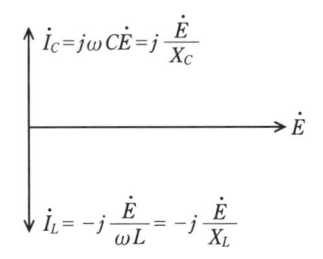

図 4.29:
$\dot{I}_C = j\omega C \dot{E} = j\dfrac{\dot{E}}{X_C}$
$\dot{I}_L = -j\dfrac{\dot{E}}{\omega L} = -j\dfrac{\dot{E}}{X_L}$

解き方

例題の図において、$I = 0$ であるため、抵抗 R に加わる電圧は $V_R = 0$ となるため、
$$V = E = 100 \text{〔V〕}$$
となり、式(1)から、
$$I_C = \frac{E}{X_C} = \frac{E}{X_L} = \frac{100}{20} = 5 \text{〔A〕}$$

4.4 条件付き単相交流回路

例題 1

図のように，抵抗 R〔Ω〕と誘導性リアクタンス X_L〔Ω〕が直列に接続された交流回路がある．$\dfrac{R}{X_L} = \dfrac{1}{\sqrt{2}}$ の関係があるとき，この回路の力率 $\cos\phi$ の値として，最も近いのは次のうちどれか．

(1) 0.43 (2) 0.50 (3) 0.58 (4) 0.71 (5) 0.87

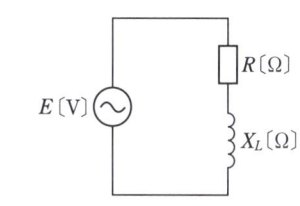

〔平成 14 年 A 問題〕

答 (3)

考え方

例題の図の R および X_L の端子電圧を $\dot{V}_R$〔V〕，$\dot{V}_L$〔V〕とすれば，

$$\dot{V}_R = R\dot{I} \quad (\dot{V}_R と \dot{I} は同相)$$
$$\dot{V}_L = jX_L\dot{I} \quad (\dot{V}_L は \dot{I} より 90° 進む)$$

電源電圧 $\dot{E}$〔V〕は，

$$\dot{E} = \dot{V}_R + \dot{V}_L = (R + jX_L)\dot{I}$$

力率 $\cos\theta$ は，

$$\cos\theta = \frac{|\dot{V}_R|}{|\dot{E}|} = \frac{|R\dot{I}|}{|(R+jX_L)\dot{I}|} = \frac{R}{|R+jX_L|} = \frac{R}{\sqrt{R^2+X_L^2}} \quad (1)$$

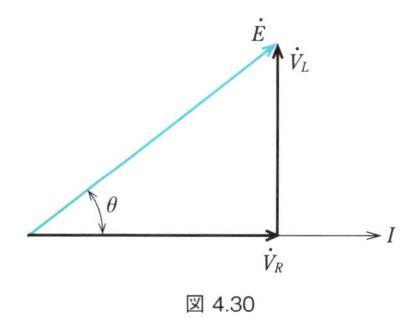

図 4.30

解き方

式(1)から力率を求める。

$$\cos\theta = \frac{R}{\sqrt{R^2+X_L{}^2}} = \frac{\dfrac{R}{X_L}}{\sqrt{\left(\dfrac{R}{X_L}\right)^2+1}}$$

$$= \frac{\dfrac{1}{\sqrt{2}}}{\sqrt{\left(\dfrac{1}{\sqrt{2}}\right)^2+1}} = \frac{\dfrac{1}{\sqrt{2}}}{\sqrt{\dfrac{3}{2}}} = \frac{1}{\sqrt{3}} \fallingdotseq 0.577 \fallingdotseq 0.58$$

例題 2

図1のような抵抗 R〔Ω〕と誘導性リアクタンス X〔Ω〕との直列回路がある。この回路に正弦波交流電圧 $E=100$〔V〕を加えたとき，回路に流れる電流は10〔A〕であった。この回路に図2のように，更に抵抗11〔Ω〕を直列接続したところ，回路に流れる電流は5〔A〕になった。抵抗 R〔Ω〕の値として，最も近いのは次のうちどれか。

(1) 5.5　　(2) 8.1　　(3) 8.6　　(4) 11.4　　(5) 16.7

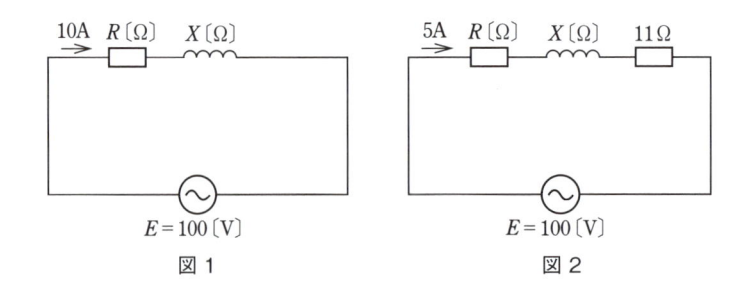

図1　　図2

［平成16年A問題］

答 (2)

考え方

例題図1の回路において，

$$Z_1 = \frac{E}{I_1} = \frac{100}{10} = 10 = \sqrt{R^2+X^2} \tag{1}$$

例題図2の回路において，

$$Z_2 = \frac{E}{I_2} = \frac{100}{5} = 20 = \sqrt{(R+11)^2+X^2} \tag{2}$$

解き方

式(1)から，

$$100 = R^2+X^2 \tag{3}$$

式(2)から，

$$400 = (R+11)^2+X^2 = R^2+22R+121+X^2 \tag{4}$$

式(4) − 式(3) を求めると,

$$300 = 22R + 121$$

$$R = \frac{300-121}{22} = \frac{179}{22} \fallingdotseq 8.1 \ [\Omega]$$

例題 3

図 1 のように,抵抗 $R_0 = 16 \ [\Omega]$,インピーダンス $\dot{Z} \ [\Omega]$ の誘導性負荷(抵抗 $R \ [\Omega]$,誘導性リアクタンス $X \ [\Omega]$)を直列に接続した交流回路がある。正弦波交流電圧 $\dot{E} = 10\sqrt{3} \ [V]$ の電源をこの回路に接続したところ,R_0 の端子間電圧の大きさ,誘導性負荷の端子間電圧の大きさは,それぞれ 10 $[V]$ であった。次の (a) 及び (b) に答えよ。

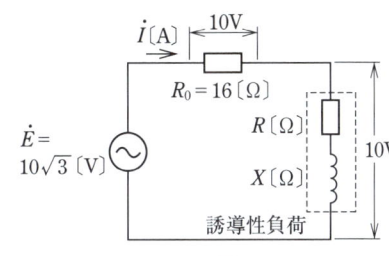

図 1

(a) 回路に流れる電流を $\dot{I} \ [A]$ とすれば,$\dot{E}$,$R_0\dot{I}$,$\dot{Z}\dot{I}$ の関係をベクトル図で表すと図 2 のようになる。電流 $\dot{I} \ [A]$ の大きさの値と,電圧 $\dot{E}$ と電流 $\dot{I}$ の位相差 $\theta \ [°]$ の値として,正しいものを組み合わせたのは次のうちどれか。

	電流 $\dot{I}$ [A] の大きさ	位相差 θ [°]
(1)	1.73	15
(2)	1.0	30
(3)	1.0	45
(4)	0.625	30
(5)	0.625	45

図 2

(b) $\dot{E}$,$(R_0+R)\dot{I}$,$X\dot{I}$ の関係をベクトル図で表すと図 3 のようになる。これより,$R \ [\Omega]$ と $X \ [\Omega]$ の値として,最も近いものを組み合わせたのは次のうちどれか。

	R [Ω]	X [Ω]
(1)	8	8
(2)	8	13.9
(3)	14	13.9
(4)	14	19.8
(5)	16	50

図 3

[平成 15 年 B 問題]

答 (a)-(4),(b)-(2)

考え方　例題図2を三角形の余弦定理を適用するため，図4.31のように辺の長さを a, b, c とすると，
$$a^2 = b^2 + c^2 - 2bc\cos\theta \tag{1}$$
となる。

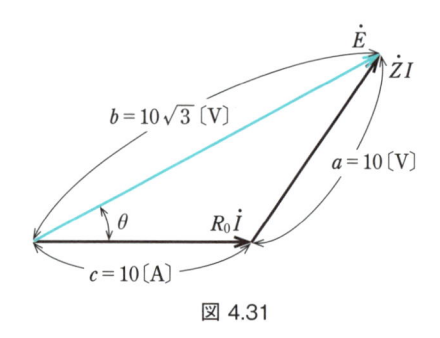

図4.31

解き方　(a) 式(1)に図4.31の数値を代入して $\cos\theta$ を求め，位相差 θ [°] を求める。

$$a^2 = b^2 + c^2 - 2bc\cos\theta$$
$$10^2 = (10\sqrt{3})^2 + 10^2 - 2\times 10\sqrt{3}\times 10\cos\theta$$
$$\cos\theta = \frac{300}{200\sqrt{3}} = \frac{\sqrt{3}}{2}$$
$$\therefore\ \theta = 30°$$

電流 $\dot{I}$ の大きさ I は，例題図1から求める。

$$I = \frac{10}{R_0} = \frac{10}{16} = 0.625\ [\mathrm{A}]$$

(b) 例題図3から，

$$(R_0+R)I = 10\sqrt{3}\cos\theta = 10\sqrt{3}\times\frac{\sqrt{3}}{2} = 15$$

$$\therefore\ R = \frac{15}{I} - R_0 = \frac{15}{\frac{10}{16}} - 16 = 8\ [\Omega]$$

例題図3から，

$$XI = 10\sqrt{3}\sin\theta = 10\sqrt{3}\sqrt{1-\cos^2\theta}$$

$$\therefore\ X = \frac{10\sqrt{3}}{I}\sqrt{1-\left(\frac{\sqrt{3}}{2}\right)^2} = \frac{10\sqrt{3}}{\frac{10}{16}}\times\frac{1}{2} \fallingdotseq 13.9\ [\Omega]$$

例題 4

図のように，R〔Ω〕の抵抗，インダクタンス L〔H〕のコイル，静電容量 C〔F〕のコンデンサを直列に接続した交流回路がある。この回路において，電源 E は周波数を変化できるものとする。電源周波数を変化させたところ，2種類の異なる周波数 f_1〔Hz〕と f_2〔Hz〕に対して，この回路の電源からみたインピーダンス〔Ω〕の大きさは変わらなかった。このときの $f_1 \times f_2$ の値として，正しいのは次のうちどれか。

(1) $\dfrac{1}{2\pi\sqrt{LC}}$ (2) $\dfrac{1}{4\pi LC}$ (3) $\dfrac{1}{4\pi^2 LC}$ (4) $\dfrac{1}{4\pi^2 L^2 C^2}$

(5) $\dfrac{1}{2\pi L^2 C^2}$

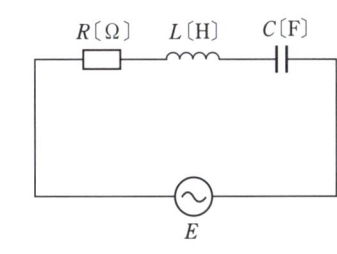

[平成 16 年 A 問題]

答 (3)

考え方

R，L，C の直列回路のインピーダンス $\dot{Z}$ の大きさは，

$$Z = \sqrt{R^2 + \left(\omega L - \dfrac{1}{\omega C}\right)^2} \;〔Ω〕$$

周波数 f を小さな値から大きくすると，図 4.32 に示すようにはじめは容量性リアクタンスから誘導性リアクタンスに変化する。

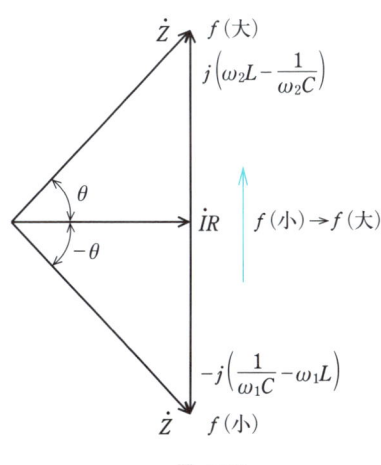

図 4.32

解き方

図 4.32 に示すように，位相角が θ と $-\theta$ とで同一のインピーダンス $\dot{Z}$ の大きさが等しくなることから，

$$\frac{1}{\omega_1 C} - \omega_1 L = \omega_2 L - \frac{1}{\omega_2 C}$$

$$L(\omega_1 + \omega_2) = \frac{1}{C}\left(\frac{1}{\omega_1} + \frac{1}{\omega_2}\right) = \frac{1}{C}\frac{(\omega_1 + \omega_2)}{\omega_1 \omega_2}$$

$$\therefore \quad \omega_1 \omega_2 = \frac{1}{LC} \quad \Rightarrow \quad 2\pi f_1 \times 2\pi f_2 = \frac{1}{LC} \quad \Rightarrow \quad f_1 f_2 = \frac{1}{4\pi^2 LC}$$

例題 5

図のような RC 交流回路がある。この回路に正弦波交流電圧 E 〔V〕を加えたとき，容量性リアクタンス 6〔Ω〕のコンデンサの端子間電圧の大きさは 12〔V〕であった。このとき，E〔V〕と図の破線で囲んだ回路で消費される電力 P〔W〕の値として，正しいものを組み合わせたのは次のうちどれか。

	E〔V〕	P〔W〕
(1)	20	32
(2)	20	96
(3)	28	120
(4)	28	168
(5)	40	309

［平成 16 年 A 問題］

答 (2)

考え方

例題の図に示すように，容量性リアクタンス 6〔Ω〕の電圧が 12〔V〕であるから，この回路に流れる電流 I_1 は，

$$I_1 = \frac{12\,〔\text{V}〕}{6\,〔\Omega〕} = 2\,〔\text{A}〕$$

抵抗 8〔Ω〕にも I_1 が流れるので，図 4.33 から，電源電圧 E は次式で表される。

$$E = \sqrt{V_R^2 + V_C^2} \qquad (1)$$

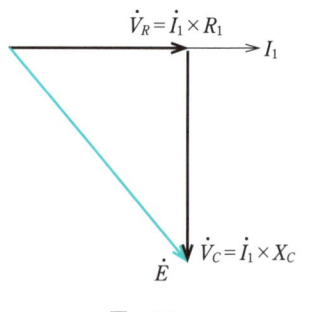

図 4.33

解き方

電源電圧 E は，式(1)に数値を代入して求める。

$$E = \sqrt{V_R^2 + V_C^2} = \sqrt{(2 \times 8)^2 + 12^2} = 20\,〔\text{V}〕$$

抵抗 4〔Ω〕と容量性リアクタンス 3〔Ω〕に流れる電流 I_2 は，

$$I_2 = \frac{E}{\sqrt{4^2 + 3^2}} = \frac{20}{5} = 4\,〔\text{A}〕$$

求める消費電力 P〔W〕は，

$$P = I_1^2 \times 8 + I_2^2 \times 4 = 2^2 \times 8 + 4^2 \times 4 = 32 + 64 = 96\,〔\text{W}〕$$

例題 6

図のように抵抗，コイル，コンデンサからなる負荷がある。この負荷に線間電圧 $\dot{V}_{ab} = 100\angle 0°$〔V〕, $\dot{V}_{bc} = 100\angle 0°$〔V〕, $\dot{V}_{ac} = 200\angle 0°$〔V〕の単相3線式交流電源を接続したところ，端子 a，端子 b，端子 c を流れる線電流はそれぞれ $\dot{I}_a$〔A〕, $\dot{I}_b$〔A〕及び $\dot{I}_c$〔A〕であった。$\dot{I}_a$〔A〕, $\dot{I}_b$〔A〕, $\dot{I}_c$〔A〕の大きさをそれぞれ I_a〔A〕, I_b〔A〕, I_c〔A〕としたとき，これらの大小関係を表す式として，正しいのは次のうちどれか。

(1) $I_a = I_c > I_b$
(2) $I_a > I_c > I_b$
(3) $I_b > I_c > I_a$
(4) $I_b > I_a > I_c$
(5) $I_c > I_a > I_b$

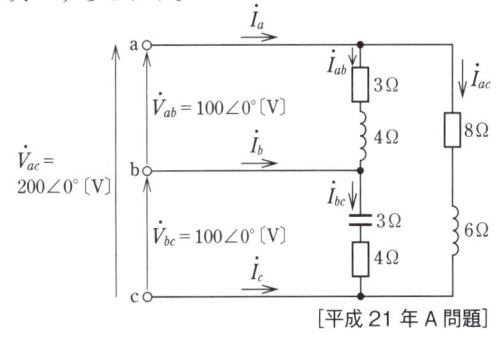

[平成 21 年 A 問題]

答 (2)

考え方

例題の $\dot{I}_{ab}$, $\dot{I}_{bc}$ および $\dot{I}_{ac}$ は次のとおり。

$$\dot{I}_{ab} = \frac{\dot{V}_{ab}}{3+j4} = \frac{100}{3+j4} = \frac{100(3-j4)}{(3+j4)(3-j4)} = \frac{100(3-j4)}{3\times 3+4\times 4}$$
$$= \frac{100}{25}(3-j4) = 4(3-j4) = 12-j16 \text{〔A〕}$$

$$\dot{I}_{bc} = \frac{\dot{V}_{bc}}{4-j3} = \frac{100}{4-j3} = \frac{100(4+j3)}{(4-j3)(4+j3)} = \frac{100(4+j3)}{4\times 4+3\times 3}$$
$$= \frac{100}{25}(4+j3) = 4(4+j3) = 16+j12 \text{〔A〕}$$

$$\dot{I}_{ac} = \frac{\dot{V}_{ac}}{8+j6} = \frac{200}{8+j6} = \frac{200(8-j6)}{(8+j6)(8-j6)} = \frac{200(8-j6)}{8\times 8+6\times 6}$$
$$= \frac{200}{100}(8-j6) = 2(8-j6) = 16-j12 \text{〔A〕}$$

解き方

$\dot{I}_a$, $\dot{I}_b$, $\dot{I}_c$ とその大きさ $|\dot{I}_a|$, $|\dot{I}_b|$, $|\dot{I}_c|$ は，次のとおり。

$$\dot{I}_a = \dot{I}_{ab} + \dot{I}_{ac} = (12-j16) + (16-j12) = 28-j28 \text{〔A〕}$$
$$|\dot{I}_a| = \sqrt{28^2 + 28^2} = 28\sqrt{2} \approx 39.6 \text{〔A〕}$$
$$\dot{I}_b = \dot{I}_{bc} - \dot{I}_{ab} = (16+j12) - (12-j16) = 4+j28 \text{〔A〕}$$
$$|\dot{I}_b| = \sqrt{4^2 + 28^2} \approx 28.3 \text{〔A〕}$$
$$\dot{I}_c = -(\dot{I}_{bc} + \dot{I}_{ac}) = -|(16+j12) + (16-j12)| = -32+j0 \text{〔A〕}$$
$$|\dot{I}_c| = 32 \text{〔A〕}$$

大きさは，$|\dot{I}_a| > |\dot{I}_c| > |\dot{I}_b|$ となる。

4.4 条件付き単相交流回路

例題 7

抵抗 $R=4$〔Ω〕と誘導性リアクタンス $X=3$〔Ω〕が直列に接続された負荷を，図のように線間電圧 $\dot{V}_{ab}=100\angle 0°$〔V〕，$\dot{V}_{bc}=100\angle 0°$〔V〕の単相3線式電源に接続した。このとき，これらの負荷で消費される総電力 P〔W〕の値として，正しいのは次のうちどれか。

(1) 800　　(2) 1 200　　(3) 3 200　　(4) 3 600　　(5) 4 800

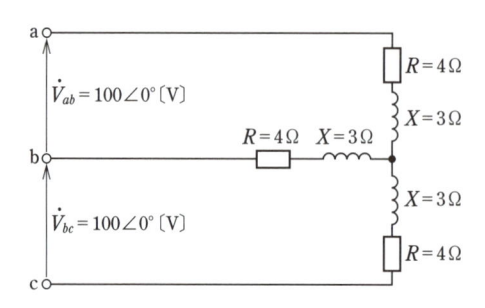

[平成22年A問題]

答 (3)

考え方

上線側の負荷 $\dot{Z}_{ab}$ と下線側の負荷 $\dot{Z}_{bc}$ は同一，
$$\dot{Z}_{ab}=\dot{Z}_{bc}=\dot{Z}=4+j3\ \text{〔Ω〕}$$
であるため，中性点に流れる電流 $\dot{I}_b$ は，$\dot{I}_b=0$ となる。

解き方

a相に流れる電流 $\dot{I}_a$ と c相に流れる電流 $\dot{I}_c$ は同一となる。
$$\dot{I}_a=\dot{I}_c=\frac{100}{4+j3}=\frac{100(4-j3)}{(4+j3)(4-j3)}=\frac{100}{25}(4-j3)$$
$$=16-j12\ \text{〔A〕}$$

また，b相に流れる電流 $\dot{I}_b$ は，
$$\dot{I}_b=\dot{I}_c-\dot{I}_a=0\ \text{〔A〕}$$
となる。

このため，負荷で消費される総電力 P〔W〕は，
$$P=2\times|\dot{I}_a|^2\times R=2\times(\sqrt{16^2\times 12^2})^2\times 4=2\times 20^2\times 4$$
$$=3\,200\ \text{〔W〕}$$
となる。

4.5 交流電力と電力のベクトル表示

例題1

図のような回路において電力を測定したところ，電力計の指示は，320〔W〕であった．この場合，次の (a) 及び (b) に答えよ．
ただし，電力計の損失は無視するものとする．

(a) 負荷電流 I〔A〕の値として，正しいのは次のうちどれか．
(1) 1　(2) 2　(3) 3　(4) 4　(5) 5

(b) 負荷の誘導性リアクタンス X_L〔Ω〕の値として，正しいのは次のうちどれか．
(1) 15　(2) 20　(3) 25　(4) 30　(5) 35

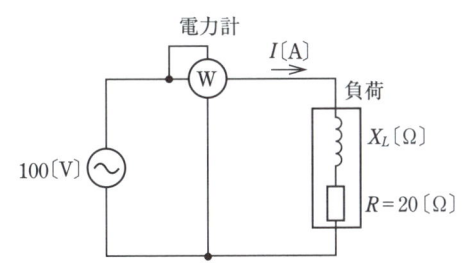

〔平成12年B問題〕

答　(a)-(4)，(b)-(1)

考え方　図4.34(a)の負荷電流は，図4.34(b)に示すように電圧 $\dot{V}$ と同相の有効電流（$I\cos\theta$）と90°遅れの無効電流（$I\sin\theta$）に分けられる．交流電力は図4.34(c)に示すように皮相電力 S〔V·A〕，有効電力 P〔W〕お

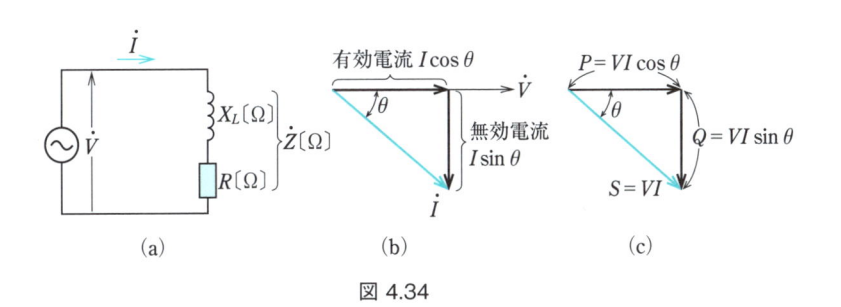

図4.34

よび無効電力 Q〔var〕があり，次式のとおり。
$$S = VI = IZI = I^2Z \text{〔V·A〕}$$
$$P = VI\cos\theta = I^2R \text{〔W〕}$$
$$Q = VI\sin\theta = I^2X_L \text{〔var〕}$$
図 4.34(c)から次の関係が成立する。
$$S = \sqrt{P^2+Q^2}$$

解き方 (a) 図 4.35 から力率 $\cos\theta$ は，$\cos\theta = R/Z$ となり，電力計の指示値は有効電力 P〔W〕であることから，
$$P = VI\cos\theta = VI\frac{R}{Z} = (ZI)I\frac{R}{Z} = RI^2$$
$$\therefore I = \sqrt{\frac{P}{R}} = \sqrt{\frac{320}{20}} = 4 \text{〔A〕}$$

(b) 回路の合成インピーダンスを Z〔Ω〕は，
$$Z = \frac{100}{I} = \frac{100}{4} = 25 \text{〔Ω〕}$$
$$Z = \sqrt{R^2+X_L{}^2} \text{ から，}$$
$$X_L = \sqrt{Z^2-R^2} = \sqrt{25^2-20^2} = 15 \text{〔Ω〕}$$

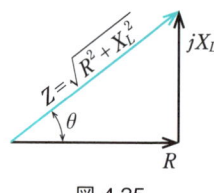

図 4.35

例題 2 図の交流回路において，抵抗 R_2 で消費される電力〔W〕の値として，正しいのは次のうちどれか。

(1) 80　　(2) 200　　(3) 400　　(4) 600　　(5) 1 000

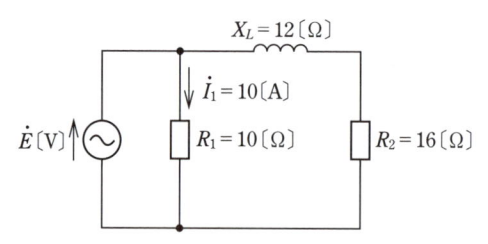

〔平成 13 年 A 問題〕

答 (3)

考え方 図 4.36 に示すように R_1 に流れる電流 $I_1 = 10 \,[\text{A}]$ であるから，電源電圧 E は，
$$E = I_1 R_1 = 10 \times 10 = 100 \,[\text{V}]$$
となる。図 4.36 の電流 I_2 は，
$$I_2 = \frac{E}{\sqrt{R_2{}^2 + X_L{}^2}} = \frac{100}{\sqrt{16^2 + 12^2}} = \frac{100}{\sqrt{400}}$$
$$= \frac{100}{20} = 5 \,[\text{A}]$$

解き方 抵抗 R_2 で消費される電力 P_2 は，
$$P_2 = I_2{}^2 R_2 = 5^2 \times 16 = 400 \,[\text{W}]$$
となる。

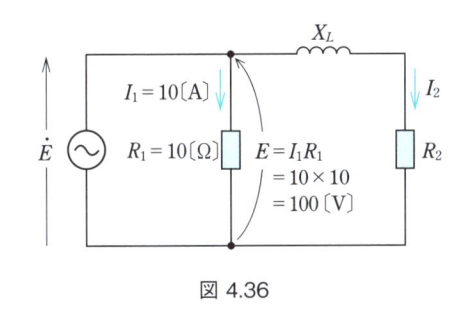

図 4.36

例題 3 図のように，周波数 $f\,[\text{Hz}]$ の交流電圧 $E\,[\text{V}]$ の電源に，$R\,[\Omega]$ の抵抗，インダクタンス $L\,[\text{H}]$ のコイルとスイッチ S を接続した回路がある。スイッチ S が開いているときに回路が消費する電力 $[\text{W}]$ は，スイッチ S が閉じているときに回路が消費する電力 $[\text{W}]$ の 1/2 になった。このとき，$L\,[\text{H}]$ の値を表す式として，正しいのは次のうちどれか。

(1) $2\pi f R$　(2) $\dfrac{R}{2\pi f}$　(3) $\dfrac{2\pi f}{R}$　(4) $\dfrac{(2\pi f)^2}{R}$

(5) $(2\pi f)^2 R$

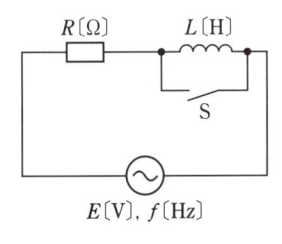

［平成 20 年 A 問題］

答 (2)

考え方

① スイッチ S を開いているときの回路で消費する電力 P_1 〔W〕は，図 4.37(a) から求める。

$$P_1 = I_1^2 R = \left\{\frac{E}{\sqrt{R^2+(\omega L)^2}}\right\}^2 R = \frac{E^2 R}{R^2+(\omega L)^2}$$

② スイッチ S を閉じているときの回路で消費する電力 P_2 〔W〕は，図 4.37(b) から求める。

$$P_2 = I_2^2 R = \left(\frac{E}{R}\right)^2 R = \frac{E^2}{R}$$

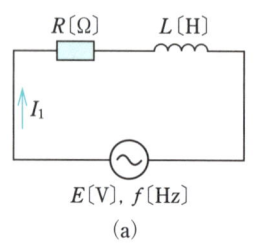

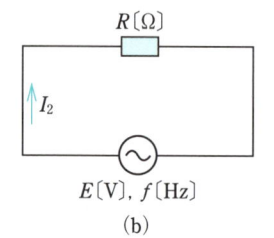

図 4.37

解き方

条件：$P_1 = \dfrac{1}{2} \times P_2$ から次のようになる。

$$\frac{E^2 R}{R^2+(\omega L)^2} = \frac{1}{2} \times \frac{E^2}{R}$$

$$2R^2 = R^2 + (\omega L)^2$$

$$R^2 = (\omega L)^2$$

$$R = \omega L$$

$$L = \frac{R}{\omega} = \frac{R}{2\pi f}$$

例題 4

図のような交流回路において，電圧 $\dot{V}$ 〔V〕及び電流 $\dot{I}$ 〔A〕が次の式で表されるとき，抵抗 R で消費される電力 P 〔W〕及びこの回路の力率 $\cos\phi$ の値として，正しいものを組み合わせたのは次のうちどれか。

$\dot{V} = 3+j4$ 〔V〕

$\dot{I} = 4+j3$ 〔A〕

(1) $P = 12$　$\cos\phi = 0.75$
(2) $P = 12$　$\cos\phi = 0.87$
(3) $P = 12$　$\cos\phi = 0.96$
(4) $P = 24$　$\cos\phi = 0.87$
(5) $P = 24$　$\cos\phi = 0.96$

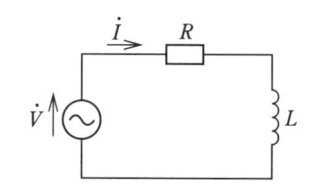

［平成 10 年 A 問題］

答 (5)

考え方　例題の図の交流回路の電圧 $\dot{V}$ および電流 $\dot{I}$ を，図 4.38 に示す複素数で表すと次のとおり。

$$\dot{V} = a + jb$$
$$\dot{I} = c + jd$$

$\dot{V}$ と $\dot{I}$ のベクトル積で皮相電力を求める場合は，$\dot{I}$ の共役複素数 $\overline{\dot{I}} = c - jd$ を用いて計算する。

$$\dot{V}\overline{\dot{I}} = (a+jb)(c-jd) = ac+bd+j(bc-ad) = P+jQ$$

$\dot{V}\overline{\dot{I}}$ は，皮相電力〔V・A〕，$P = ac+bd$ は有効電力〔kW〕，$Q = bc-ad$ は無効電力〔var〕である。無効電力 Q は，遅れ無効電力で正符号として示す。

また，電圧の共役複素数 $\overline{\dot{V}} = (a-jb)$ を用いると，遅れ無効電力で負符号で示す。

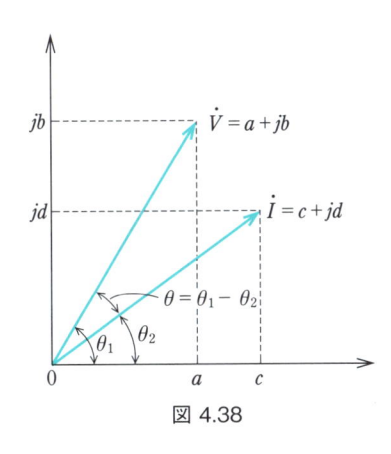

図 4.38

解き方　皮相電力 $\dot{V}\overline{\dot{I}}$ は，

$$\dot{V}\overline{\dot{I}} = (3+j4)(4-j3) = 24+j7 \text{〔VA〕}$$

抵抗で消費される電力 P〔W〕は，$P = 24$〔W〕となり，無効電力 $Q = 7$〔var〕であることから，力率 $\cos\theta$ は，

$$\cos\theta = \frac{P}{\sqrt{P^2+Q^2}} = \frac{24}{\sqrt{24^2+7^2}} = \frac{24}{25} = 0.96$$

4.6 ひずみ波交流の計算

例題1

$v = 200\sin\omega t + 40\sin 3\omega t + 30\sin 5\omega t$ 〔V〕で表されるひずみ波交流電圧の波形のひずみ率の値として，正しいのは次のうちどれか。
ただし，ひずみ率は次の式による。

$$\text{ひずみ率} = \frac{\text{高調波の実効値〔V〕}}{\text{基本波の実効値〔V〕}}$$

(1) 0.05　(2) 0.1　(3) 0.15　(4) 0.2　(5) 0.25

〔平成10年A問題〕

答 (5)

考え方

ひずみ波交流は，図4.39のような振幅や周波数の異なる多くの正弦波交流の合成である。

$$v = V_0 + \sqrt{2}\,V_1\sin\omega t + \sqrt{2}\,V_2\sin 2\omega t + \sqrt{2}\,V_3\sin 3\omega t + \cdots + \sqrt{2}\,V_n\sin n\omega t \text{〔V〕}$$

V_0 は直流分，$\sqrt{2}\,V_1\sin\omega t$ は基本波，それより高い周波数の波を高調波という。

ひずみ波の実効値 V は，次式で表される。

$$V = \sqrt{V_0^2 + V_1^2 + V_2^2 + V_3^2 + \cdots + V_n^2} \text{〔V〕}$$

ひずみ率 d は，高調波だけの実効値を V_d〔V〕とすると，

$$V_d = \sqrt{V_2^2 + V_3^2 + \cdots + V_n^2} \text{〔V〕}$$

基本波の実効値を V_1〔V〕として，

$$d = \frac{V_d}{V_1} \times 100 = \frac{\sqrt{V_2^2 + V_3^2 + \cdots + V_n^2}}{V_1} \times 100 \text{〔\%〕}$$

となる。

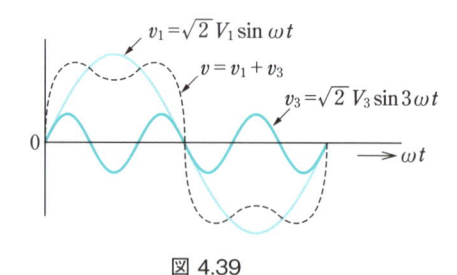

図4.39

解き方　与えられたひずみ波電圧 v の式から，

$$\text{高調波の実効値} V_d = \sqrt{\left(\frac{40}{\sqrt{2}}\right)^2 + \left(\frac{30}{\sqrt{2}}\right)^2} = \frac{50}{\sqrt{2}} \text{ [V]}$$

$$\text{基本波の実効値} V_1 = \frac{200}{\sqrt{2}} \text{ [V]}$$

$$\text{ひずみ率} d = \frac{V_d}{V_1} = \frac{\frac{50}{\sqrt{2}}}{\frac{200}{\sqrt{2}}} = \frac{50}{200} = 0.25$$

例題 2　次式に示す電圧 e [V] 及び電流 i [A] による電力 [kW] として，正しい値を次のうちから選べ。

$$e = 100 \sin \omega t + 50 \sin\left(3\omega t - \frac{\pi}{6}\right) \text{ [V]}$$

$$i = 20 \sin\left(\omega t - \frac{\pi}{6}\right) + 10\sqrt{3} \sin\left(3\omega t + \frac{\pi}{6}\right) \text{ [A]}$$

(1) 0.95　(2) 1.08　(3) 1.16　(4) 1.29　(5) 1.34

[平成 8 年 A 問題]

答 (2)

考え方　ひずみ波の電力 P [W] は，同じ周波数の電圧と電流の間にのみ電力が生じる。このため，各調波ごとの電力を求め，その和の電力が全電力となる。

解き方　例題は，基本波と第 3 調波だけであるから，

$$P = V_1 I_1 \cos\theta_1 + V_3 I_3 \cos\theta_3$$

$$= \frac{100}{\sqrt{2}} \times \frac{20}{\sqrt{2}} \times \cos\left\{\omega t - \left(\omega t - \frac{\pi}{6}\right)\right\} + \frac{50}{\sqrt{2}} \times \frac{10\sqrt{3}}{\sqrt{2}}$$

$$\times \cos\left\{\left(3\omega t - \frac{\pi}{6}\right) - \left(3\omega t + \frac{\pi}{6}\right)\right\}$$

$$= 1\,000 \cos\frac{\pi}{6} + 250\sqrt{3} \cos\left(-\frac{\pi}{3}\right)$$

$$= 1\,000 \times \frac{\sqrt{3}}{2} + 250\sqrt{3} \times \frac{1}{2}$$

$$\fallingdotseq 1\,082 \text{ [W]} = 1.08 \text{ [kW]}$$

4.6 ひずみ波交流の計算

4.7 過渡現象

例題 1

図に示すと回路において，スイッチSを閉じた瞬間（時刻 $t=0$）に点Aを流れる電流を I_0〔A〕とし，十分に時間が経ち，定常状態に達したのちに点Aを流れる電流を I〔A〕とする。電流比 $\dfrac{I_0}{I}$ の値を2とするために必要な抵抗 R_3〔Ω〕の値を表す式として，正しいのは次のうちどれか。

ただし，コンデンサの初期電荷は零とする。

(1) $\dfrac{R_1}{R_1+R_2}\left(\dfrac{R_1}{2}+R_2\right)$　　(2) $\dfrac{R_1}{R_1+R_2}\left(\dfrac{R_2}{3}-R_1\right)$

(3) $\dfrac{R_1}{R_1+R_2}(R_1-R_2)$　　(4) $\dfrac{R_2}{R_1+R_2}(R_1+R_2)$

(5) $\dfrac{R_2}{R_1+R_2}(R_2-R_1)$

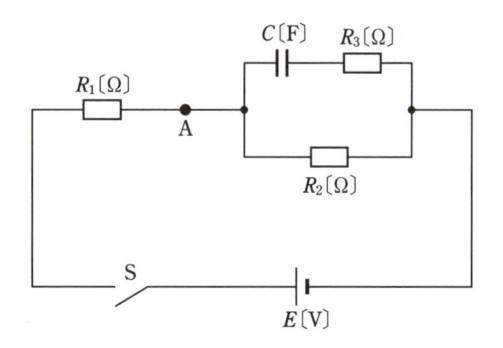

［平成22年A問題］

答 (5)

考え方　スイッチSを閉じた瞬間（時刻 $t=0$）で，コンデンサの初期電荷が零であるため図4.40に示すように，コンデンサ C は短絡状態となる。

また，十分に時間が経った場合は，コンデンサ C は図4.41に示すように開放状態となる。

図 4.40

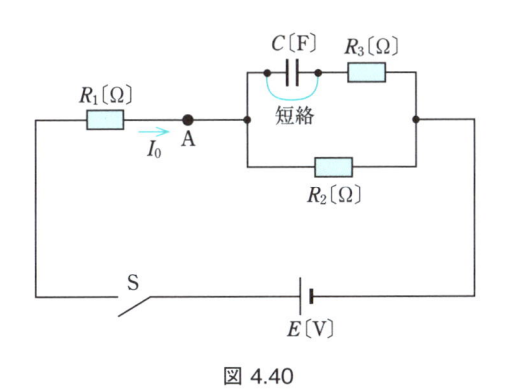

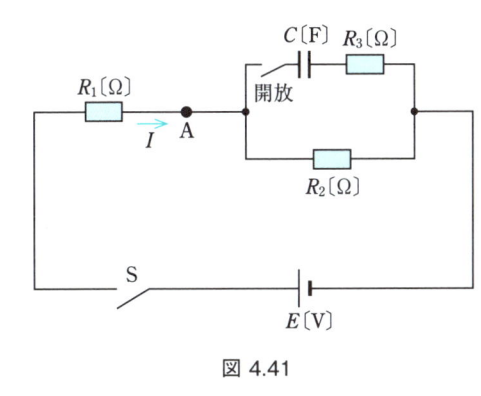

図 4.41

解き方　図 4.40 と図 4.41 から，それぞれ I_0, I を求めると，

$$I_0 = \frac{E}{R_1 + \dfrac{R_2 R_3}{R_2 + R_3}} = \frac{(R_2 + R_3)E}{R_1(R_2 + R_3) + R_2 R_3}$$

$$I = \frac{E}{R_1 + R_2}$$

$$\therefore \quad \frac{I_0}{I} = \frac{(R_1 + R_2)(R_2 + R_3)}{R_1(R_2 + R_3) + R_2 R_3} = 2 \qquad (1)$$

式(1)を展開して，

$$(R_1 + R_2)(R_2 + R_3) = 2(R_1 R_2 + R_2 R_3 + R_3 R_1) \qquad (2)$$

式(2)の右辺を整理して，

$$(R_1 + R_2)(R_2 + R_3) = 2\{R_3(R_1 + R_2) + R_1 R_2\}$$

$$R_2 + R_3 = 2R_3 + \frac{2R_1 R_2}{R_1 + R_2}$$

$$R_3 = R_2 - \frac{2R_1 R_2}{R_1 + R_2} = R_2\left(1 - \frac{2R_1}{R_1 + R_2}\right)$$

$$= R_2\left(\frac{R_1 + R_2 - 2R_1}{R_1 + R_2}\right) = \frac{R_2}{R_1 + R_2}(R_2 - R_1)$$

例題 2

図1のようなインダクタンス L〔H〕のコイルと R〔Ω〕の抵抗からなる直列回路に，図2のような振幅 E〔V〕，パルス幅 T_0〔s〕の方形波電圧 v_i〔V〕を加えた。このときの抵抗 R〔Ω〕の端子間電圧 v_R〔V〕の波形を示す図として，正しいのは次のうちどれか。

ただし，図1の回路の時定数 L/R〔s〕は T_0〔s〕より十分小さく（$L/R \ll T_0$），方形波電圧 v_i〔V〕を発生する電源の内部インピーダンスは 0〔Ω〕とし，コイルに流れる初期電流は 0〔A〕とする。

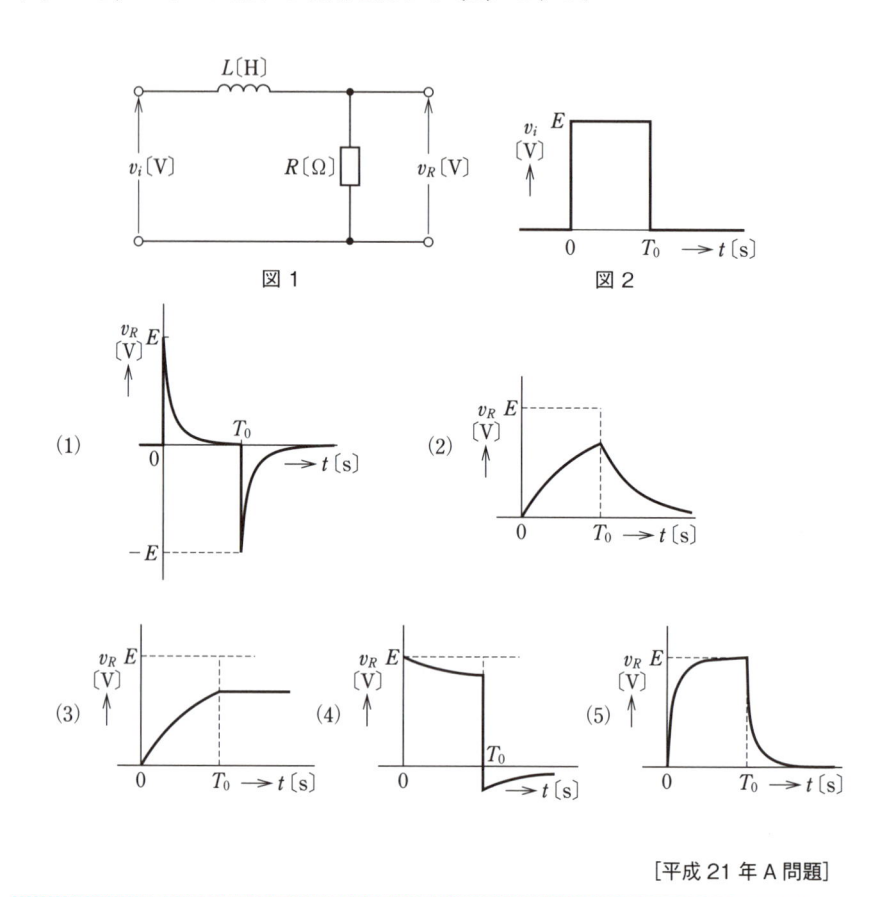

図1

図2

(1) (2) (3) (4) (5)

［平成21年A問題］

答 (5)

考え方

例題は図4.42(a)において，$0 < t < T_0$ で S_1 を投入し，T_0 で S_2 を投入したことになる。

① $0 < t < T_0$ の間に流れる電流 i を求める。

キルヒホッフの第2法則より，

$$L\frac{di}{dt} + Ri = E$$

$$\frac{di}{E-Ri} = \frac{dt}{L}$$

$$-\frac{1}{R}\int \frac{-Rdi}{E-Ri} = \frac{1}{L}\int dt$$

$$\log(E-Ri) = -\frac{R}{L}t + \log K$$

$$E - iR = Ke^{-\frac{R}{L}t} \quad (1)$$

$t=0$ において $i(t)=0$ のため，式(1)は，

$$E - 0 \times R = Ke^{-\frac{R}{t}\times 0}$$

$$E = K \quad (2)$$

となり，式(2)を式(1)に代入して，

$$E - iR = Ee^{-\frac{R}{L}t}$$

$$i = \frac{E}{R}\left(1 - e^{-\frac{R}{L}t}\right)$$

$$v_R = iR = E\left(1 - e^{-\frac{R}{L}t}\right)$$

で，図4.42(b)の波形となる。

② $T_0 < t$ のときに流れる電流 i を求める。

$$L\frac{di}{dt} + Ri = 0$$

$$\frac{di}{i} = -\frac{R}{L}dt$$

$$\log i = -\frac{R}{L}t + K$$

$$i = Ke^{-\frac{R}{L}t}$$

$T_0 = t$ のとき，$i = E/R$ であるため，$K = E/R$ となり，

$$i = \frac{E}{R}e^{-\frac{R}{L}t}$$

$$v_R = iR = Ee^{-\frac{R}{L}t}$$

となり，図4.43となる。ここで，L/R が回路の時定数である。

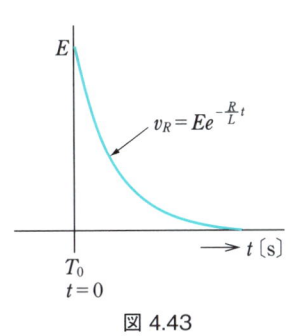

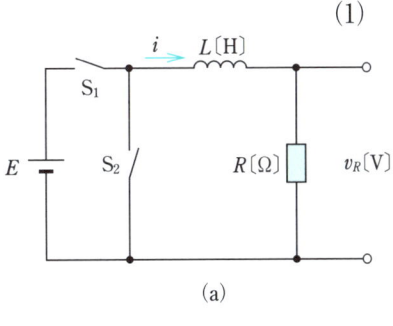

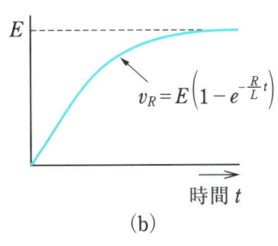

図4.42

図4.43

解き方　題意より，時定数 T は方形波の幅 T_0 よも十分小さいので，電圧印加後，v_R は0から E となる。電圧 v_i を短絡後は，v_R は E から0となる。

4.7 過渡現象

例題 3

図のように、開いた状態のスイッチS、R〔Ω〕の抵抗、インダクタンスL〔H〕のコイル、直流電源E〔V〕からなる直列回路がある。この直列回路において、スイッチSを閉じた直後に過渡現象が起こる。この場合に、「回路に流れる電流」、「抵抗の端子電圧」及び「コイルの端子電圧」に関し、時間の経過にしたがって起こる過渡現象として、正しいものを組み合わせたのは次のうちどれか。

	回路に流れる電流	抵抗の端子電圧	コイルの端子電圧
(1)	大きくなる	低下する	上昇する
(2)	小さくなる	上昇する	低下する
(3)	大きくなる	上昇する	上昇する
(4)	小さくなる	低下する	上昇する
(5)	大きくなる	上昇する	低下する

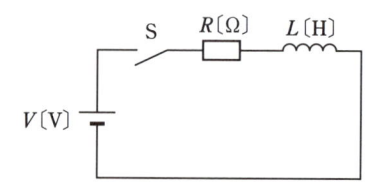

[平成20年A問題]

答 (5)

考え方 RL 直列回路の電流は、図4.44に示すように、

$$i = \frac{E}{R}\left(1 - e^{-\frac{R}{L}t}\right)$$

となる。

解き方 図4.44により、$t = 0$のとき電流$i = 0$、抵抗Rの端子電圧$v_R = 0$、コイルの端子電圧$v_L = E$となる。$t = \infty$の定常状態では、

$$i = \frac{E}{R}$$
$$v_R = E$$
$$v_L = 0$$

となる。

図4.44

例題 4

　図のように，抵抗 R とインダクタンス L のコイルを直列に接続した回路がある。この回路において，スイッチ S を時刻 $t=0$ で閉じた場合に流れる電流及び各素子の端子間電圧に関する記述として，誤っているのは次のうちどれか。

(1) この回路の時定数は，L の値に比例している。
(2) R の値を大きくするとこの回路の時定数は，小さくなる。
(3) スイッチ S を閉じた瞬間（時刻 $t=0$）のコイルの端子間電圧 V_L の大きさは，零である。
(4) 定常状態の電流は，L の値に関係しない。
(5) 抵抗 R の端子間電圧 V_R の大きさは，定常状態では電源電圧 E の大きさに等しくなる。

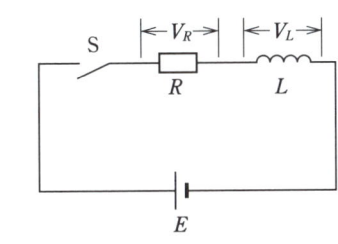

［平成 17 年 A 問題］

答 (3)

考え方　RL 直列回路で，スイッチを入れると，図 4.44 の電流 i が流れる。

$$i = \frac{E}{R}\left(1 - e^{-\frac{R}{L}t}\right) \,[\text{A}]$$

ここで，$L/R = \tau$ を時定数という。

解き方　時定数 $\tau = L/R$ で L に比例し，R に反比例するので選択肢 (1)，(2) は正しい。

　$t=0$ のとき，電流 i が 0 となり R の電圧降下は 0 で，すべての電圧は L の両端にかかって，V_L は電源電圧 E となるので (3) が誤りである。

　定常状態（$t=\infty$）のときは，流れる電流 $i_\infty = I = E/R$ となり，L の値に関係なく V_R の端子電圧は $V_R = E$ となり，(4)，(5) は正しい。

例題 5

図1から図5に示す5種類の回路は，R〔Ω〕の抵抗と静電容量C〔F〕のコンデンサの個数と組み合わせを異にしたものである。コンデンサの初期電荷を零として，スイッチSを閉じたときの回路の過渡的な現象を考える。そのとき，これら回路のうちで時定数が最も大きい回路を示す図として，正しいのは次のうちどれか。

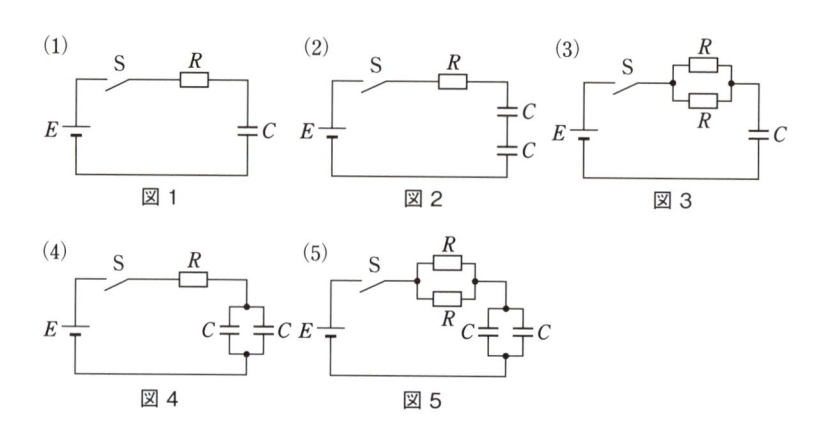

(1) 図1 (2) 図2 (3) 図3
(4) 図4 (5) 図5

［平成19年A問題］

答 (4)

考え方　例題の図1のCR直列回路のスイッチSを閉じたときの電流を求める。$i = dq/dt$を用いる。

$$R\frac{dq}{dt} + \frac{q}{C} = E \Rightarrow \frac{dq}{dt} = \frac{1}{R}\left(E - \frac{q}{C}\right)$$

$$\Rightarrow -C\int \frac{-\frac{1}{C}dq}{E - \frac{q}{C}} = \frac{dt}{R}$$

$$\log\left(E - \frac{q}{C}\right) = -\frac{1}{CR}t + \log K \Rightarrow E - \frac{q}{C} = Ke^{-\frac{1}{CR}t}$$

$t = 0$のとき$q = 0$のため，$E - \frac{0}{C} = Ke^0 \Rightarrow E = K$となり，

$$q = CE\left(1 - e^{-\frac{1}{CR}t}\right)$$

$$i = \frac{dq}{dt} = \frac{E}{R}e^{-\frac{t}{CR}} \text{〔A〕}$$

となり，図4.45に示す波形となる。$CR = \tau$はこの回路の時定数である。

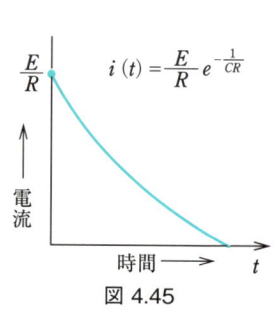

図4.45

解き方

例題の図1〜5の回路の時定数は,

$$T_1 = R_1 C_1 = RC \qquad T_2 = R_2 C_2 = R \times \frac{C}{2} = \frac{RC}{2}$$

$$T_3 = R_3 C_3 = \frac{R}{2} \times C = \frac{RC}{2}$$

$$T_4 = R_4 C_4 = R \times 2C = 2RC$$

$$T_5 = R_5 C_5 = \frac{R}{2} \times 2C = RC$$

となる。時定数が最も大きいのは,（4）の回路である。

例題 6

図のような回路において,スイッチ S を①側に閉じて,回路が定常状態に達した後で,スイッチ S を切り換え②側に閉じた。スイッチ S,抵抗 R_2 及びコンデンサ C からなる閉回路の時定数の値として,正しいのは次のうちどれか。ただし,抵抗 $R_1 = 300$〔Ω〕,抵抗 $R_2 = 100$〔Ω〕,コンデンサ C の静電容量 $= 20$〔μF〕,直流電圧 $E = 10$〔V〕とする。

(1) 0.05〔μs〕
(2) 0.2〔μs〕
(3) 1.5〔ms〕
(4) 2.0〔ms〕
(5) 8.0〔ms〕

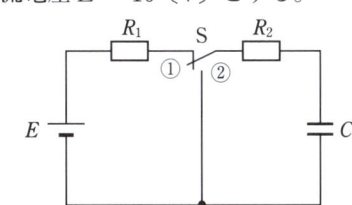

［平成18年A問題］

答 (4)

考え方

スイッチ②を閉じたときの回路方程式は,

$$R_2 \frac{dq}{dt} + \frac{q}{C} = 0 \Rightarrow \frac{dq}{dt} = -\frac{q}{CR_2} \Rightarrow \frac{dq}{q} = -\frac{dt}{CR_2}$$

$$\log q = -\frac{1}{CR_2} t + K$$

$$q = K e^{-\frac{1}{CR_2} t}$$

ここで,$t = 0$ のとき,コンデサの電荷 $q = CE$ であるので,$K = CE$ となる。

$$i = -\frac{dq}{dt} = \frac{E}{R_2} e^{-\frac{t}{CR_2}} \text{〔A〕}$$

となり,$CR_2 = \tau$ が時定数である。

解き方

求める時定数 τ は,

$$\tau = CR_2 = 20 \times 10^{-6} \times 100 = 2\,000 \times 10^{-3} \times 10^{-3}$$

$$= 2 \times 10^{-3} \text{〔s〕} \fallingdotseq 2.0 \text{〔ms〕}$$

4.8 三相交流回路

例題 1

図の対称三相交流電源の各相の電圧は，それぞれ $\dot{E}_a = 200\angle 0$ 〔V〕, $\dot{E}_b = 200\angle -\dfrac{2\pi}{3}$ 〔V〕及び $\dot{E}_c = 200\angle -\dfrac{4\pi}{3}$ 〔V〕である。この電源には，抵抗40〔Ω〕をΔ結線した三相平衡負荷が接続されている。このとき，線間電圧 $\dot{V}_{ab}$ 〔V〕と線電流 $\dot{I}_a$ 〔A〕の大きさ（スカラ量）の値として，最も近いものを組み合わせたのは次のうちどれか。

	線間電圧 $\dot{V}_{ab}$ 〔V〕の大きさ	線電流 $\dot{I}_a$ 〔A〕の大きさ
(1)	283	5
(2)	283	8.7
(3)	346	8.7
(4)	346	15
(5)	400	15

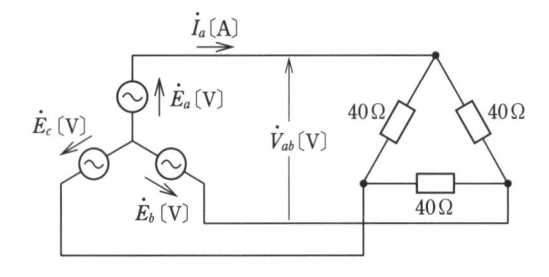

〔平成15年A問題〕

答 (4)

考え方

図4.46(a)において，$\dot{E}_a$, $\dot{E}_b$, $\dot{E}_c$ を相電圧といい，$\dot{V}_{ab}$, $\dot{V}_{bc}$, $\dot{V}_{ca}$ を線間電圧という。相電圧 E_a と線間電圧 V_{ab} の大きさは，図4.46(b)のベクトル図から，次のとおり。

$$E_a = \frac{V_{ab}}{\sqrt{3}}$$

図4.46(c)のΔ→Y変換については，両回路が等価であるためには，次式が成り立つ。

$$\dot{Z}_A = \frac{\dot{Z}_{CA}\dot{Z}_{AB}}{\dot{Z}_{AB}+\dot{Z}_{BC}+\dot{Z}_{CA}} \text{〔Ω〕}$$

$$\dot{Z}_B = \frac{\dot{Z}_{AB}\dot{Z}_{BC}}{\dot{Z}_{AB}+\dot{Z}_{BC}+\dot{Z}_{CA}} \ (\Omega)$$

$$\dot{Z}_C = \frac{\dot{Z}_{BC}\dot{Z}_{CA}}{\dot{Z}_{AB}+\dot{Z}_{BC}+\dot{Z}_{CA}} \ (\Omega)$$

$\dot{Z}_{AB} = \dot{Z}_{BC} = \dot{Z}_{CA} = \dot{Z}_\Delta$ のとき,$\dot{Z}_A = \dot{Z}_B = \dot{Z}_C = \dot{Z}_Y$ となり,

$$\dot{Z}_Y = \frac{\dot{Z}_\Delta}{3} \ (\Omega) \tag{1}$$

図 4.46

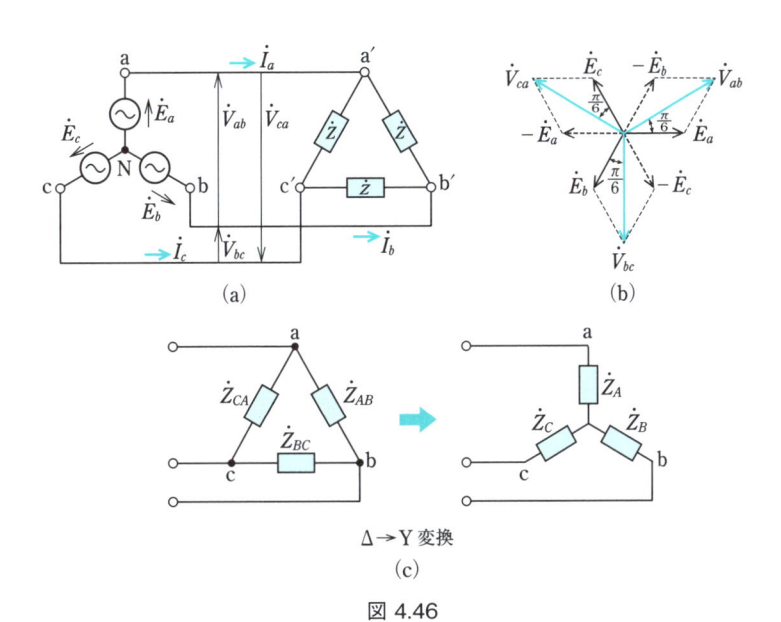

解き方 線間電圧 $\dot{V}_{ab}$ の大きさ $|\dot{V}_{ab}|$ は,相電圧 $\dot{E}_a$ の大きさを $|\dot{E}_a|$ とすれば,

$$|\dot{V}_{ab}| = \sqrt{3} \times |\dot{E}_a| = \sqrt{3} \times 200 \fallingdotseq 346 \ (V)$$

Δ結線の抵抗負荷を式(1)に代入すると,

$$R_Y = \frac{R_\Delta}{3} = \frac{40}{3} \ (\Omega)$$

線電流 $\dot{I}_a$ の大きさ $|\dot{I}_a|$ は,図 4.47 に示す一相分等価回路により,次のとおり。

$$|\dot{I}_a| = \frac{|\dot{E}_a|}{R_Y} = \frac{200}{\frac{40}{3}} = 15 \ (A)$$

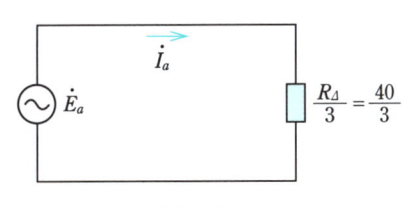

図 4.47

4.8 三相交流回路

例題 2

平衡三相回路について，次の (a) 及び (b) に答えよ。

(a) 図1のように，抵抗 R〔Ω〕が接続された平衡三相負荷に線間電圧 E〔V〕の対称三相交流電源を接続した。このとき，図1に示す電流 $\dot{I}_1$〔A〕の大きさの値を表す式として，正しいのは次のうちどれか。

(1) $\dfrac{E}{4\sqrt{3}\,R}$ (2) $\dfrac{E}{4R}$ (3) $\dfrac{\sqrt{3}\,E}{4R}$ (4) $\dfrac{\sqrt{3}\,E}{R}$

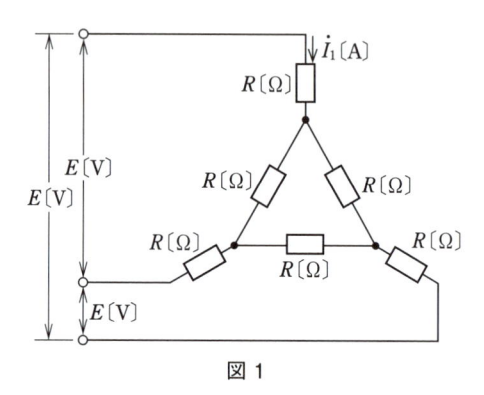

(5) $\dfrac{4E}{\sqrt{3}\,R}$

図1

(b) 次に，図1を図2のように，抵抗 R〔Ω〕をインピーダンス $\dot{Z}=12+\mathrm{j}9$〔Ω〕の負荷に置き換え，線間電圧 $E=200$〔V〕とした。このとき，図2に示す電流 $\dot{I}_2$〔A〕の大きさの値として，最も近いのは次のうちどれか。

(1) 2.5 (2) 3.3 (3) 4.4 (4) 5.8 (5) 7.7

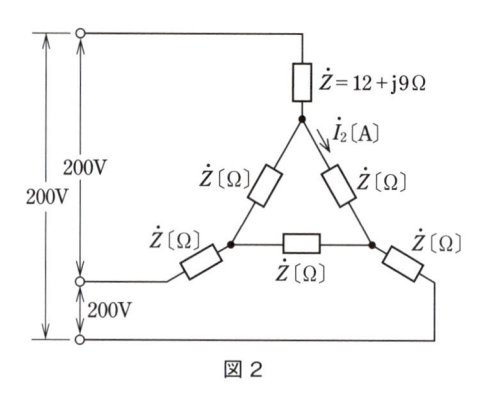

図2

［平成21年B問題］

答 (a)-(3), (b)-(2)

考え方 図4.48(a)において，$\dot{I}_a$, $\dot{I}_b$, $\dot{I}_c$ を線電流といい，$\dot{I}_{ab}$, $\dot{I}_{bc}$, $\dot{I}_{ca}$, $\dot{I}_{ab}'$, $\dot{I}_{bc}'$, $\dot{I}_{ca}'$ を相電流という。

相電流 $\dot{I}_{ab}$ の大きさ $|\dot{I}_{ab}|$ と，線電流 $\dot{I}_a$ の大きさ $|\dot{I}_a|$ は，図4.48(b)のベクトル図より，

$$|\dot{I}_a| = \sqrt{3}\,|\dot{I}_{ab}| = \sqrt{3}\,\frac{|\dot{V}_{ab}|}{|\dot{Z}|} \tag{1}$$

線電流 $\dot{I}_a$ は，相電流 $\dot{I}_{ab}$ より，$\dfrac{\pi}{6}$〔rad〕(30°) 遅れる。

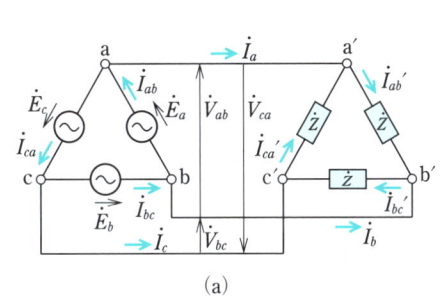

図4.48

解き方 (a) 抵抗負荷の Δ 接続を Y 接続に変換すると，$R/3$〔Ω〕となり，一相分の抵抗を R_0〔Ω〕とすると，

$$R_0 = R + \frac{R}{3} = \frac{4}{3}R$$

となる。例題図1の電流 I_1〔A〕は，次のとおり。

$$I_1 = \frac{\frac{E}{\sqrt{3}}}{R_0} = \frac{\frac{E}{\sqrt{3}}}{\frac{4}{3}R} = \frac{\sqrt{3}\,E}{4R} \text{〔A〕}$$

(b) 例題図2のインピーダンス $\dot{Z}$ の大きさ $|\dot{Z}|$ は，$|\dot{Z}| = \sqrt{12^2+9^2} = 15$〔Ω〕であるから，線電流 $\dot{I}_1$ の大きさ $|\dot{I}_1|$ は，

$$|\dot{I}_1| = \frac{\sqrt{3}\,E}{4Z} = \frac{\sqrt{3}}{4} \times \frac{200}{15} \fallingdotseq 3.3\sqrt{3} \text{〔A〕}$$

電流 $\dot{I}_2$ の大きさ $|\dot{I}_2|$ は，式(1)から I_1 の $1/\sqrt{3}$ 倍となり，

$$|\dot{I}_2| = \frac{|\dot{I}_1|}{\sqrt{3}} = \frac{3.3\sqrt{3}}{\sqrt{3}} = 3.3 \text{〔A〕}$$

例題 3

図のような平衡三相回路の負荷において，誘導性リアクタンス X_L〔Ω〕に流れる電流の大きさを I_L〔A〕，容量性リアクタンス X_C〔Ω〕に流れる電流の大きさを I_C〔A〕とするとき，次の (a) 及び (b) に答えよ。

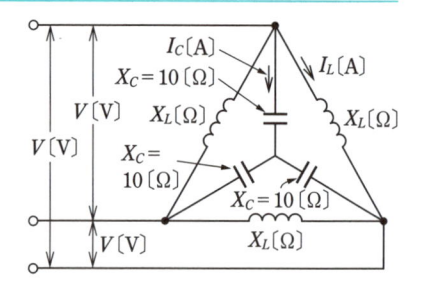

(a) X_L による Δ 結線の負荷をこれと等価な Y 結線の負荷に変換したとき，変換後の 1 相の誘導性リアクタンス X_L'〔Ω〕に流れる電流 I_L'〔A〕の大きさとして，正しいのは次のうちどれか。

(1) $\sqrt{3}\,I_L$　(2) $\sqrt{2}\,I_L$　(3) I_L　(4) $\dfrac{1}{\sqrt{2}}I_L$　(5) $\dfrac{1}{\sqrt{3}}I_L$

(b) 図の回路において，電流 I_L と電流 I_C が $I_L = \dfrac{2}{\sqrt{3}}I_C$ の関係にあるとき，X_L〔Ω〕の値として，正しいのは次のうちどれか。

(1) 5　(2) 10　(3) 15　(4) 20　(5) 25

〔平成 13 年 B 問題〕

答　(a)-(1)，(b)-(3)

考え方

(a) X_L を Δ-Y 変換すると，次のとおり。

$$X_L' = \frac{X_L}{3} \tag{1}$$

(b) Y 結線の I_C，Δ 結線の I_L は，次のとおり。

$$I_C = \frac{\frac{V}{\sqrt{3}}}{X_C} = \frac{V}{\sqrt{3}\,X_C} \tag{2}$$

$$I_L = \frac{V}{X_L} \tag{3}$$

解き方

(a) 誘導性リアクタンス X_L' に流れる電流 I_L' は次のとおり。

$$I_L' = \frac{\frac{V}{\sqrt{3}}}{X_L'} = \frac{V}{\sqrt{3}} \cdot \frac{3}{X_L} = \frac{\sqrt{3}\,V}{X_L} = \sqrt{3}\,I_L$$

(b) $I_L = \dfrac{2}{\sqrt{3}}I_C$ の条件に，式(2)，式(3)を代入すると，次のとおり。

$$\frac{V}{X_L} = \frac{2}{\sqrt{3}} \frac{V}{\sqrt{3}\,X_C} = \frac{2V}{3X_C}$$

$$X_L = \frac{3}{2}X_C = \frac{3}{2} \times 10 = 15 \,〔Ω〕$$

例題 4

図のように，相電圧 10〔kV〕の対称三相交流電源に，抵抗 R〔Ω〕と誘導性リアクタンス X〔Ω〕からなる平衡三相負荷を接続した交流回路がある。平衡三相負荷の全消費電力が 200〔kW〕，線電流 $\dot{I}$〔A〕の大きさ（スカラ量）が 20〔A〕のとき，R〔Ω〕と X〔Ω〕の値として，正しいものを組み合わせたのは次のうちどれか。

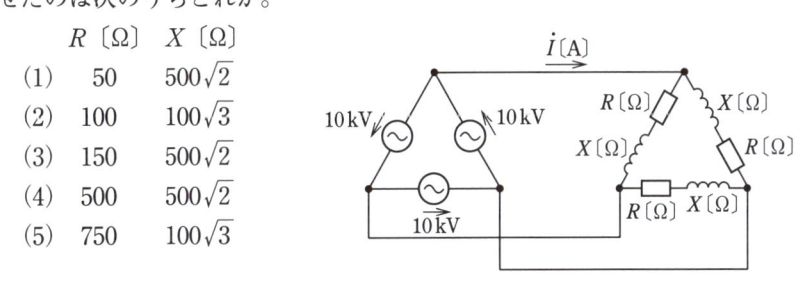

	R〔Ω〕	X〔Ω〕
(1)	50	$500\sqrt{2}$
(2)	100	$100\sqrt{3}$
(3)	150	$500\sqrt{2}$
(4)	500	$500\sqrt{2}$
(5)	750	$100\sqrt{3}$

［平成 17 年 A 問題］

答 (4)

考え方 図 4.49(a)に示すように，相電圧 $\dot{V}_p$ の大きさを V_p，相電流 $\dot{I}_p$ の大きさを I_p とし，相電圧と相電流の位相差を θ〔rad〕とすると，三相電力 P〔W〕は，次のとおり。

$$P = 3V_p I_p \cos\theta = 3\frac{V_l}{\sqrt{3}} I_l \cos\theta = \sqrt{3}\, V_l I_l \cos\theta \text{〔W〕}$$

図 4.49(b)のような Δ 結線負荷の場合，

$$P = 3V_p I_p \cos\theta = 3V_l \frac{I_l}{\sqrt{3}} \cos\theta = \sqrt{3}\, V_l I_l \cos\theta \text{〔W〕}$$

三相電力は，図 4.47(c)に示すように，皮相電力 S〔V·A〕，有効電力 P〔W〕，無効電力 Q〔var〕で表す。

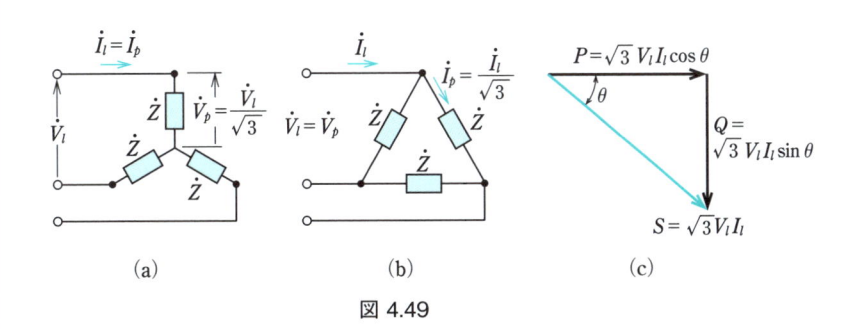

図 4.49

4.8 三相交流回路

解き方

Δ結線の負荷の相電流 I_p は，$I_p = I/\sqrt{3} = 20/\sqrt{3}$ 〔A〕となる。全消費電力 $P = 200$ 〔kW〕は，

$$P = 200 \times 10^3 \text{〔W〕} = 3I_p^2 R = 3 \times \left(\frac{20}{\sqrt{3}}\right)^2 R$$

$$R = \frac{200 \times 10^3}{3 \times \left(\frac{20}{\sqrt{3}}\right)^2} = \frac{1}{2} \times 10^3 = 500 \text{〔Ω〕}$$

負荷一相分のインピーダンス $\dot{Z}$ は，

$$Z = \frac{E_p}{I_p} = \frac{10 \times 10^3}{\frac{20}{\sqrt{3}}} = 500\sqrt{3} \text{〔Ω〕}$$

求める誘導性リアクタンス X 〔Ω〕は，

$$X = \sqrt{Z^2 - R^2} = \sqrt{(500\sqrt{3})^2 - 500^2} = 500\sqrt{3-1}$$
$$= 500\sqrt{2} \text{〔Ω〕}$$

例題 5

図のように，抵抗 6〔Ω〕と誘導性リアクタンス 8〔Ω〕を Y 結線し，抵抗 r〔Ω〕を Δ 結線した平衡三相負荷に，200〔V〕の対称三相交流電源を接続した回路がある。抵抗 6〔Ω〕と誘導性リアクタンス 8〔Ω〕に流れる電流の大きさを I_1〔A〕，抵抗 r〔Ω〕に流れる電流の大きさを I_2〔A〕とするとき，次の (a) 及び (b) に答えよ。

(a) 電流 I_1〔A〕と電流 I_2〔A〕の大きさが等しいとき，抵抗 r〔Ω〕の値として，最も近いのは次のうちどれか。
 (1) 6.0 (2) 10.0 (3) 11.5 (4) 17.3 (5) 19.2

(b) 電流 I_1〔A〕と電流 I_2〔A〕の大きさが等しいとき，平衡三相負荷が消費する電力〔kW〕の値として，最も近いのは次のうちどれか。
 (1) 2.4 (2) 3.1 (3) 4.0 (4) 9.3 (5) 10.9

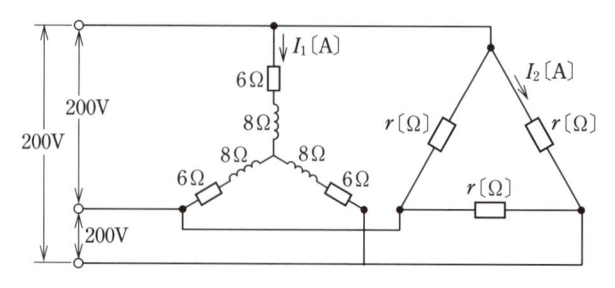

［平成 20 年 B 問題］

答 (a)-(4), (b)-(4)

考え方 (a) 線間電圧を V〔V〕, 相間電圧を E〔V〕とすれば, 例題図の I_1 と I_2 は次式となる。

$$I_1 = \frac{E}{Z} = \frac{\frac{200}{\sqrt{3}}}{\sqrt{6^2+8^2}} = \frac{200}{\sqrt{3}} \times \frac{1}{10} = \frac{20}{\sqrt{3}} \text{〔A〕} \quad (1)$$

$$I_2 = \frac{V}{r} = \frac{200}{r} \text{〔A〕} \quad (2)$$

(b) 平衡三相負荷が消費する電力 P〔kW〕は, 三相負荷の Y 結線と Δ 結線の消費電力の和となる。

解き方 (a) $I_1 = I_2$ の条件へ, 式(1)と式(2)を代入する。

$$I_1 = \frac{20}{\sqrt{3}} = I_2 = \frac{200}{r}$$

$$\therefore \quad r = \frac{200\sqrt{3}}{20} = 10\sqrt{3} \fallingdotseq 17.3 \text{〔Ω〕}$$

(b) 電流 $I_1 = I_2 = I = 20/\sqrt{3}$〔A〕として求めると,

$$P = 3 \times I^2(6+r) = 3 \times \left(\frac{20}{\sqrt{3}}\right)^2 \times (6+10\sqrt{3}) \fallingdotseq 9\,328 \text{〔W〕}$$

$$\fallingdotseq 9.3 \text{〔kW〕}$$

となる。

例題 6 平衡三相回路について, 次の (a) 及び (b) に答えよ。

(a) 図1のように, 抵抗 R とコイル L からなる平衡三相負荷に, 線間電圧 200〔V〕, 周波数 50〔Hz〕の対称三相交流電源を接続したところ, 三相負荷全体の有効電力は $P = 2.4$〔kW〕で, 無効電力は $Q = 3.2$〔kvar〕であった。負荷電流 I〔A〕の値として, 最も近いのは次のうちどれか。
 (1) 2.3 (2) 4.0 (3) 6.9 (4) 9.2 (5) 11.5

(b) 図1に示す回路の各線間に同じ静電容量のコンデンサ C を図2に示すように接続した。このとき, 三相電源からみた力率が1となった。このコ

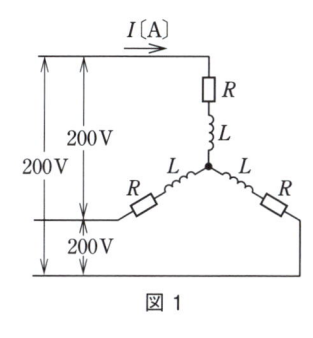

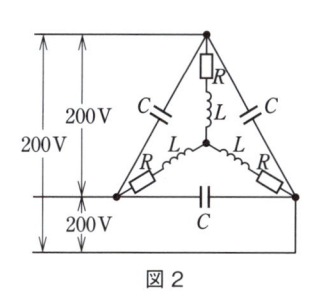

図1

図2

4.8 三相交流回路

ンデンサ C の静電容量〔μF〕の値として，最も近いのは次のうちどれか。
(1) 48.8 (2) 63.4 (3) 84.6 (4) 105.7 (5) 146.5

［平成 15 年 B 問題］

答 (a)-(5), (b)-(3)

考え方 例題図 2 の Δ 結線の C を Y 結線に変換して $R+jX_L$ に $-jX_C$ $\left(=-j\dfrac{1}{\omega C}\right)$ を並列接続した一相分の等価回路を図 4.50 に示す。この回路の合成インピーダンス $\dot{Z}$ の虚数部を 0 とすると力率は 100% となる。

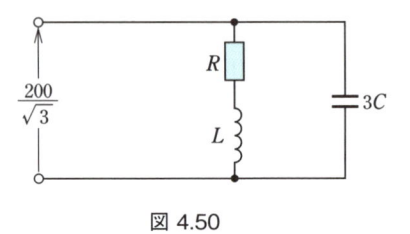

図 4.50

解き方 (a) 平衡三相負荷の皮相電力 S〔kV·A〕は，有効電力を P〔kW〕，無効電力を Q〔kvar〕とすると，次のとおり。

$$S = \sqrt{P^2+Q^2} = \sqrt{2.4^2+3.2^2} = \sqrt{16} = 4 \text{〔kV·A〕}$$

負荷電流 I〔A〕は，線間電圧 V〔V〕とすると，$S=\sqrt{3}\,VI$ から，

$$I = \frac{S}{\sqrt{3}\,V} = \frac{4\,000}{\sqrt{3}\times 200} = \frac{20}{\sqrt{3}} \fallingdotseq 11.5 \text{〔A〕}$$

(b) 例題図 1 の R と $X_L = \omega L$ を求めるには，$P=3I^2R$，$Q=3I^2X_L$ を用いて求める。

$$R = \frac{P}{3I^2} = \frac{2\,400}{3\left(\dfrac{20}{\sqrt{3}}\right)^2} = \frac{2\,400}{400} = 6 \text{〔Ω〕}$$

$$X_L = \frac{Q}{3I^2} = \frac{3\,200}{3\left(\dfrac{20}{\sqrt{3}}\right)^2} = \frac{3\,200}{400} = 8 \text{〔Ω〕}$$

図 4.50 の回路の合成インピーダンス $\dot{Z}$ を求める。

$$\dot{Z} = \frac{-(6+j8)\,jX_C}{(6+j8)-jX_C} = \frac{(8-j6)\,X_C}{6+j(8-X_C)}$$

$$= \frac{(8-j6)\,X_C\{6-j(8-X_C)\}}{6^2+(8-X_C)^2}$$

$$= \frac{6(8-j6)\,X_C - j(8-j6)\,X_C(8-X_C)}{6^2+(8-X_C)^2}$$

$$= \frac{6X_C^2 + jX_C(-36-64+8X_C)}{6^2+(8-X_C)^2} \text{〔Ω〕}$$

力率を 1 とするためには，$\dot{Z}$ の虚数部を 0 とする。

$$-36-64+8X_C = 0$$

$$X_C = \frac{36+64}{8} = \frac{25}{2} \ [\Omega]$$

コンデンサの静電容量 $C\ [\mu F]$ は，

$$X_C = \frac{1}{3} \cdot \frac{1}{\omega C \times 10^{-6}} = \frac{1}{3\omega C \times 10^{-6}}$$

$$C = \frac{10^6}{3\omega X_C} = \frac{10^6}{3 \times 2\pi \times 50 \times \left(\frac{25}{2}\right)} \fallingdotseq 84.9 \ \Rightarrow \ 84.6 \ [\mu F]$$

例題 7

抵抗 $R\ [\Omega]$，誘導性リアクタンス $X\ [\Omega]$ からなる平衡三相負荷（力率 80 [%]）に対称三相交流電源を接続した交流回路がある。次の (a) 及び (b) に答えよ。

(a) 図 1 のように，Y 結線した平衡三相負荷に線間電圧 210 [V] の三相電圧を加えたとき，回路を流れる線電流 I は $\frac{14}{\sqrt{3}}\ [A]$ であった。負荷の誘導性リアクタンス $X\ [\Omega]$ の値として，正しいのは次のうちどれか。

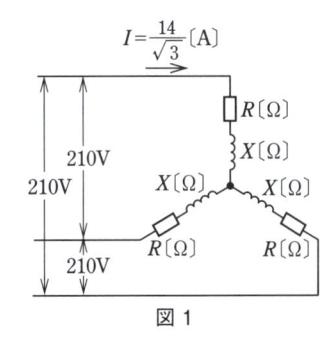

(1) 4　　(2) 5　　(3) 9
(4) 12　　(5) 15

図 1

(b) 図 1 の各相の負荷を使って Δ 結線し，図 2 のように相電圧 200 [V] の対称三相電源に接続した。この平衡三相負荷の全消費電力 [kW] の値として，正しいのは次のうちどれか。

(1) 8　　(2) 11.1　　(3) 13.9　　(4) 19.2　　(5) 33.3

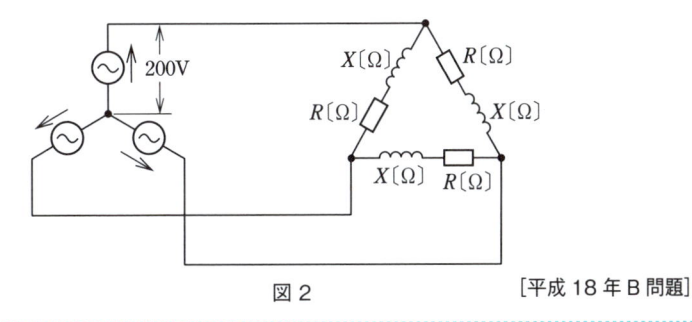

図 2

［平成 18 年 B 問題］

答 (a)-(3)，(b)-(4)

考え方 (a) 例題図1のY結線の一相分等価回路を図4.51(a)に示す。インピーダンス $\dot{Z}$ の大きさは次のとおり。

$$|\dot{Z}| = |R+jX| = \frac{E}{I} \tag{1}$$

また，図4.51(b)から，力率 $\cos\theta$ は次のとおり。

$$\cos\theta = \frac{R}{|\dot{Z}|}$$

(b) 例題図2のΔ結線の R, X をY結線の一相分等価回路に変換すると図4.51(c)となる。

$$R_Y = \frac{R}{3}, \quad X_Y = \frac{X}{3} \tag{2}$$

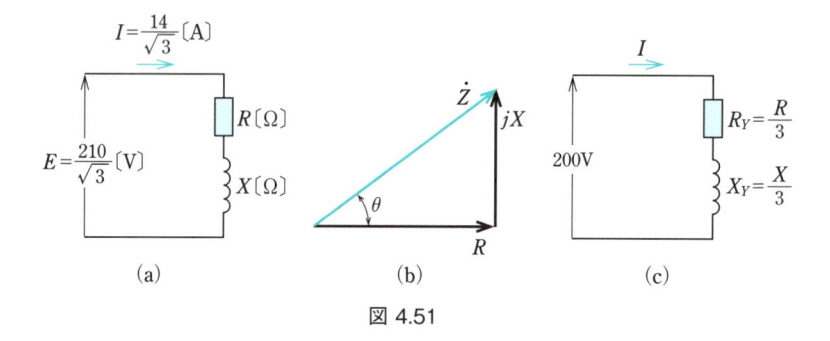

図 4.51

解き方 (a) インピーダンス $\dot{Z}$ の大きさは，式(1)から，

$$|\dot{Z}| = \frac{E}{I} = \frac{210}{\sqrt{3}} \cdot \frac{\sqrt{3}}{14} = 15 \ [\Omega]$$

抵抗 R 〔Ω〕は，

$$R = |\dot{Z}|\cos\theta = 15 \times 0.8 = 12 \ [\Omega]$$

誘導性リアクタンス X 〔Ω〕は，

$$X = |\dot{Z}|\sin\theta = |\dot{Z}|\sqrt{1-\cos^2\theta} = 15 \times 0.6 = 9 \ [\Omega]$$

(b) 図4.51(c)から，

$$R_Y = \frac{R}{3} = \frac{12}{3} = 4 \ [\Omega], \quad X_Y = \frac{X}{3} = \frac{9}{3} = 3 \ [\Omega]$$

図4.51(c)のインピーダンス $\dot{Z}_Y$ の大きさは，$|\dot{Z}_Y| = \sqrt{R_Y{}^2+X_Y{}^2} = \sqrt{4^2+3^2} = 5$ 〔Ω〕であるから，

$$I = \frac{200}{Z_Y} = \frac{200}{5} = 40 \ [A]$$

平衡三相負荷の全消費電力 P は，次のようになる。

$$P = 3I^2 R_Y = 3 \times 40^2 \times 4 = 19\,200 \ [W] = 19.2 \ [kW]$$

例題 8

図1のように，相電圧 200 [V]，周波数 50 [Hz] の対称三相交流電源に，抵抗とインダクタンスからなる三相平衡負荷を接続した交流回路がある。次の (a) 及び (b) に答えよ。

(a) 図1の回路において，負荷電流 I [A] の値として，最も近いのは次のうちどれか。

(1) 69.2　(2) 66.6　(3) 40　(4) 23.1　(5) 22.2

(b) 図2のように，静電容量 C [F] のコンデンサを Δ 結線して，その端子 a′, b′ 及び c′ をそれぞれ図1の端子 a, b 及び c に接続した。その結果，三相交流電源から見た負荷の力率は 1 になったという。静電容量 C [F] の値として，最も近いのは次のうちどれか。

(1) 5.9×10^{-2}　(2) 7.4×10^{-4}　(3) 2.1×10^{-4}
(4) 1.7×10^{-4}　(5) 1.9×10^{-6}

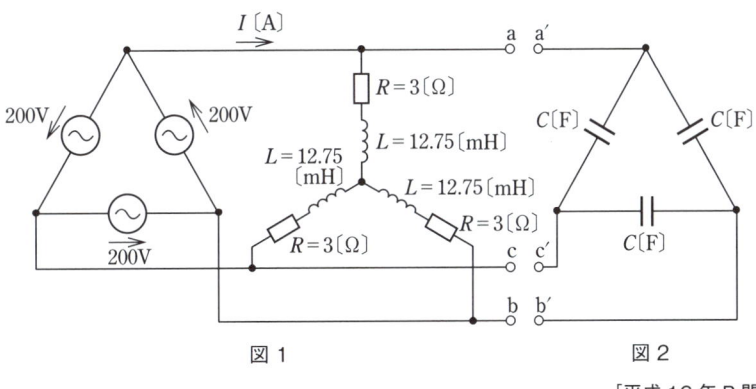

図1　　図2

[平成 16 年 B 問題]

答　(a)-(4), (b)-(4)

考え方

(a) 誘導性リアクタンス X_L は，次のとおり。

$$X_L = 2\pi f L \quad (1)$$

例題図1の Y 結線の 1 相分等価回路を図4.52に示す。

図 4.52

$$I = \frac{\frac{200}{\sqrt{3}}}{\sqrt{R^2 + X_L^2}} \quad (2)$$

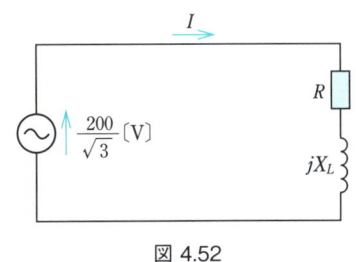

(b) 例題図2の Δ 結線 C_Δ を Y 結線とすると $C_Y = 3C_\Delta$ となる。これは，容量性リアクタンスにおいて，Δ 結線を $X_{C\Delta}$ として，Y 結線を

X_{CY} とすると，

$$X_{CY} = \frac{1}{3} X_{C\Delta}$$

で，容量性リアクタンスは，$X_C = 1/(2\pi f C)$ 〔Ω〕のため，

$$C_Y = 3 C_\Delta \text{〔F〕}$$

となる。

解き方 (a) 誘導性リアクタンス X_L 〔Ω〕は，式(1)から，

$$X_L = 2\pi f L = 2\pi \times 50 \times 12.75 \times 10^{-3} \fallingdotseq 4 \text{〔Ω〕}$$

求める負荷電流 I 〔A〕の大きさは，

$$I = \frac{\frac{200}{\sqrt{3}}}{\sqrt{R^2 + X_L^2}} = \frac{\frac{200}{\sqrt{3}}}{\sqrt{3^2 + 4^2}} = \frac{200}{5\sqrt{3}} \fallingdotseq 23.1 \text{〔A〕} \quad (3)$$

(b) 図 4.52 のインピーダンス $\dot{Z}$ から力率 $\cos\theta$ を求めると，

$$\cos\theta = \frac{R}{\sqrt{R^2 + X_L^2}} = \frac{3}{\sqrt{3^2 + 4^2}} = 0.6$$

これら，負荷電流 I を複素表示で求めると，

$$\dot{I} = I(\cos\theta - j\sin\theta) = 23.1 \times (0.6 - j0.8)$$
$$\fallingdotseq 13.9 - j18.5 \text{〔A〕}$$

コンデンサの Δ 結線を，等価な Y 結線に換算し，一相分の等価回路を図 4.53 に示す。三相交流電源から見た負荷の力率を 1 にするためには，図 4.53 から $I_C = j18.5$ 〔A〕流す必要があり，これから静電容量 C 〔F〕を求める。

$$|\dot{I}_C| = 18.5 = \omega(3C)\frac{200}{\sqrt{3}}$$

$$C = \frac{18.5\sqrt{3}}{3\omega \times 200} = \frac{18.5\sqrt{3}}{3 \times 2\pi \times 50 \times 200}$$
$$\fallingdotseq 170 \times 10^{-6} = 1.7 \times 10^{-4} \text{〔F〕}$$

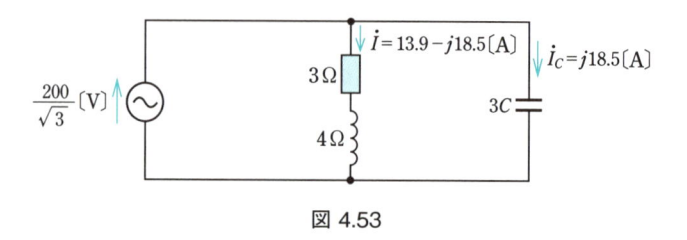

図 4.53

例題 9

図のように，三つの交流電圧源から構成される回路において，各相の電圧 $\dot{E}_a$〔V〕，$\dot{E}_b$〔V〕及び $\dot{E}_c$〔V〕は，それぞれ次のように与えられる。
ただし，式中の∠ϕ は，$(\cos\phi + j\sin\phi)$ を表す。

$$\dot{E}_a = 200\angle 0 \text{〔V〕} \quad \dot{E}_b = 200\angle -\frac{2\pi}{3}\text{〔V〕} \quad \dot{E}_c = 200\angle \frac{\pi}{3}\text{〔V〕}$$

このとき，図中の線間電圧 $\dot{V}_{ca}$〔V〕と $\dot{V}_{bc}$〔V〕の大きさ（スカラ量）の値として，正しいものを組み合わせたのは次のうちどれか。

	線間電圧 $\dot{V}_{ca}$〔V〕の大きさ	線間電圧 $\dot{V}_{bc}$〔V〕の大きさ
(1)	200	0
(2)	$200\sqrt{3}$	$200\sqrt{3}$
(3)	$200\sqrt{2}$	$400\sqrt{2}$
(4)	$200\sqrt{3}$	400
(5)	200	400

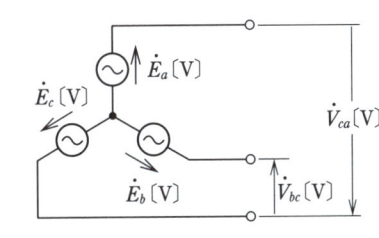

［平成 14 年 A 問題］

答 (5)

考え方　図 4.54 に，各相の電圧 $\dot{E}_a$, $\dot{E}_b$ および $\dot{E}_c$ のベクトル表示を示す。
各相電圧を，複素数で表すと，

$$\dot{E}_a = 200\angle 0 = 200(\cos 0 + j\sin 0) = 200 \text{〔V〕}$$

$$\dot{E}_b = 200\angle -\frac{2\pi}{3} = 200\left\{\cos\left(-\frac{2\pi}{3}\right) + j\sin\left(-\frac{2\pi}{3}\right)\right\}$$

$$= 200\left(-\frac{1}{2} - j\frac{\sqrt{3}}{2}\right) = -100 - j100\sqrt{3} \text{〔V〕}$$

$$\dot{E}_c = 200\angle \frac{\pi}{3} = 200\left(\cos\frac{\pi}{3} + j\sin\frac{\pi}{3}\right) = 200\left(\frac{1}{2} + j\frac{\sqrt{3}}{2}\right)$$

$$= 100 + j100\sqrt{3} \text{〔V〕}$$

4.8 三相交流回路

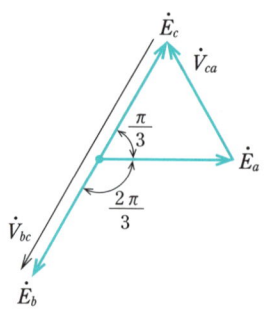

図 4.54

解き方 図 4.54 に示すように，線間電圧 $\dot{V}_{ca}$ は，
$$\dot{V}_{ca} = \dot{E}_c - \dot{E}_a = (100 + j100\sqrt{3}) - 200 = -100 + j100\sqrt{3}$$
線間電圧 $\dot{V}_{ca}$ の大きさ $|\dot{V}_{ca}|$ は，
$$|\dot{V}_{ca}| = \sqrt{(-100)^2 + (100\sqrt{3})^2} = 200 \text{ [V]}$$
線間電圧 $\dot{V}_{bc}$ は，
$$\dot{V}_{bc} = \dot{E}_b - \dot{E}_c = (-100 - j100\sqrt{3}) - (100 + j100\sqrt{3})$$
$$= -200 - j200\sqrt{3} \text{ [V]}$$
線間電圧 $\dot{V}_{bc}$ の大きさ $|\dot{V}_{bc}|$ は，
$$|\dot{V}_{bc}| = \sqrt{(-200)^2 + (-200\sqrt{3})^2} = 400 \text{ [V]}$$

第4章 章末問題

4-1 図のような回路において、電源電圧が $e = 200\sin\left(\omega t + \dfrac{\pi}{4}\right)$ 〔V〕であるとき、回路に流れる電流 i 〔A〕を表す式として、正しいのは次のうちどれか。

(1) $i = 10\sin\left(\omega t + \dfrac{\pi}{12}\right)$

(2) $i = 5\sqrt{2}\sin\left(\omega t - \dfrac{\pi}{6}\right)$

(3) $i = 10\sqrt{2}\sin\left(\omega t + \dfrac{\pi}{6}\right)$

(4) $i = 5\sqrt{2}\sin\left(\omega t - \dfrac{\pi}{12}\right)$

(5) $i = 10\sin\left(\omega t - \dfrac{\pi}{12}\right)$

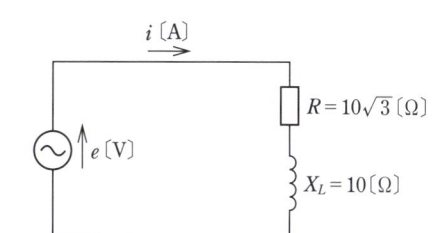

〔平成 12 年 A 問題〕

4-2 図のような回路において、抵抗 R_2 に流れる電流 $\dot{I}_2$ の値が 5 〔A〕であるとき、次の(a)及び(b)に答えよ。($15^2 = 225$, $25^2 = 625$, $35^2 = 1\,225$)

(a) 抵抗 R_1 に流れる電流 $\dot{I}$ 〔A〕の値として、正しいのは次のうちどれか。ただし、$\dot{I}_2$ を基準ベクトルとする。

(1) $5+j5$　(2) $5-j5$　(3) $10+j5$　(4) $10+j10$

(5) $10-j10$

(b) この回路の電源電圧 $\dot{V}$ の大きさ $|\dot{V}|$ 〔V〕の値として、正しいのは次のうちどれか。

(1) 100　(2) 150　(3) 200　(4) 250　(5) 350

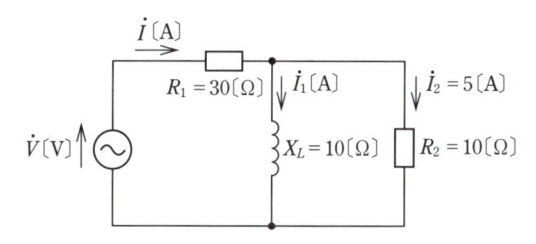

〔平成 12 年 A 問題〕

4-3 図1のような静電容量 C 〔F〕のコンデンサと抵抗 R 〔Ω〕の直列回路に，図2のような振幅 E 〔V〕，パルス幅 T_0 〔s〕の方形波電圧 v_i 〔V〕を加えた。このときの抵抗 R の端子間電圧 v_R 〔V〕の波形として，正しいのは次のうちどれか。

ただし，図1の回路の時定数 RC 〔s〕は T_0 〔s〕より十分小さく（$RC \ll T_0$），電源の内部インピーダンス及びコンデンサの初期電荷は零とする。

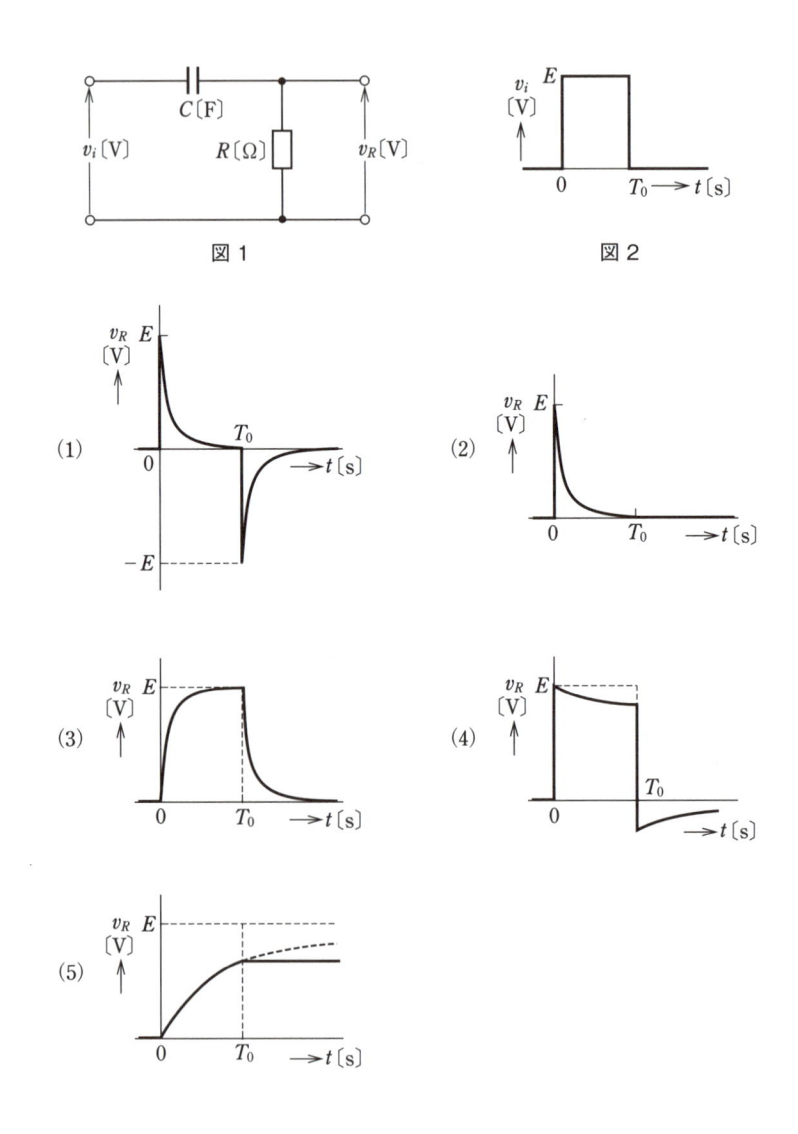

［平成15年A問題］

4-4 図の回路において，スイッチSを閉じた瞬間（時刻 $t=0$）に抵抗 R_1 に流れる電流を I_0〔A〕とする。また，スイッチSを閉じた後，回路が定常状態に達したとき，同じ抵抗 R_1 に流れる電流を I_∞〔A〕とする。

上記の電流 I_0 及び I_∞ の値の組合せとして，正しいのは次のうちどれか。ただし，コンデンサ C の初期電荷は零とする。

(1) $I_0 = \dfrac{E}{R_1+R_2}$　$I_\infty = \dfrac{E}{R_2}$　　(2) $I_0 = \dfrac{E}{R_1}$　$I_\infty = \dfrac{E}{R_2}$

(3) $I_0 = \dfrac{E}{R_1+R_2}$　$I_\infty = \dfrac{E}{R_1}$　　(4) $I_0 = \dfrac{E}{R_1}$　$I_\infty = \dfrac{E}{R_1+R_2}$

(5) $I_0 = \dfrac{E}{R_2}$　$I_\infty = \dfrac{E}{R_1+R_2}$

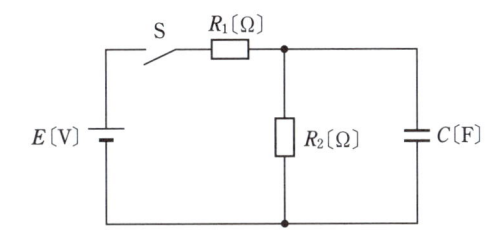

〔平成13年A問題〕

4-5 図のような平衡三相回路において，線電流 I〔A〕の値として，正しいのは次のうちどれか。

(1) 14.0　(2) 17.3　(3) 24.2　(4) 30.6　(5) 42.0

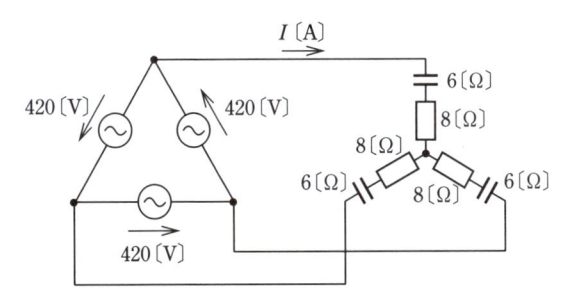

〔平成12年A問題〕

4-6 図のような平衡三相回路において，負荷の全消費電力〔kW〕の値として，正しいのは次のうちどれか。

図中の $\angle \dfrac{\pi}{6}$ は，$\left[\cos \dfrac{\pi}{6} + j \sin \dfrac{\pi}{6}\right]$ を表す。

(1) 1.58　(2) 1.65　(3) 2.73　(4) 2.86　(5) 4.73

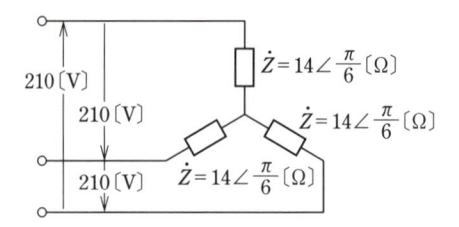

〔平成11年A問題〕

第5章

電子回路

Point 重要事項のまとめ

1 電界中の電子の運動

電気量 e 〔C〕の電子が，電圧 V 〔V〕で初速度 0 から v 〔m/s〕とすれば，電子のエネルギー w は，$w = eV$ 〔J〕である。このときの電子の運動エネルギー w は，$w = \dfrac{1}{2}mv^2$。

$$w = \dfrac{1}{2}mv^2 = eV \Rightarrow v = \sqrt{\dfrac{2eV}{m}}$$

2 磁界中の電子の運動

磁界中に電荷 e 〔C〕の電子が速度 v 〔m/s〕の速さで運動したときの電磁力 F は，$F = Bev$ 〔N〕で，電子は等速円運動となる。

電子の遠心力 F は，$F = mv^2/r$ 〔N〕は，

$$Bev = \dfrac{mv^2}{r}$$

$$T = \dfrac{2\pi r}{v} = \dfrac{2\pi}{v} \cdot \dfrac{mv}{Be} \text{〔s〕}$$

3 p形半導体

けい素（Si）などの4価の半導体に微量の3価の元素であるほう素（B），インジウム（In），ガリウム（Ga）を不純物（アクセプタ）として加えた半導体である。価電子が足りないので正孔ができ，キャリアとして電流が流れる。

4 n形半導体

けい素（Si）などの4価の半導体に微量の5価の元素であるひ素（As），りん（P），アンチモン（Sb）を不純物として加えた半導体である。価電子が余り，これが自由電子としてキャリアになり電流が流れる。

5 電界効果トランジスタ

① 接合形とMOS形に分類できる。
② ドレーンとソースとの間の電流通路には，n形とp形がある。
③ エンハンスメント形はゲート電圧が加わらないときは，チャネルが形成されず，ゲート電圧でチャネルができる。

6 エミッタ接地回路（図5.1）

エミッタ接地増幅回路

簡易等価回路

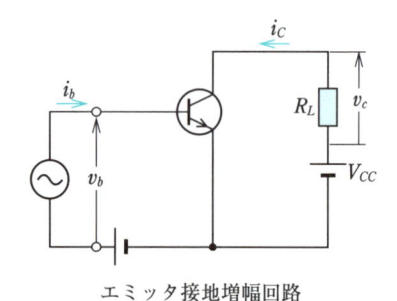

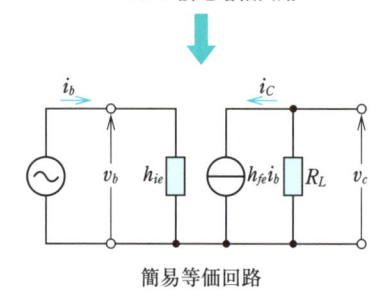

図 5.1

7 h パラメータ (1)

図 5.1 において,
$$v_b = h_{ie} i_b + h_{re} v_c$$
$$i_c = h_{fe} i_b + h_{oe} v_c$$

$h_{re} v_c$, $h_{oe} v_c$ が極めて小さい値として省略したのが簡易等価回路である。

8 h パラメータ (2)

① 入力インピーダンス h_{ie}
$$h_{ie} = \left(\frac{v_b}{i_b}\right)_{v_c = 0}$$

② 電圧帰還率 h_{re}
$$h_{re} = \left(\frac{v_b}{v_c}\right)_{i_b = 0}$$

③ 電流増幅率 h_{fe}
$$h_{fe} = \left(\frac{i_c}{i_b}\right)_{v_c = 0}$$

④ 出力アドミタンス h_{oe}
$$h_{oe} = \left(\frac{i_c}{v_c}\right)_{i_b = 0}$$

9 増幅度 A と利得 G

電圧増幅度 A_v, 電流増幅度 A_i, 電力増幅度 A_p

$$A_v = \frac{v_0}{v_i}$$

$$A_i = \frac{i_0}{i_i}$$

$$A_p = \frac{p_0}{p_i}$$

電圧利得 $G_v = 20 \log_{10} A_v$ 〔dB〕
電流利得 $G_i = 20 \log_{10} A_i$ 〔dB〕
電力利得 $G_p = 10 \log_{10} A_p$ 〔dB〕

10 演算増幅器

① 電圧増幅率 ∞
② 入力インピーダンス ∞
③ 入力端子間は仮想短絡（イマジナリショート）状態
④ 入力電流 = 0
⑤ 出力インピーダンス 0

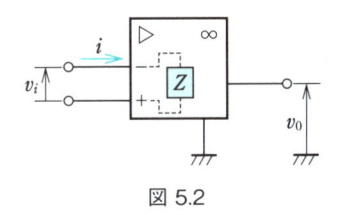

図 5.2

① $\left|\dfrac{v_0}{v_i}\right| = \infty$, $v_i = 0$

② $Z = \infty$, $i = 0$

11 反転増幅回路

$$i_i = \frac{v_i - 0}{R_i} = i_f = \frac{0 - v_0}{R_f}$$

電圧増幅率 $g = \dfrac{v_0}{v_i} = -\dfrac{R_f}{R_i}$

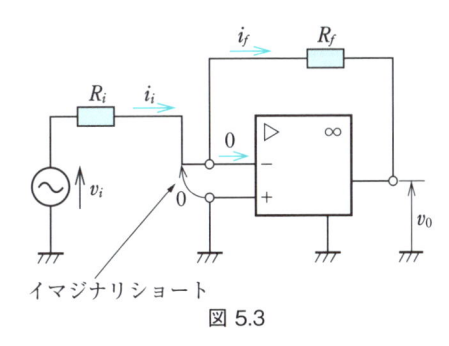

図 5.3

12 太陽電池

半導体に光を照射すると pn 接合部付近に電子-正孔対が生成し, 遷移領域の内部電界によって電子は n 領域へ, 正孔は p 領域へ移動して分離し, 光起電力が現れる。外部回路に p から n へ向かう電流が流れ, 電力を発生させる。

5.1 電界中と磁界中の電子の運動

例題 1

真空中において，電子の運動エネルギーが 400〔eV〕のときの速さが 1.19×10^7〔m/s〕であった。電子の運動エネルギーが 100〔eV〕のときの速さ〔m/s〕の値として，正しいのは次のうちどれか。
ただし，電子の相対性理論効果は無視するものとする。

(1) 2.98×10^6 (2) 5.95×10^6 (3) 2.38×10^7
(4) 2.98×10^9 (5) 5.95×10^9

［平成 20 年 A 問題］

答 (2)

考え方　図 5.4 において，電気量 e〔C〕の電子が，電圧 V〔V〕で初速度 0 から加速されたときの速度を v〔m/s〕とすれば，V の電圧で得た電子のエネルギー w は，

$$w = eV \text{〔J〕}$$

となる。このときの電子の運動エネルギー w は，

$$w = \frac{1}{2}mv^2$$

ここで，

$$w = \frac{1}{2}mv^2 = eV$$

$$v = \sqrt{\frac{2eV}{m}}$$

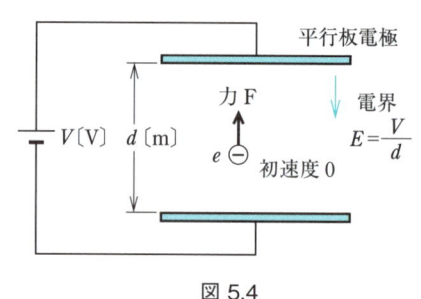

図 5.4

解き方　電子の運動エネルギーが 400 eV のときの速さが 1.19×10^7〔m/s〕であるから，次のとおり。

$$\frac{1}{2}m = \frac{eV}{v^2} = \frac{400}{(1.19\times10^7)^2}$$

電子の運動エネルギーが 100〔eV〕のときの速さ v_0 は，

$$\frac{1}{2}mv_0{}^2 = 100$$

$$\therefore v_0 = \sqrt{\frac{100}{\frac{1}{2}m}} = \sqrt{\frac{100}{\frac{400}{(1.19\times10^7)^2}}} = 1.19\times10^7 \times \sqrt{\frac{100}{400}}$$

$$= 5.95\times10^6 \text{ [m/s]}$$

例題 2

真空中において，図のように電極板の間隔が 6 [mm]，電極板の面積が十分広い平行平板電極があり，電極 K，P 間には 2 000 [V] の直流電圧が加えられている。このとき，電極 K，P 間の電界の強さは約 (ア) [V/m] である。電極 K をヒータで加熱すると表面から (イ) が放出される。ある 1 個の電子に着目してその初速度を零とすれば，電子が電極 P に達したときの運動エネルギー W は (ウ) [J] となる。

ただし，電極 K，P 間の電界は一様とし，電子の電荷 $e = -1.6\times10^{-19}$ [C] とする。

上記の記述中の空白箇所（ア），（イ）及び（ウ）に当てはまる語句又は数値として，正しいものを組み合わせたのは次のうちどれか。

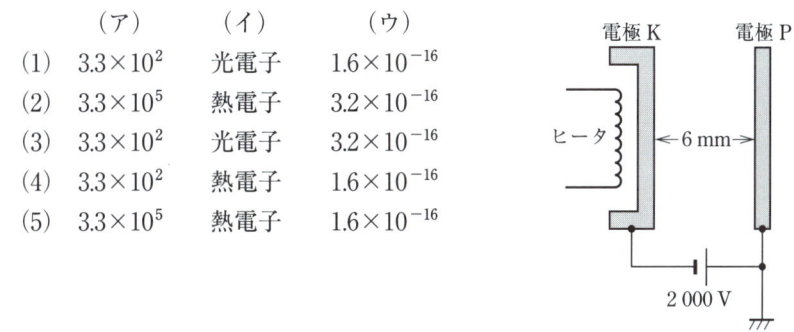

	（ア）	（イ）	（ウ）
(1)	3.3×10^2	光電子	1.6×10^{-16}
(2)	3.3×10^5	熱電子	3.2×10^{-16}
(3)	3.3×10^2	光電子	3.2×10^{-16}
(4)	3.3×10^2	熱電子	1.6×10^{-16}
(5)	3.3×10^5	熱電子	1.6×10^{-16}

［平成 18 年 A 問題］

答 (2)

考え方 図 5.4 において電子が E [V/m] の電界の強さの中で F [N] の力を受けて，速度 v [m/s]，加速度を α [m/s^2] となったときは，次の関係がある。

$$F = eE = e\frac{V}{d} = m\frac{dv}{dt} = m\alpha \text{ [N]}$$

物体を高温に熱したときに物体の表面から電子を放出するが，この電子を熱電子という。

解き方

電界の強さ

$$E = \frac{V}{d} = \frac{2\,000}{6 \times 10^{-3}} \fallingdotseq 3.3 \times 10^5 \,[\text{V/m}]$$

電極 K をヒータで加熱すると表面から熱電子が放出される。

電子が電極 P に達したときの運動エネルギー W は，次のとおり。

$$W = Fd = eV = 1.6 \times 10^{-19} \times 2\,000 = 3.2 \times 10^{-16} \,[\text{J}]$$

例題 3

真空中において磁束密度 B [T] の平等磁界中に，磁界の方向と直角に初速 v [m/s] で入射した電子は，電磁力 $F =$ ［(ア)］ [N] によって円運動をする。

その円運動の半径を r [m] とすれば，遠心力と電磁力とが釣り合うので，円運動の半径は，$r =$ ［(イ)］ [m] となる。また，円運動の角速度は $\omega = v/r$ [rad/s] であるから，円運動の周期は $T =$ ［(ウ)］ [s] となる。

ただし，電子の質量を m [kg]，電荷の大きさを e [C] とし，重力の影響は無視できるものとする。

上記の記述中の空白箇所 (ア)，(イ) 及び (ウ) に当てはまる式として，正しいものを組み合わせたのは次のうちどれか。

	(ア)	(イ)	(ウ)
(1)	$Bmev$	$\dfrac{mv}{Be}$	$\dfrac{2\pi m}{Be}$
(2)	Bev	$\dfrac{mv}{Be}$	$\dfrac{2\pi m}{Be}$
(3)	$Bmev$	$\dfrac{v}{Be}$	$\dfrac{2\pi m}{Be}$
(4)	Bev	$\dfrac{mv}{Be}$	$\dfrac{2\pi}{Be}$
(5)	$Bmev$	$\dfrac{v}{Be}$	$\dfrac{2\pi}{Be}$

［平成 19 年 A 問題］

答 (2)

考え方

図 5.5 に示すように，磁界中に電荷 e [C] の電子が速度 v [m/s] の速さで運動したときの電磁力は $F = Bev$ [N] で表される。この力 F は，電子の進む方向に対して直角な向きに生じるので，電子は等速円運動となる。

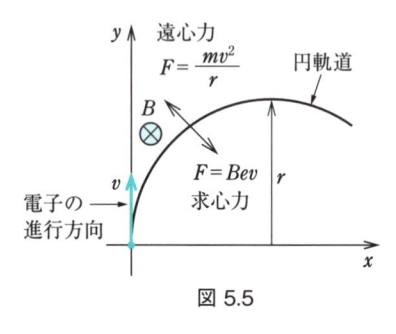

図 5.5

この磁界から受ける求心力 $F = Bev$ 〔N〕と，そのとき発生する電子の遠心力 $F = mv^2/r$ 〔N〕とがつり合う。

解き方

電磁力 $F = Bev$ 〔N〕
円運動の半径 r 〔m〕は，

$$Bev = \frac{mv^2}{r} \Rightarrow r = \frac{mv^2}{Bev} = \frac{mv}{Be} \text{〔m〕}$$

周速度 v 〔m/s〕に周期 T 〔s〕をかけると円周 $2\pi r$ 〔m〕になるので，円運動の周期 T 〔s〕は，次式のようになる。

$$T = \frac{2\pi r}{v} = \frac{2\pi}{v} \cdot \frac{mv}{Be} = \frac{2\pi m}{Be} \text{〔s〕}$$

例題 4

図1のように，真空中において強さが一定で一様な磁界中に，速さ v 〔m/s〕の電子が磁界の向きに対して θ 〔°〕の角度（0〔°〕＜ θ 〔°〕＜ 90〔°〕）で突入した。この場合，電子は進行方向にも磁界の向きにも　(ア)　方向の電磁力を常に受けて，その軌跡は，　(イ)　を描く。

次に，電界中に電子を置くと，電子は電界の向きと　(ウ)　方向の静電力を受ける。また，図2のように，強さが一定で一様な電界中に，速さ v 〔m/s〕の電子が電界の向きに対して θ 〔°〕の角度（0〔°〕＜ θ 〔°〕＜ 90〔°〕）で突入したとき，その軌跡は，　(エ)　を描く。

上記の記述中の空白箇所（ア），（イ），（ウ）及び（エ）に当てはまる語句として，正しいものを組み合わせたのは次のうちどれか。

	（ア）	（イ）	（ウ）	（エ）
(1)	反対	らせん	反対	放物線
(2)	直角	円	同じ	円
(3)	同じ	円	直角	放物線
(4)	反対	らせん	同じ	円
(5)	直角	らせん	反対	放物線

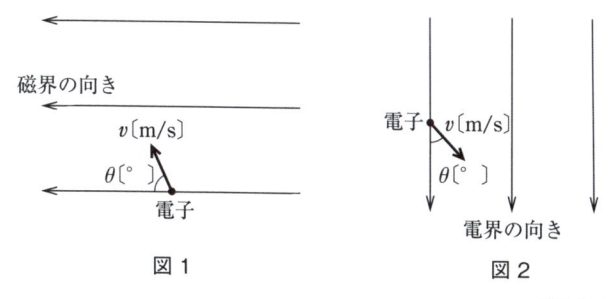

図1　　　図2

［平成21年A問題］

答 (5)

5.1 電界中と磁界中の電子の運動

考え方

① 斜め進入の磁界中の電子運動

図5.6(a)に示すように，平等磁界 B〔T〕に θ〔°〕の角度で進入する電子の速度を v〔m/s〕とすると，磁界と同方向の速度成分 v_x および磁界と直角方向の速度成分 v_y はそれぞれ，

$$v_x = v \cos \theta \text{〔m/s〕}$$
$$v_y = v \sin \theta \text{〔m/s〕}$$

となる。

磁界と同方向の場合は等速直線運動をし，磁界と直角方向の場合は円運動をする。したがって，電子はこの2つの運動が合成された図5.6(b)のようならせん運動をする。

このらせん運動の半径 r は，

$$r = \frac{mv_y}{eB} \text{〔m〕}$$

となる。

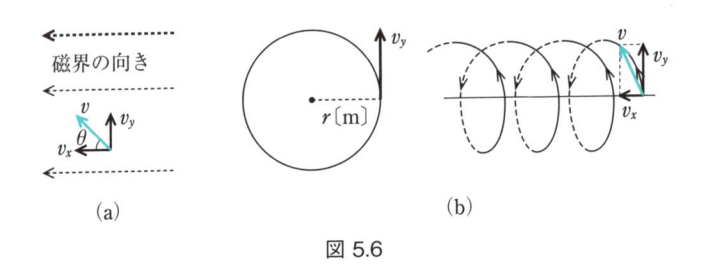

図 5.6

② 斜め進入の電界中の電子運動

図5.7に示すように，電子の運動を x, y 方向に分解することを考える。

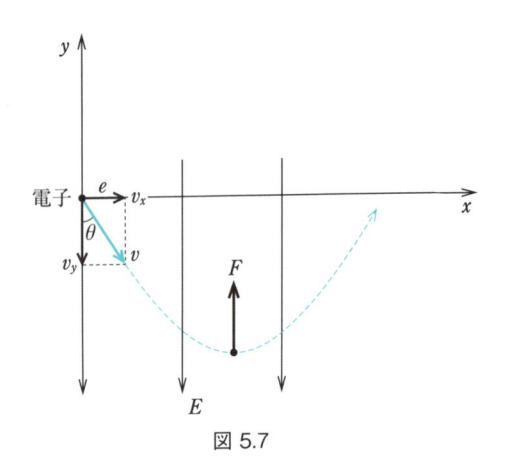

図 5.7

解き方

磁界の電子の運動は，図5.6(a)に示すように，磁界と直角方向の速度成分には，$v_y = v\sin\theta$ に対しては，$F = Bev_y$〔N〕が B と v_y の両方の直角方向に作用する。磁界と同一方向の速度成分 $v_x = v\cos\theta$ に対しては力が作用しないので，定速度 v_x で移動する。電子は図5.6(b)に示すように「らせん」を描く。

電界中の電子には，図5.7に示す電界と直角方向の速度成分 $v_x = v\sin\theta$ には力が作用しないので，定速度 v_x で移動する。電子は電界と同方向の速度成分 $v_y = v\cos\theta$ には電界と反対方向の力 $F = eE$〔N〕の力を受ける。このため，軌跡は「放物線」を描く。

例題5

直径1.6〔mm〕の銅線中に10〔A〕の直流電流が一様に流れている。この銅線の長さ1〔m〕当たりの自由電子の個数を 1.69×10^{23} 個，自由電子1個の電気量を -1.60×10^{-19}〔C〕として，次の (a) 及び (b) に答えよ。

なお，導体中の直流電流は自由電子の移動によってもたらされているとみなし，その移動の方向は電流の方向と逆である。

また，ある導体の断面を1秒間に1〔C〕の割合で電荷が通過するときの電流の大きさが1〔A〕と定義される。

(a) 10〔A〕の直流電流が流れているこの銅線の中を移動する自由電子の平均移動速度 v〔m/s〕の値として，最も近いのは次のうちどれか。

　　(1)　1.37×10^{-7}　　(2)　3.70×10^{-4}　　(3)　1.92×10^{-2}
　　(4)　1.84×10^{2}　　(5)　3.00×10^{8}

(b) この銅線と同じ材質の銅線の直径が3.2〔mm〕，流れる直流電流が30〔A〕であるとき，自由電子の平均移動速度〔m/s〕は (a) の速度の何倍になるか。その倍数として，最も近いのは次のうちどれか。

　　なお，銅線の単位体積当たりの自由電子の個数は同一である。

　　(1)　0.24　　(2)　0.48　　(3)　0.75　　(4)　6.0　　(5)　12

〔平成19年B問題〕

答　(a)-(2)，(b)-(3)

5.1 電界中と磁界中の電子の運動

考え方 図5.8に示すように、断面積 S〔m²〕の銅線の1mあたりの自由電子の個数を n 個、自由電子の平均移動速度を v〔m/s〕、自由電子の1個の電気量を e〔C〕とすると、銅線に流れる直流電流 I〔A〕は、次のとおり。

$$I\,〔\text{A}〕 = n\,〔\text{個/m}〕 \times e\,〔\text{C/個}〕 \times v\,〔\text{m/s}〕 \qquad (1)$$

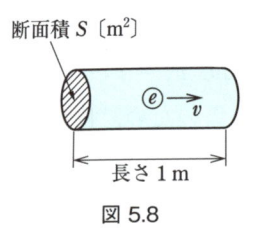

図 5.8

解き方 (a) 銅線の直径 1.6 mm で 10 A 流れる自由電子の平均移動速度 v〔m/s〕は、式(1)から求める。

$$v = \frac{I}{n \times e} = \frac{10}{1.69 \times 10^{23} \times 1.60 \times 10^{-19}}$$

$$\fallingdotseq 3.70 \times 10^{-4}\,〔\text{m/s}〕$$

(b) 銅線の直径 1.6 mm の断面積を S_1 とし、直径 3.2 mm の断面積を S_2 とすると、

$$S_1 = \frac{\pi \times 1.6^2}{4} \fallingdotseq 2\,〔\text{mm}^2〕$$

$$S_2 = \frac{\pi \times 3.2^2}{4} \fallingdotseq 8\,〔\text{mm}^2〕$$

と直径 3.2 mm の断面積 S_2 は S_1 の4倍になり、直流電流が 30 A となったときの自由電子の平均速度 v_2〔m/s〕は、

$$v_2 = \frac{I_2}{n_2 \times e} = \frac{30}{4 \times 1.69 \times 10^{23} \times 1.60 \times 10^{-19}}$$

$$\fallingdotseq 2.77 \times 10^{-4}\,〔\text{m/s}〕$$

$$\frac{v_2}{v} = \frac{2.77 \times 10^{-4}}{3.70 \times 10^{-4}} \fallingdotseq 0.75\,〔倍〕$$

5.2 半導体素子

例題 1

極めて高い純度に精製されたけい素（Si）の真性半導体に，微量のほう素（B）又はインジウム（In）などの　(ア)　価の元素を不純物として加えたものを　(イ)　形半導体といい，このとき加えた不純物を　(ウ)　という。

上記の記述中の空白箇所（ア），（イ）及び（ウ）に当てはまる語句又は数値として，正しいものを組み合わせたのは次のうちどれか。

	（ア）	（イ）	（ウ）
(1)	5	n	ドナー
(2)	3	p	アクセプタ
(3)	3	n	ドナー
(4)	5	n	アクセプタ
(5)	3	p	ドナー

［平成 18 年 A 問題］

答 (2)

考え方　図 5.9 に示すように，けい素（Si）の真性半導体に，3 価の元素を不純物として加えたものを p 形半導体という。

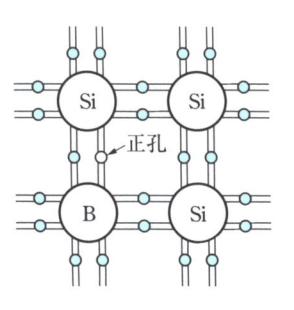

図 5.9　p 形半導体

解き方　p 形半導体とは，けい素（Si）などの 4 価の半導体に，微量の 3 価の元素であるほう素（B）やインジウム（In），ガリウム（Ga）を不純物（アクセプタ）として加えた半導体である。図 5.9 で価電子が足りないので正孔ができ，キャリアとして電流が流れる。

例題 2

半導体に関する記述として，誤っているのは次のうちどれか。
(1) シリコン（Si）やゲルマニウム（Ge）の真性半導体においては，キャリヤの電子と正孔の数は同じである。
(2) 真性半導体に微量のⅢ族又はⅤ族の元素を不純物として加えた半導体を不純物半導体といい，電気伝導度が真性半導体に比べて大きくなる。
(3) シリコン（Si）やゲルマニウム（Ge）の真性半導体にⅤ族の元素を不純物として微量だけ加えたものをp形半導体という。
(4) n形半導体の少数キャリヤは正孔である。
(5) 半導体の電気伝導度は温度が下がると小さくなる。

［平成21年A問題］

答 (3)

考え方 真性半導体はキャリアの数が少ないので，絶縁体にちかい性質をもっている。自由電子は電気の運び屋として，キャリアという。また，正孔もキャリアである。

n形半導体は，図5.10に示すように，けい素などの4価の半導体に，微量の5価の元素であるひ素（As）やりん（P），アンチモン（Sb）を不純物として加え，図5.10に示すように価電子が余り，これが自由電子としてキャリアになり，電気を流す。

半導体の電気伝導度は温度が下がると小さくなり，導体と反対の性質を示す。

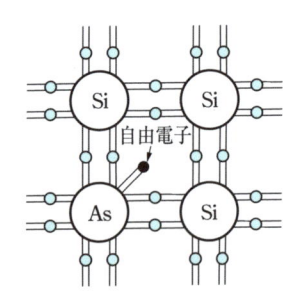

図 5.10 n形半導体

解き方 p形半導体は，Ⅲ族のほう素（B），インジウム（In），ガリウム（Ga）などを微量だけ加えたものである。また，Ⅴ族のひ素（As），りん（P），アンチモン（Sb）などを微量だけ加えたものはn形半導体になる。

例題 3

次の文章は，p形半導体とn形半導体の接合面におけるキャリヤの働きについて述べたものである。

a. 図1のように，p形半導体とn形半導体が接合する接合面付近では，拡散により，p形半導体内のキャリヤ（△印）はn形半導体の領域内に移動する。また，n形半導体内のキャリヤ（□印）はp形半導体の領域内に移動する。

b. 接合面付近では，図2のように拡散したそれぞれのキャリヤが互いに結合して消滅し，　(ア)　と呼ばれるキャリヤのない領域が生じる。

c. その結果，　(ア)　内において，p形半導体内の接合面付近に　(イ)　が，n形半導体内の接合面付近に　(ウ)　が現れる。

d. それにより，接合面付近にはキャリヤの移動を妨げる　(エ)　が生じる。その方向は，図2中の矢印　(オ)　の方向である。

上記の記述中の空白箇所（ア），（イ），（ウ），（エ）及び（オ）に当てはまる語句として，正しいものを組み合わせたのは次のうちどれか。

	（ア）	（イ）	（ウ）	（エ）	（オ）
(1)	空乏層	負の電荷	正の電荷	電界	A
(2)	反転層	正の電荷	負の電荷	磁界	A
(3)	空乏層	負の電荷	正の電荷	磁界	C
(4)	反転層	正の電荷	負の電荷	電界	B
(5)	空乏層	負の電荷	正の電荷	電界	B

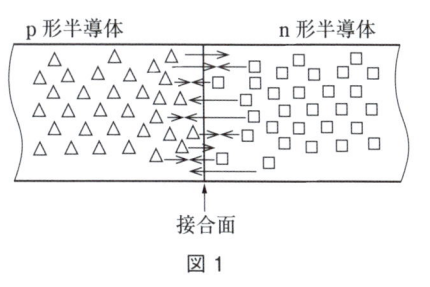

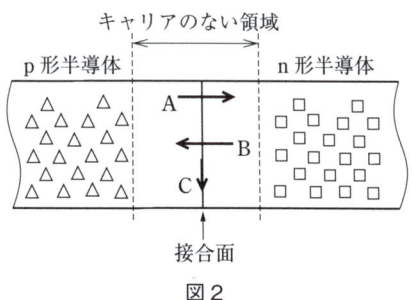

図1

図2

[平成14年A問題]

答 (5)

考え方 　図 5.11 のように，p 形と n 形が接触すると，拡散によってキャリアは密度の大きいほうから小さいほうへ移動する。これにより n 形の電子は p 形へ，p 形のホールは n 形へ拡散して中和する。

　ホールを失った p 形には陰イオン，電子を失った n 形には陽イオンが残され，接合面付近では p 形は負に，n 形は正に帯電することになる。この領域では，キャリアが失われて絶縁体のように高い抵抗体となり，空乏層と呼ばれている。

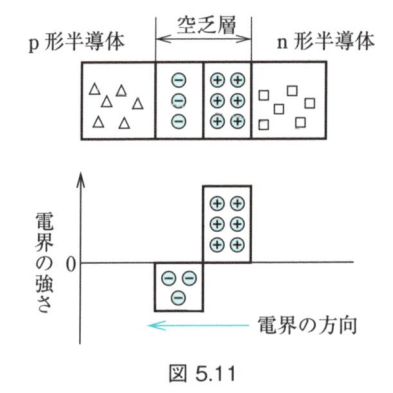

図 5.11

解き方 　p 形には電子が流入するので負の電荷が現れ，n 形には正の電荷が現れる。これにより正電荷から負電荷の方向に電界が生じる。例題図 2 の B の方向に生じる。この電界により，正孔が n 形に流入するのを妨げ，電子が p 形に流入するのを妨げる。

例題 4 　電界効果トランジスタ（FET）に関する記述として，誤っているのは次のうちどれか。
(1)　接合形と MOS 形に分類することができる。
(2)　ドレーンとソースとの間の電流の通路には，n 形と p 形がある。
(3)　MOS 形はデプレション形とエンハンスメント形に分類できる。
(4)　エンハンスメント形はゲート電圧に関係なくチャネルができる。
(5)　ゲート電圧で自由電子又は正孔の移動を制御できる。

[平成 16 年 A 問題]

答 　(4)

考え方 　FET には，図 5.12(a) の接合形 FET と図 5.12(b) に示すように酸化絶縁膜を利用した MOS 形 FET がある。

　図 5.12(a) のように，n 形半導体の一部に p 形領域をつくり，ゲート，ソース，ドレーンの 3 つの電極を設けた素子が電界効果トランジスタである。

　ソース・ドレーン間に電圧を印加すると，多数キャリアの電子がソースからドレーンに移動する。pn 接合面には，空乏層ができているが，ゲート・ソース間に逆方向電圧を印加していない状態では空乏層は小さい。一方，ゲート・ソース間に印加する逆方向電圧を大きくすると空乏

層がn形半導体に拡大するのでドレーン・ソース間の電流の通路が狭められ，電流が減少する。つまり，ゲート電圧 V_{GS}〔V〕によってドレーン電流 I_D〔A〕を制御できる。

ドレーンとソース間の電流の通る道をチャネルという。

(a) 接合形FET　　(b) MOS形FET

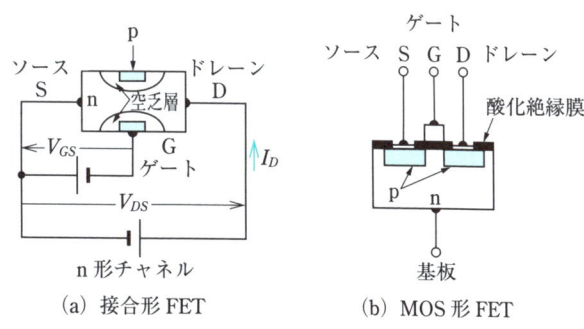

図 5.12

解き方

MOS形（Metal Oxide Semiconductor）FETには，デプレション形とエンハンスメント形がある。エンハンスメント形は，ゲート電圧が加わっていない場合はチャネルが形成されず，ゲート電圧が加わることによりチャネルが形成される。これに対してデプレション形は，ゲート電圧が加わっていなくてもチャネルが形成される。

例題 5

バイポーラトランジスタと電界効果トランジスタ（FET）に関する記述として，誤っているのは次のうちどれか。

(1) バイポーラトランジスタは，消費電力がFETより大きい。
(2) バイポーラトランジスタは電圧制御素子，FETは電流制御素子といわれる。
(3) バイポーラトランジスタの入力インピーダンスは，FETのそれよりも低い。
(4) バイポーラトランジスタのコレクタ電流は自由電子及び正孔の両方が関与し，FETのドレーン電流は自由電子又は正孔のどちらかが関与する。
(5) バイポーラトランジスタは，静電気に対してFETより破壊されにくい。

［平成15年A問題］

答 (2)

5.2 半導体素子

考え方　バイポーラトランジスタ（Bipolar Transistor）は，半導体のpn接合によって構成されている。

バイポーラトランジスタは，電子と正孔の2種類をキャリアとしてもつため，バイ（2）の名がついている。電界効果トランジスタ（FET）は，電子か正孔のいずれか1種類だけを扱うので，ユニ（1）を意味するユニポーラトランジスタともいう。

バイポーラトランジスタは，pn接合の構造によって，図5.13に示すように，npn形とpnp形があり，電流の流れる方向が逆である。

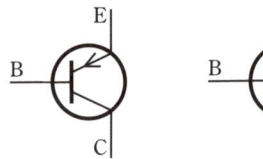

(a) pnpトランジスタ　(b) npnトランジスタ

図5.13

解き方　バイポーラトランジスは3つの端子が付いて，それぞれの端子はベース，コレクタ，エミッタという。ベース電流を流し，電圧を加えると，コレクタにはベース電流の10〜100倍程度のコレクタ電流が流れる。この性質を利用して，電流制御素子として使用される。

バイポーラトランジスタは，電流の効率的な増幅が可能で，静電気に対してFETよりも破壊されにくい。

FETはゲート電圧でトレーン電流を制御するので，電圧制御素子で選択肢（2）に逆になっているため誤りである。

例題6

次の文章は，それぞれのダイオードについて述べたものである。

a. 可変容量ダイオードは，通信機器の同調回路などに用いられる。このダイオードは，pn接合に　(ア)　電圧を加えて使用するものである。

b. pn接合に　(イ)　電圧を加え，その値を大きくしていくと，降伏現象が起きる。この降伏電圧付近では，流れる電流が変化しても接合両端の電圧はほぼ一定に保たれる。定電圧ダイオードは，この性質を利用して所定の定電圧を得るようにつくられたダイオードである。

c. レーザダイオードは光通信や光情報機器の光源として利用され，pn接合に　(ウ)　電圧を加えて使用するものである。

上記の記述中の空白箇所（ア），（イ）及び（ウ）に当てはまる語句として，正しいものを組み合わせたのは次のうちどれか。

	(ア)	(イ)	(ウ)
(1)	逆方向	順方向	逆方向
(2)	順方向	逆方向	順方向
(3)	逆方向	逆方向	逆方向
(4)	順方向	順方向	逆方向
(5)	逆方向	逆方向	順方向

[平成 19 年 A 問題]

答 (5)

考え方

a. 可変容量ダイオード（Variable Capacitance Diode）は，アノード・カソード間に印加する逆バイアス電圧により，アノード・カソード間の容量値を可変できるダイオードである．主にオートチューナや発信器などの高周波整合回路に使用される．

b. 定電圧ダイオードは，図 5.14 に示すように逆方向の電圧を印加していくと，ある電圧を境にして低インピーダンスとなり，電流が流れ始める特性をもっている．

c. レーザダイオードは，半導体の pn 接合から成り，電流を注入すると正の電荷をもつ正孔と負の電荷をもつ電子が結合して光を出す．

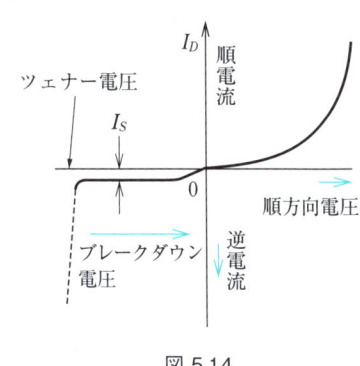

図 5.14

解き方

a. pn 接合に逆方向電圧を加えると空間電荷層（空乏層）ができ，これが静電容量となる．逆方向電圧の値により空間電荷層の幅が変化することで静電容量が可変となる．

b. 図 5.14 のように，pn 接合の逆方向の次の降状現象を利用する．
① 量子力学的トンネル効果によって生じるツェナー降伏
② 高電界で起こる電子と正孔のなだれ的増殖によるアバランシェ降伏

c. レーザダイオードは，順方向電圧を加えることで順方向電流を流し，この電流エネルギーを光エネルギーに変換している．

例題 7

半導体素子に関する記述として，誤っているのは次のうちどれか．
(1) サイリスタは，p 形半導体と n 形半導体の 4 層構造を基本とした素子である．
(2) 可変容量ダイオードは，加えている逆方向電圧を変化させると静電容量が変化する．
(3) 演算増幅器の出力インピーダンスは，極めて小さい．
(4) p チャネル MOSFET の電流は，ドレーンからソースに流れる．
(5) ホトダイオードは，光が照射されると，p 側に正電圧，n 側に負電圧が生じる素子である．

[平成17年A問題]

答 (4)

考え方

① サイリスタは，図5.15のようなnpnp層接合の素子で，アノード，カソードおよびゲートの3つの電極をもち，小さなゲート電流で大きな出力電力を制御できる。

② 電圧増幅器に用いられる代表的なものに，演算増幅器（オペアンプ）があり，次の特徴がある。

 a. 増幅度が大きい。
 b. 入力インピーダンスが大きい。
 c. 出力インピーダンスが小さい。
 d. 周波数特性がよい。

③ ホトダイオードは，光信号を電気信号に変換するための半導体ダイオードである。ダイオードのpn接合を逆方向にバイアスしておき，接合部に光を当てると発生した電子と正孔が接合部の電界に従って移動し，光電流が流れる。

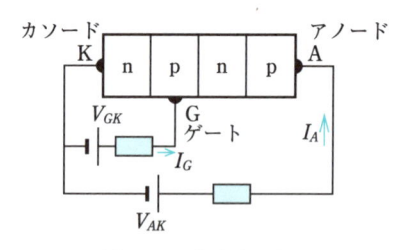

図5.15 サイリスタ

解き方

MOSFETでは，ドレーン（D）とソース（S）間が電流の通り道（チャネル）である。チャネルがp形半導体のものをpチャネル素子，n形半導体のものをnチャネル素子という。

図5.16(a)に示すpチャネルMOSFETでは，正孔がソースからドレ

(a) pチャネルMOSFET   (b) nチャネルMOSFET

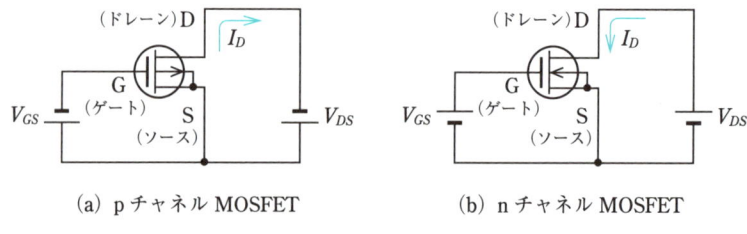

図5.16

ーンに流れるので，電流はソースからドレーンに流れる。

図 5.16(b) に示す n チャネル MOSFET では，電流がドレーンからソースに流れる。

例題 8

pn 接合の半導体を使用した太陽電池は，太陽の光エネルギーを電気エネルギーに直接変換するものである。半導体の pn 接合部分に光が当たると，光のエネルギーによって新たに （ア） と （イ） が生成され，（ア） は p 形領域に，（イ） は n 形領域に移動する。その結果，p 形領域と n 形領域の間に （ウ） が発生する。この （ウ） は光を当てている間持続し，外部電気回路を接続すれば，光エネルギーを電気エネルギーとして取り出すことができる。

上記の記述中の空白箇所（ア），（イ）及び（ウ）に当てはまる語句として，正しいものを組み合わせたのは次のうちどれか。

	（ア）	（イ）	（ウ）
(1)	電子	正孔	起磁力
(2)	正孔	電子	起電力
(3)	電子	正孔	空間電荷層
(4)	正孔	電子	起磁力
(5)	電子	正孔	起電力

[平成 20 年 A 問題]

答 (2)

考え方 半導体の光起電力効果を利用して，太陽の光エネルギーを直接電気エネルギー変換する素子を太陽電池という。pn 接合形が一般的である。半導体に光を照射すると pn 接合部付近に電子-正孔対が成生し，遷移領域の内部電界によって電子は n 領域へ，正孔は p 領域へ移動して分離し，光起電力が現れる。このため n 形と p 形半導体を結ぶ外部回路に p から n へ向かう電流が流れ，電力を取り出すことができる。

解き方 図 5.17 に示すように，ホトダイオードは，光を電流に変換する素子である。pn 接合部面に光を照射すると，電子と正孔の対ができて外部に電流を流す。

応用としては，単純に紫外線から赤外線までの光の強さを信号に変えるセンサーとしての役割がある。光通信の受光部や無人のときには照明が切れる人体の検知センサー，物がさえぎったことを検知するセンサーなどもある。

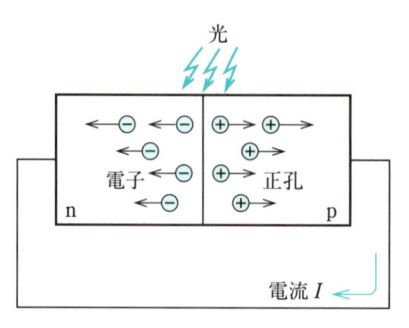

図 5.17

例題 9

次の文章は，図1及び図2に示す原理図を用いてホール素子の動作原理について述べたものである。

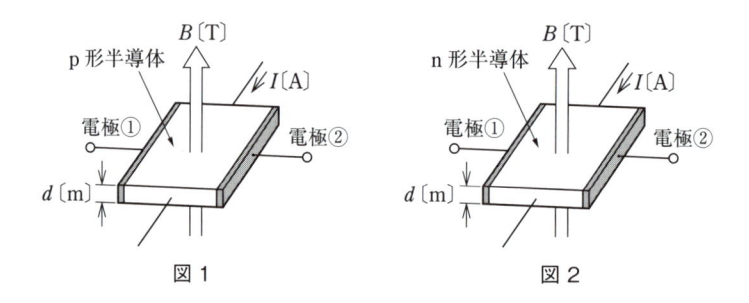

図1に示すように，p形半導体に直流電流 I〔A〕を流し，半導体の表面に対して垂直に下から上向きに磁束密度 B〔T〕の平等磁界を半導体にかけると，半導体内の正孔は進路を曲げられ，電極①には （ア） 電荷，電極②には （イ） 電荷が分布し，半導体の内部に電界が生じる。また，図2のn形半導体の場合は，電界の方向はp形半導体の方向と （ウ） である。この電界により，電極①－②間にホール電圧 $V_H = R_H \times$ （エ） 〔V〕が発生する。

ただし，d〔m〕は半導体の厚さを示し，R_H は比例定数〔m³/C〕である。

上記の記述中の空白箇所（ア），（イ），（ウ）及び（エ）に当てはまる語句又は式として，正しいものを組み合わせたのは次のうちどれか。

	（ア）	（イ）	（ウ）	（エ）
(1)	負	正	同じ	$\dfrac{B}{Id}$
(2)	負	正	同じ	$\dfrac{Id}{B}$
(3)	正	負	同じ	$\dfrac{d}{BI}$
(4)	負	正	反対	$\dfrac{BI}{d}$

(5) 正　　負　　反対　$\dfrac{BI}{d}$

[平成 22 年 A 問題]

答 (5)

考え方　ホール効果とは，物質中に流れる電流に垂直方向に磁界を加えると電流と磁界に垂直な方向に電界が生じる現象である。

図 5.18(a) に示すように p 形半導体の場合，フレミング左手の法則により，正孔 ⊕ が矢印の方向にローレンツ力の影響を受けて，電極①には正電荷，電極②には負電荷が分布される。

図 5.18(b) には n 形半導体で，電子 ⊖ が矢印の方向にローレンツ力の影響を受けて，電極①には負電荷，電極②には正電荷が分布される。

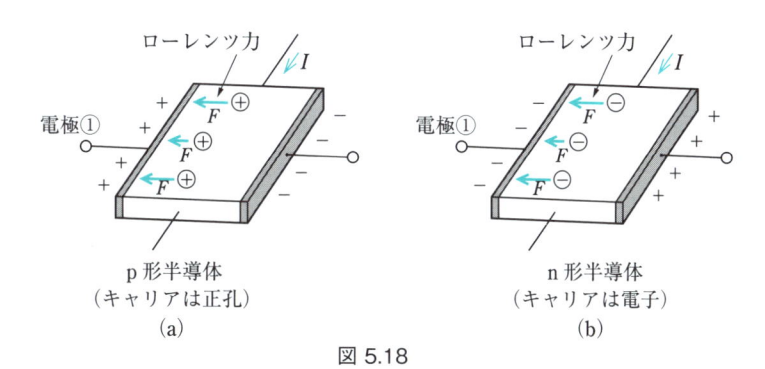

図 5.18

解き方　直流電流を I〔A〕磁束密度を B〔T〕，半導体の厚さを d〔m〕とするとホール電圧 V_H は，

$$V_H = \dfrac{R_H BI}{d} \ \text{〔V〕}$$

となる。この R_H はホール定数と呼ばれ，物質の種類，温度などで決まる。

5.3 トランジスタ回路とFET増幅回路

例題1

トランジスタの接地方式の異なる基本増幅回路を図1，図2及び図3に示す。以下のa〜dに示す回路に関する記述として，正しいものを組み合わせたのは次のうちどれか。

a. 図1の回路では，入出力信号の位相差は180〔°〕である。
b. 図2の回路は，エミッタ接地増幅回路である。
c. 図2の回路は，エミッタホロワとも呼ばれる。
d. 図3の回路で，エミッタ電流及びコレクタ電流の変化分の比 $\left|\dfrac{\Delta I_C}{\Delta I_E}\right|$ の値は，約100である。

ただし，I_B，I_C，I_E は直流電流，v_i，v_0 は入出力信号，R_L は負荷抵抗，V_{BB}，V_{CC} は直流電源を示す。

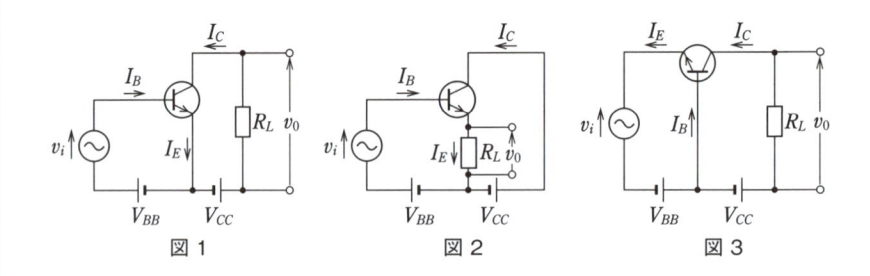

図1　　　　　図2　　　　　図3

(1) a と b　(2) a と c　(3) a と d　(4) b と d　(5) c と d

[平成20年A問題]

答 (2)

考え方

① エミッタ接地回路（例題図1）

この回路は，電圧増幅に使われることが多い。トランジスタのベース端子が入力となり，コレクタが出力となる。エミッタ接地増幅回路は一般に利得が大きいが，温度とバイアスに大きく左右されるため，実際の利得は予測ができないことがある。

② エミッタホロワ回路（例題図2）

入力はトランジスタのベースで，出力はトランジスタのエミッタ側から取り出す。エミッタ端子からは，抵抗や定電流回路などバイアス回路

が付加される。別名，コレクタ接地回路という。この回路はゲインが約1倍以下で増幅作用がない回路である。

③ ベース接地回路

入力はトランジスタのエミッタ側である。ベース端子を一定にし，エミッタ端子の電位を変化させ，エミッタ電流やコレクタ電流を変化させることにより，増幅などの動作を行う。

解き方

a. エミッタ接地回路は，入出力の位相が逆位相になる。
b. 例題図 2 は，コレクタ接地回路である。
c. 例題図 2 は，エミッタホロワ回路ともいう。
d. ベース接地回路の $\alpha = |\Delta I_C/\Delta I_E| \fallingdotseq 1$ である。

例題 2

図は，エミッタを接地したトランジスタ電圧増幅器の簡易小信号等価回路である。この回路において，電圧増幅度が120となるとき，負荷抵抗 R_L 〔kΩ〕の値として，最も近いのは次のうちどれか。

ただし，v_i を入力電圧，v_o を出力電圧とし，トランジスタの電流増幅率 $h_{fe} = 140$，入力インピーダンス $h_{ie} = 2.30$ 〔kΩ〕とする。

(1) 0.37 (2) 1.97 (3) 2.68 (4) 5.07 (5) 7.30

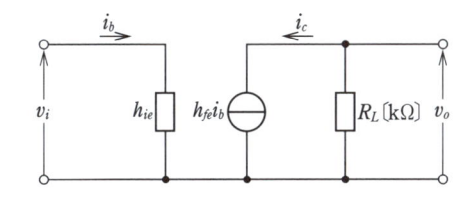

［平成 17 年 A 問題］

答 (2)

考え方

図 5.19 にエミッタ接地増幅回路と，その簡易等価回路を示す。トランジスタの h パラメータを使って電圧，電流の関係を示す。

$$v_b = h_{ie}i_b + h_{re}v_o$$
$$i_c = h_{fe}i_b + h_{oe}v_o$$

この式において，$h_{re}v_o$ および $h_{oe}v_o$ が極めて小さい値であるので，省略すると簡易等価回路となる。

(a) エミッタ接地増幅回路 (b) 簡易等価回路

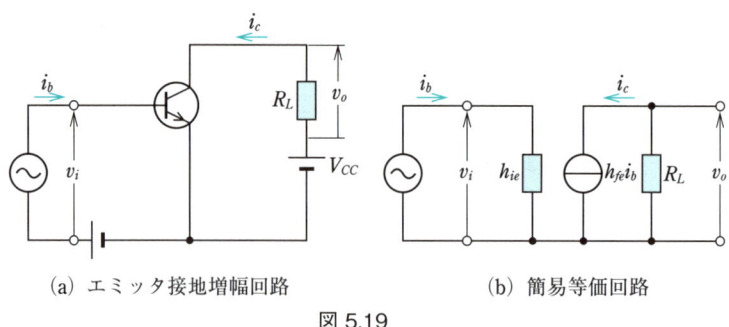

図 5.19

解き方 簡易等価回路から次式が求まる。

$$v_o = R_L i_c$$
$$i_c = h_{fe} i_b$$
$$v_i = h_{ie} i_b$$

上式から，v_o/v_i を求める。

$$v_o = R_L i_c = R_L h_{fe} i_b = R_L h_{fe} \cdot \frac{v_i}{h_{ie}}$$

$$\therefore \frac{v_o}{v_i} = \frac{h_{fe} R_L}{h_{ie}} = \frac{140 \times R_L}{2.3 \times 10^3} = 120$$

求める R_L 〔kΩ〕の値は上式から，

$$R_L \fallingdotseq 1.97 \times 10^3 \ 〔Ω〕 = 1.97 \ 〔kΩ〕$$

例題 3 図のようなトランジスタ増幅器がある。次の (a) 及び (b) に答えよ。

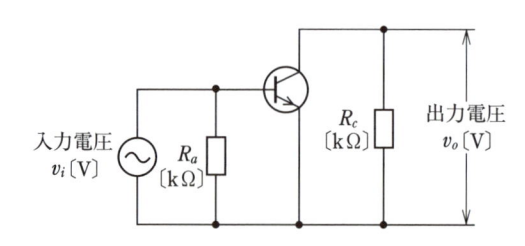

(a) 次の文章は，トランジスタ増幅器について述べたものである。

図の回路は，　(ア)　形のトランジスタの　(イ)　を接地した増幅回路を，交流信号に注目して示している。入力電圧と出力電圧の瞬時値をそれぞれ v_i 〔V〕及び v_o 〔V〕とすると，この回路では v_i に対して v_o は，位相が　(ウ)　ずれる。このときの入力電圧と出力電圧の実効値をそれぞれ V_i 〔V〕及び V_o 〔V〕とすると，電圧利得は　(エ)　〔dB〕の式で表される。

上記の記述中の空白箇所 (ア), (イ), (ウ) 及び (エ) に当てはまる語句，式又は数値として，正しいものを組み合わせたのは次のうちどれか。

	（ア）	（イ）	（ウ）	（エ）
(1)	npn	エミッタ	180°	$20\log_{10}(V_o/V_i)$
(2)	pnp	コレクタ	180°	$20\log_{10}(V_i/V_o)$
(3)	npn	エミッタ	90°	$20\log_{10}(V_o/V_i)$
(4)	pnp	コレクタ	90°	$20\log_{10}(V_i/V_o)$
(5)	npn	エミッタ	90°	$10\log_{10}(V_o/V_i)$

(b) 図示された増幅回路の抵抗が $R_a = 25$ 〔kΩ〕，$R_c = 20$ 〔kΩ〕で，入力電圧を加えたとき，この回路の電圧利得〔dB〕の値として，最も近いのは次のうちどれか。

ただし，トランジスタの電流増幅率 $h_{fe} = 120$，ベース-エミッタ間抵抗 $h_{ie} = 2$ 〔kΩ〕，$\log_{10}2 = 0.301$，$\log_{10}3 = 0.477$ とする。

(1) 2 800　　(2) 1 120　　(3) 832　　(4) 102　　(5) 62

［平成 16 年 B 問題］

答　(a)-(1)，(b)-(5)

考え方　図 5.20(a) と図 5.20(b) にトランジスタの記号を示す。

図 5.20(c) に npn 形トランジスタでエミッタ接地回路の簡易等価回路を示す。

入力信号の大きさに対する出力の大きさの比を増幅度という。いま，入力信号を v_i, i_i, p_i とし，出力信号を v_o, i_o, p_o とすると，電圧増幅度 A_v，電流増幅度 A_i，電力増幅度 A_p は，次のとおり。

$$A_v = \frac{v_o}{v_i}, \quad A_i = \frac{i_o}{i_i}, \quad A_p = \frac{p_o}{p_i} = \frac{v_o i_o}{v_i i_i}$$

増幅度を常用対数で表したものを利得（ゲイン）という。単位には〔dB〕（デシベル）を用いる。

電圧利得　$G_v = 20\log_{10} A_v$ 〔dB〕

電流利得　$G_i = 20\log_{10} A_i$ 〔dB〕

電力利得　$G_p = 10\log_{10} A_p$ 〔dB〕

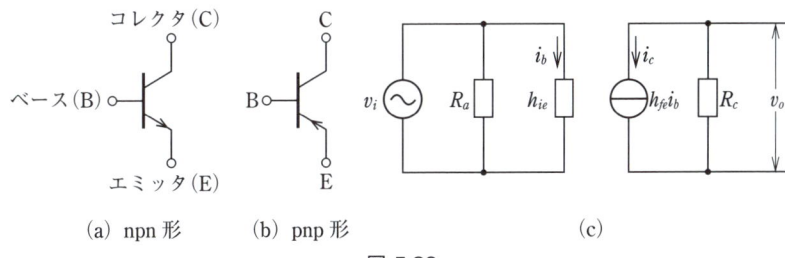

(a) npn 形　　(b) pnp 形　　(c)

図 5.20

解き方

(a) 例題図は，npn形トランジスタを用いたエミッタ接地回路である。この回路は入力と出力の電圧位相は逆位相となる。電圧利得は，$G_v = 20 \log_{10} v_o/v_i$ と表される。

(b) 図5.20(c)において，出力電圧 v_o は次のとおり。

$$v_o = R_c i_c = R_c h_{fe} i_b = R_c h_{fe} \frac{v_i}{h_{ie}}$$

求める電圧利得 G_v は，

$$G_v = 20 \log_{10} \frac{v_o}{v_i} = 20 \log_{10} \frac{R_c h_{fe}}{h_{ie}} = 20 \log_{10} \frac{20 \times 120}{2}$$
$$= 20 \log_{10} 1\,200 = 20 \log_{10}(2^2 \times 3 \times 10^2)$$
$$= 20 \times (2 \times \log_{10} 2 + \log_{10} 3 + 2 \log_{10} 10)$$
$$= 20 \times (2 \times 0.301 + 0.477 + 2 \times 1) = 61.58 \fallingdotseq 62 \text{〔dB〕}$$

例題 4

図1の回路は，エミッタ接地のトランジスタ増幅器の交流小信号に注目した回路である。次の (a) 及び (b) に答えよ。

ただし，R_L〔Ω〕は抵抗，i_b〔A〕は入力信号電流，$i_c = 6 \times 10^{-3}$〔A〕は出力信号電流，v_b〔V〕は入力信号電圧，$v_c = 6$〔V〕は出力信号電圧である。

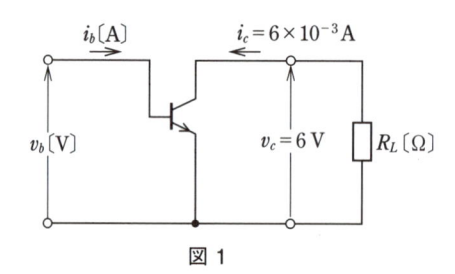

図1

(a) 図1の回路において，入出力信号の関係を表1に示す h パラメータを用いて表すと次の式(1)，(2)になる。

$$v_b = h_{ie} i_b + h_{re} v_c \qquad (1)$$
$$i_c = h_{fe} i_b + h_{oe} v_c \qquad (2)$$

表1　h パラメータの数値例

名　称	記　号	値の例
（ア）	h_{ie}	3.5×10^3〔Ω〕
電圧帰還率	（ウ）	1.3×10^{-4}
電流増幅率	（エ）	140
（イ）	h_{oe}	9×10^{-6}〔S〕

上記表中の空白箇所（ア），（イ），（ウ）及び（エ）に当てはまる語句として，正しいものを組み合わせたのは次のうちどれか。

	（ア）	（イ）	（ウ）	（エ）
(1)	入力インピーダンス	出力アドミタンス	h_{fe}	h_{re}
(2)	入力コンダクタンス	出力インピーダンス	h_{fe}	h_{re}
(3)	出力コンダクタンス	入力インピーダンス	h_{re}	h_{fe}
(4)	出力インピーダンス	入力コンダクタンス	h_{re}	h_{fe}
(5)	入力インピーダンス	出力アドミタンス	h_{re}	h_{fe}

(b) 図1の回路の計算は，図2の簡易小信号等価回路を用いて行うことが多い。この場合，上記 (a) の式(1)，(2)から求めた v_b〔V〕及び i_b〔A〕の値をそれぞれ真の値としたとき，図2の回路から求めた v_b〔V〕及び i_b〔A〕の誤差 Δv_b〔mV〕，Δi_b〔μA〕の大きさとして，最も近いものを組み合わせたのは次のうちどれか。

ただし，h パラメータの値は表1に示された値とする。

	Δv_b	Δi_b
(1)	0.78	54
(2)	0.78	6.5
(3)	0.57	6.5
(4)	0.57	0.39
(5)	0.35	0.39

図2

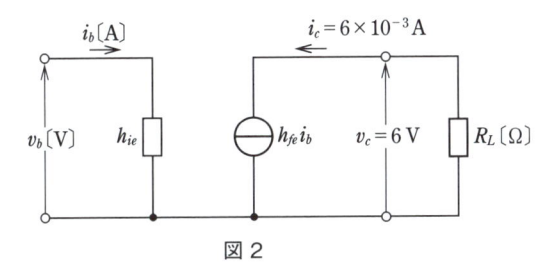

［平成 21 年 B 問題］

答　(a)-(5)，(b)-(4)

考え方　例題図1の等価回路は図5.21である。図5.21において，h_{re} は非常に小さく，また $1/h_{oe}$ は負荷抵抗 R_L に比べて非常に大きいので，これらを無視すると例題図2となる。

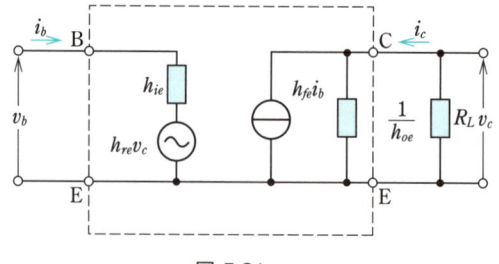

図 5.21

解き方 (a) h パラメータの名称と記号

例題式(1), 式(2)の中の h_{ie}, h_{re}, h_{fe}, h_{oe} をトランジスタの h パラメータという。添字の e はエミッタ接地を示す。

① 入力インピーダンス h_{ie} は，出力端子を短絡 ($v_c = 0$) したときの v_b と i_b の比を表す。

$$h_{ie} = \left(\frac{v_b}{i_b}\right)_{v_c = 0} \quad (数百〜数千〔Ω〕)$$

② 電圧帰還率 h_{re} は，入力端子を開放 ($i_b = 0$) したときの v_b と v_c の比を表す。

$$h_{re} = \left(\frac{v_b}{v_c}\right)_{i_b = 0} \quad (1 \times 10^{-4} 〜 10^{-3})$$

③ 電流増幅率 h_{fe} は，出力端子を短絡 ($v_c = 0$) したときの i_b と i_c の比を表す。

$$h_{fe} = \left(\frac{i_c}{i_b}\right)_{v_c = 0} \quad (数十〜100)$$

④ 出力アドミタンス h_{oe} は，入力端子を開放 ($i_b = 0$) したときの i_c と v_c の比を表す。

$$h_{oe} = \left(\frac{i_c}{v_c}\right)_{i_b = 0} \quad (数十〜数百〔\mu\text{S}〕)$$

(b) 例題 (a) 中の式(2)から i_{b1} を求める。

$$i_{b1} = \frac{i_c - h_{oe}v_c}{h_{fe}} = \frac{6 \times 10^{-3} - 9 \times 10^{-6} \times 6}{140}$$

$$≒ 42.47 \times 10^{-6} 〔\text{A}〕 = 42.47 〔\mu\text{A}〕$$

例題 (a) 中の式(1)から，v_{b1} を求める。

$$v_{b1} = h_{ie}i_{b1} + h_{re}v_c = 3.5 \times 10^3 \times 42.47 \times 10^{-6} + 1.3 \times 10^{-4} \times 6$$

$$≒ 0.14943 〔\text{V}〕$$

例題図2の $i_c = h_{fe}i_b$ より，

$$i_b = \frac{i_c}{h_{fe}} = \frac{6 \times 10^{-3}}{140} ≒ 42.86 \times 10^{-6} 〔\text{A}〕 = 42.86 〔\mu\text{A}〕$$

例題図2の，$v_b = h_{ie} i_b$ より，
$$v_b = h_{ie} i_b = 3.5 \times 10^3 \times 42.86 \times 10^{-6} \fallingdotseq 0.15 \text{〔V〕}$$
以上から誤差 Δv_b, Δi_b を求める。
$$\Delta v_b = v_b - v_{b1} = 0.15 - 0.14943 = 0.00057 \text{〔V〕} = 0.57 \text{〔mV〕}$$
$$\Delta i_b = i_b - i_{b1} = 42.86 - 42.47 = 0.39 \text{〔}\mu\text{A〕}$$

例題 5

図1のようなトランジスタ増幅回路がある。次の（a）及び（b）に答えよ。ただし，R_A, R_B, R_C, R_E, R_L は抵抗，C_1, C_2, C_3 はコンデンサ，V_{DD} は直流電圧源，v_i, v_o は交流信号電圧とする。

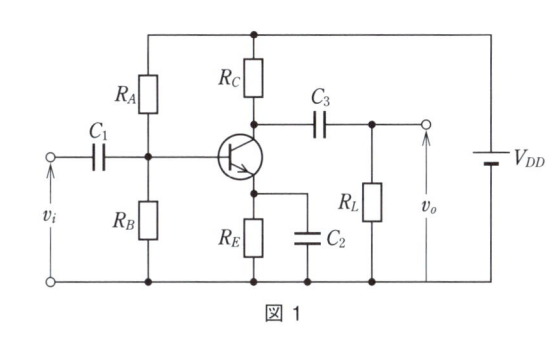

図 1

(a) 図1の回路を交流信号に注目し，交流回路として考える。この場合，この回路を図2のような等価な回路に置き換えることができる。このとき等価な抵抗 R_1, R_2 の値を表す式として，正しいのは次のうちどれか。

ただし，C_1, C_2, C_3 のインピーダンスは十分小さく無視できるものとする。

	R_1	R_2
(1)	$\dfrac{R_A R_B}{R_A + R_B}$	$\dfrac{R_C R_L}{R_C + R_L}$
(2)	$\dfrac{R_B R_E}{R_B + R_E}$	$\dfrac{R_A R_C}{R_A + R_C}$
(3)	$\dfrac{R_B R_E}{R_B + R_E}$	$\dfrac{R_C R_L}{R_C + R_L}$
(4)	$\dfrac{R_A R_C}{R_A + R_C}$	$\dfrac{R_E R_L}{R_E + R_L}$
(5)	$\dfrac{R_A R_B}{R_A + R_B}$	$\dfrac{R_E R_L}{R_E + R_L}$

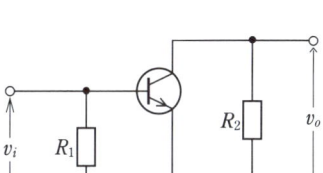

図 2

(b) 図2の回路で，トランジスタの入力インピーダンス $h_{ie} = 6$〔kΩ〕，電流増幅率 $h_{fe} = 140$ であった。この回路の電圧増幅度の大きさとして，最も近いのは次のうちどれか。

ただし，図1の回路において，各抵抗は $R_A = 100$〔kΩ〕，$R_B = 25$〔kΩ〕，$R_C = 8$〔kΩ〕，$R_E = 2.2$〔kΩ〕，$R_L = 15$〔kΩ〕とし，出力アドミタンス h_{oe} 及び電圧帰還率 h_{re} は無視できるものとする。

(1) 15.7　(2) 82　(3) 122　(4) 447　(5) 753

[平成18年B問題]

答　(a)-(1), (b)-(3)

考え方　例題図1の回路を交流回路として考えるとき，直流電圧源 V_{DD} は内部インピーダンスが0で短絡除去する。C_1, C_2, C_3 は題意よりインピーダンスは十分小さく無視できるので短絡し，図5.22(a)に示す回路と等価になる。また，例題図2の簡易等価回路を図5.22(b)に示す。

解き方　(a) R_1, R_2 の値を表す式は，例題図2と図5.22(a)を比較して求める。

$$R_1 = \frac{R_A R_B}{R_A + R_B} \text{〔Ω〕}$$

$$R_2 = \frac{R_C R_L}{R_C + R_L}$$

(b) 図5.22(b)から出力電圧 v_o を求める。

$$v_o = R_2 i_c = R_2 h_{fe} i_b = R_2 h_{fe} \frac{v_i}{h_{ie}}$$

求める電圧増幅度 G_v は，次のとおり。

$$G_v = \frac{v_o}{v_i} = \frac{R_2 h_{fe}}{h_{ie}} = \frac{R_C R_L}{R_C + R_L} \cdot \frac{h_{fe}}{h_{ie}} = \frac{8 \times 15}{(8+15)} \times \frac{140}{6} \fallingdotseq 122$$

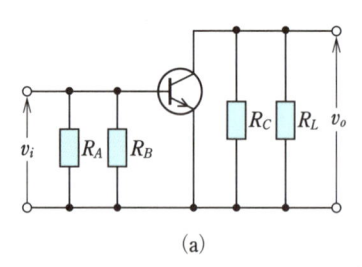

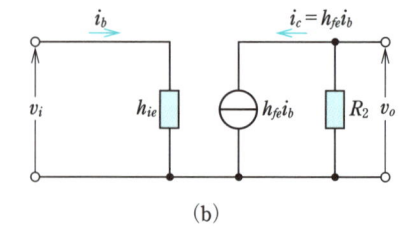

図5.22

例題 6

図1のように、トランジスタを用いた変成器結合電力増幅回路の基本回路がある。次の (a) 及び (b) に答えよ。

ただし、I_B 〔μA〕, I_C 〔mA〕は、ベースとコレクタの直流電流を示し、i_b 〔μA〕, i_c 〔mA〕はそれぞれの信号分を示す。また、V_{BE} 〔V〕はベースとエミッタ間の直流電圧を示し、V_{CE} はコレクタとエミッタ間の直流電圧を示す。V_{BB} 〔V〕はバイアス電源の直流電圧、V_{CC} 〔V〕は直流電源電圧、v_i 〔V〕は信号電圧を示す。また、R_L 〔Ω〕は負荷抵抗 R_S 〔Ω〕を変成器の一次側からみた場合の等価負荷抵抗を示す。

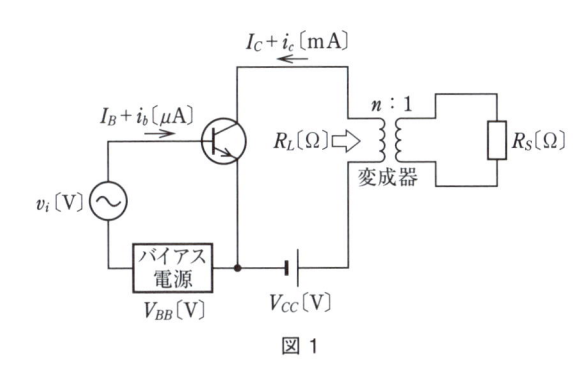

図1

(a) 図1のトランジスタの V_{BE}-I_B 特性を図2に示す。図2中の①、②及び③で示す点はトランジスタの動作点であり、これらに関する記述として、誤っているのは次のうちどれか。
  (1) 出力波形のひずみが最も大きいのは、①である。
  (2) プッシュプル電力増幅回路に使われるのは、通常②である。
  (3) 電源効率が最も良いのは、②である。
  (4) ①での動作は、③の動作よりトランジスタ回路の発熱が少ない。
  (5) 出力波形のひずみが最も小さいのは、③である。

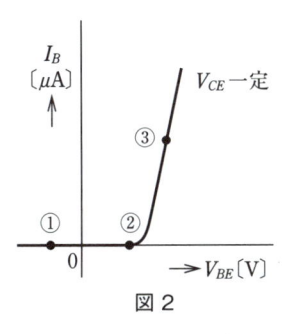

図2

(b) 図1の基本回路がA級電力増幅器として動作している場合のトランジスタの V_{CE}-I_C 特性例を図3に示す。なお、太線は交流負荷線及び直流負荷線を、点Pはトランジスタの最適な動作点を示す。

この場合，負荷抵抗 R_S〔Ω〕に供給される最大出力電力 P_{om}〔mW〕の値と変成器の巻数比 n の値として，最も近いものを組み合わせたのは次のうちどれか。

　ただし，負荷抵抗 $R_S = 8$〔Ω〕，電源電圧 $V_{CC} = 6$〔V〕とする。また，変成器の巻線抵抗及びトランジスタの遮断領域や飽和領域による特性の誤差は無視できるものとする。

	P_{om}〔mW〕	n
(1)	23	10
(2)	23	16
(3)	30	10
(4)	30	16
(5)	45	16

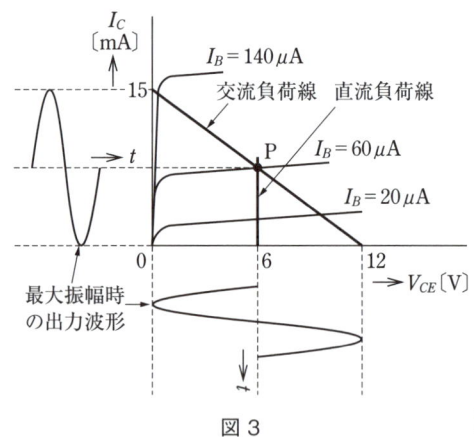

図3

〔平成19年B問題〕

答　(a)-(3)，(b)-(1)

考え方　例題図2の①，②および③で示す点は，C級，B級，A級増幅動作点を示す。

① 点のC級増幅は，半周期より短い期間のみ出力する。このため波形ひずみが最も大きい。しかし，I_C の通電期間が最も短いため回路の発熱が小さく，電源効率が最も良く，高周波電力増幅回路に用いられる。

② 点のB級増幅は，半周期のみ出力する。このため波形ひずみが比較的大きい。しかし，入力信号の正の半周期のみ I_C が流れ，電流効率が良い。プッシュプル電力増幅回路として用いられる。

③ 点のA級増幅は，全周期にわたり出力電流が流れる。このため，波形ひずみがない。しかし，常時 I_C が流れ，回路の発熱が多く，電源効率は最も悪い。

解き方

(a) 電源効率が最も良いのは，例題図2の②の点ではなく，①の点である。

(b) 例題図1の負荷抵抗 R_L〔Ω〕は，例題図3の交流負荷線から次のとおり。

$$R_L = \frac{V_{CE}}{I_C} = \frac{12}{15 \times 10^{-3}} = 800 \text{〔Ω〕}$$

変成器の巻数比を n とすると，例題図1の R_L と R_S の関係は次のとおり。

$$R_L = n^2 R_S \Rightarrow n = \sqrt{\frac{R_L}{R_S}} = \sqrt{\frac{800}{8}} = 10$$

例題図3から I_C の実効値は，$I_C = 15 \times 10^{-3}/(2 \times \sqrt{2}) = 7.5 \times 10^{-3}/\sqrt{2}$〔A〕となる。

求める最大出力 P_{om} は次のとおり。

$$P_{om} = I_C^2 R_L = \left(\frac{7.5 \times 10^{-3}}{\sqrt{2}}\right)^2 \times 800 = 7.5^2 \times 10^{-6} \times 400$$

$$= 0.0225 \text{〔W〕} = 22.5 \text{〔mW〕} \fallingdotseq 23 \text{〔mW〕}$$

例題7

図1にソース接地のFET増幅器の静特性に注目した回路を示す。この回路のFETのドレーン-ソース間電圧 V_{DS} とドレーン電流 I_D の特性は，図2に示す。図1の回路において，ゲート-ソース間電圧 $V_{GS} = -0.1$〔V〕のとき，ドレーン-ソース間電圧 V_{DS}〔V〕，ドレーン電流 I_D〔mA〕の値として，最も近いものを組み合わせたのは次のうちどれか。

ただし，直流電源電圧 $E_2 = 12$〔V〕，負荷抵抗 $R = 1.2$〔kΩ〕とする。

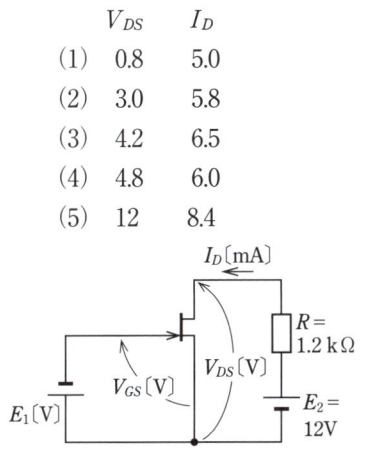

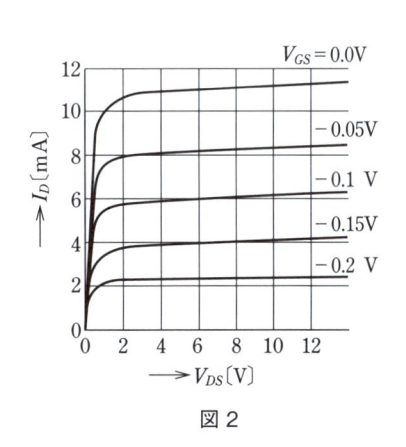

	V_{DS}	I_D
(1)	0.8	5.0
(2)	3.0	5.8
(3)	4.2	6.5
(4)	4.8	6.0
(5)	12	8.4

図1

図2

〔平成21年A問題〕

答 (4)

考え方　例題図1から，$V_{DS}+RI_D=E_2$ が成立する。数値代入して I_D を求める。

$$I_D = \frac{1}{R}(E_2 - V_{DS}) = \frac{1}{1.2\times 10^3}(12 - V_{DS}) \tag{1}$$

例題図2で，$V_{GS} = -0.1$〔V〕の静特性曲線①と，式(1)の直線②を図5.23に示す。直線②は，$I_D = 0$ とすると $V_{DS} = 12$〔V〕となり，$V_{DS} = 0$ とすると $I_D = 10$〔mA〕となる。

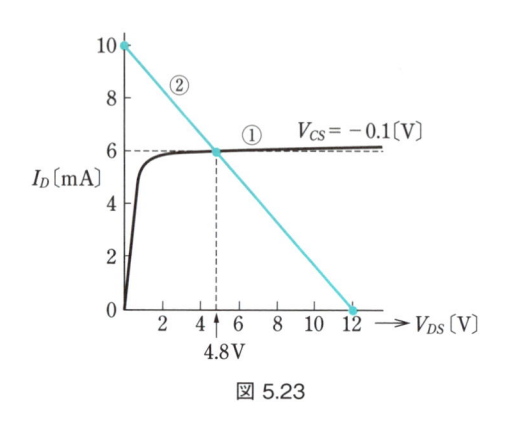

図 5.23

解き方　図5.23から，直線②と $V_{GS} = -0.1$〔V〕の静特性曲線①は $I_D = 6$〔mA〕の近辺で交わる。

式(1)の I_D に $I_D = 6$〔mA〕を代入すると，

$$6\times 10^{-3} = \frac{1}{1.2\times 10^3}(12 - V_{DS}) \Rightarrow V_{DS} = 12 - 6\times 1.2 = 4.8 \text{〔V〕}$$

となる。

例題 8　図のようなFET増幅器がある。次の（a）及び（b）に答えよ。

ただし，R_A, R_B, R_C, R_D, R_E は抵抗，C_1, C_2, C_3 はコンデンサ，V_{DD} は直流電圧源，I_D はドレーン電流，v_1, v_2 は交流電圧とする。

(a)　図の増幅器のトランジスタは，接合形の　（ア）　チャネルFETであり，結合コンデンサは，コンデンサ　（イ）　である。

また，抵抗　（ウ）　は，温度変化に対する安定性を高める役割を果たしている。

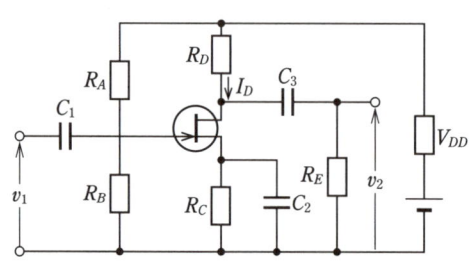

214　　電子回路

上記の記述中の空白箇所（ア），（イ）及び（ウ）に記入する記号として，正しいものを組み合わせたのは次のうちどれか。

	（ア）	（イ）	（ウ）
(1)	n	C_1, C_3	R_A, R_B
(2)	p	C_1, C_2	R_B, R_C
(3)	n	C_1, C_2	R_B, R_D
(4)	p	C_2, C_3	R_A, R_B
(5)	n	C_1, C_3	R_B, R_C

(b) ドレーン電流 $I_D = 6$ [mA]，直流電圧源 $V_{DD} = 24$ [V] とし，ゲート・ソース間電圧 $V_{GS} = -1.4$ [V] で動作させる場合，抵抗 R_A，R_B の比 $\dfrac{R_A}{R_B}$ の値として，最も近いのは次のうちどれか。

ただし，抵抗 $R_C = 1.6$ [kΩ] とする。

(1) 1.2　　(2) 1.9　　(3) 2.4　　(4) 3.8　　(5) 4.7

［平成 17 年 B 問題］

答　(a)-(1)，(b)-(2)

考え方　例題図から接合形 n チャネル FET である。FET の入力抵抗は非常に高いので，V_{DD} からの直流電流は FET には流れない。また，コンデンサに直流電流は流れないので図 5.24 の直流分回路となる。

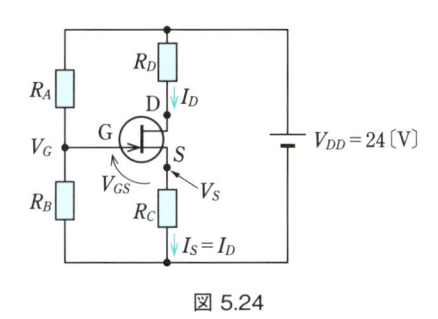

図 5.24

解き方 (a) C_1, C_3 が結合コンデンサで，入力 v_1 と出力 v_2 に関与するコンデンサである。また，R_A, R_B を接続することでゲートの直流電位 V_G が FET の特性に影響されにくくなる。バイアス電圧が安定し，温度に影響されにくくなる。

(b) FET は入力インピーダンスが大きく，電圧制御形であり，$I_G = 0$ である。したがって，$I_D = I_S$ となる。

$$V_S = I_S R_C = I_D R_C = 6\times10^{-3}\times1.6\times10^3 = 9.6 \text{ [V]}$$

$$V_G = V_S + V_{GS} = 9.6 - 1.4 = 8.2 \text{ [V]}$$

図 5.24 のゲート電圧 V_G は，抵抗 R_A, R_B の分割により定まる。

$$V_G = V_{DD} \times \frac{R_B}{R_A + R_B} = 24 \times \frac{R_B}{R_A + R_B} = 8.2$$

$$24\,R_B = 8.2\,R_A + 8.2\,R_B$$

$$15.8\,R_B = 8.2\,R_A$$

求める R_A/R_B の値は，

$$\frac{R_A}{R_B} \fallingdotseq 1.93 \fallingdotseq 1.9$$

5.4 演算回路および発振回路など

例題 1

演算増幅器に関する記述として，誤っているのは次のうちどれか。
(1) 利得が非常に大きい。
(2) 入力インピーダンスが非常に大きい。
(3) 出力インピーダンスが非常に小さい。
(4) 正相入力端子と逆相入力端子がある。
(5) 直流入力では使用できない。

［平成 19 年 A 問題］

答 (5)

考え方 演算増幅器（オペアンプ）は，信号を増幅したり，加算・減算や微分・積分などの演算ができるので，演算増幅器と呼ばれる。オペアンプは図 5.25(a)に示すように 2 つの差動入力端子と 1 つの出力端子をもつ増幅器であるが，IC 化されている。一般の増幅器に比べると，次の特徴をもつ。

① 高入力インピーダンスである（数十 MΩ 程度）
② 低出力インピーダンスである（50 Ω 程度）
③ 高い電圧増幅度をもつ（10^4〜10^6 倍程度）
④ 広帯域の増幅特性をもつ（直流〜数 MHz）
⑤ 負帰還技術を基本に構成される

(a) 演算増幅器　　(b) 等価回路

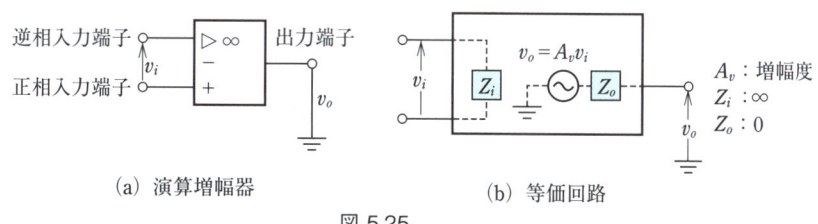

$v_o = A_v v_i$
A_v：増幅度
Z_i：∞
Z_o：0

図 5.25

解き方 演算増幅器の入力信号には，直流電圧や交流電圧が加えられ，直流や交流が混ざった脈動電圧なども入力信号となる。

例題 2

図のような演算増幅器を使用した直流回路において，抵抗 $R_1 = 10$ [kΩ]，抵抗 $R_2 = 100$ [kΩ] である。この回路に入力電圧 $V_1 = 0.5$ [V] を加えたとき，次の (a) 及び (b) に答えよ。

ただし，演算増幅器は理想的な特性を持ち，その入力抵抗及び電圧増幅度は極めて大きく，その出力抵抗は無視できるものとする。

(a) 演算増幅器の二つの入力端子の端子間電圧 V_i [V] の値として，正しいのは次のうちどれか。
(1) 0　(2) 0.1　(3) 0.5　(4) 1　(5) 5

(b) 演算増幅器の出力電圧 V_2 [V] の値として，正しいのは次のうちどれか。
(1) −0.05　(2) −0.25　(3) −1　(4) −2.5　(5) −5

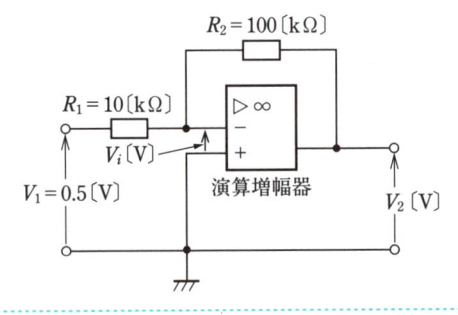

[平成 15 年 B 問題]

答 (a)-(1), (b)-(5)

考え方　例題図は反転増幅回路である。−，＋入力端子間の電圧 V_i は，演算増幅器の増幅度 $V_2/V_i = \infty$ であるためには，$V_i = 0$ であることが必要である。

図 5.26 において，R_1 に流れる電流 i は，入力抵抗が無限大であると，そのまま R_2 にも流れる。$V_i = 0$ と考えると，次式が成り立つ。

$$V_1 = R_1 i$$
$$V_2 = -R_2 i$$

電圧増幅度 G_v は，

$$G_v = \frac{V_2}{V_1} = -\frac{R_2}{R_1} \quad (1)$$

図 5.26

解き方

(a) 演算増幅器の電圧増幅度 $V_2/V_i = \infty$ であることから $V_i = 0$ となる。

(b) 式(1)から，演算増幅器の出力電圧 V_2 を求める。

$$V_2 = -\frac{R_2}{R_1}V_1 = -\frac{100 \times 10^3}{10 \times 10^3} \times 0.5 = -5 \text{ [V]}$$

例題 3

演算増幅器（オペアンプ）について，次の (a) 及び (b) に答えよ。

(a) 演算増幅器の特徴に関する記述として，誤っているのは次のうちどれか。

(1) 反転と非反転の二つの入力端子と一つの出力端子がある。
(2) 直流を増幅できる。
(3) 入出力インピーダンスが大きい。
(4) 入力端子間の電圧のみを増幅して出力する一種の差動増幅器である。
(5) 増幅度が非常に大きい。

(b) 図1及び図2のような直流増幅回路がある。それぞれの出力電圧 V_{o1} [V]，V_{o2} [V] の値として，正しいものを組み合わせたのは次のうちどれか。

ただし，演算増幅器は理想的なものとし，$V_{i1} = 0.6$ [V] 及び $V_{i2} = 0.45$ [V] は入力電圧である。

	V_{o1}	V_{o2}
(1)	6.6	3.0
(2)	6.6	−3.0
(3)	−6.6	3.0
(4)	−4.5	9.0
(5)	4.5	−9.0

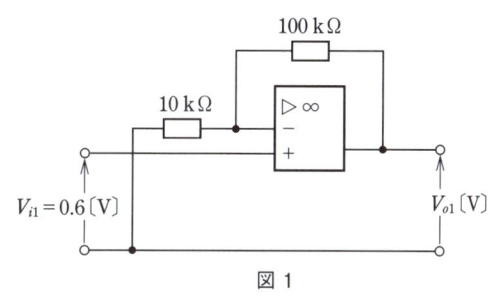

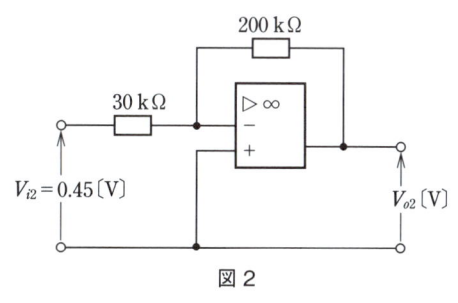

図 1

図 2

[平成 22 年 B 問題]

答 (a)-(3)，(b)-(2)

考え方

① 非反転増幅回路

図 5.27 に例題図 1 の非反転増幅回路を示す。図 5.27 において，

$$V_+ = V_{i1} = V_-$$

$$i_1 = \frac{V_{o1}}{R_1 + R_2}$$

$$V_- = R_1 i_1 = \frac{R_1}{R_1 + R_2} V_{o1} = V_{i1}$$

$$V_{o1} = \frac{R_1 + R_2}{R_1} V_{i1} = \left(1 + \frac{R_2}{R_1}\right) V_{i1} \tag{1}$$

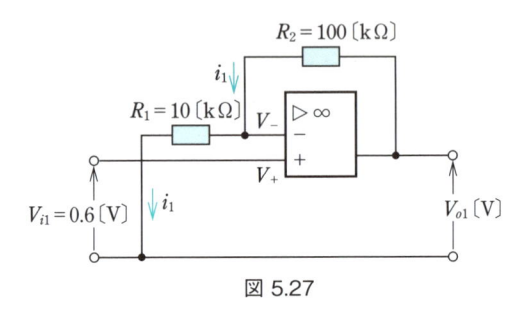

図 5.27

② 反転増幅回路

図 5.28 に例題図 2 の反転増幅回路を示す。図 5.28 において，

$$V_- = V_+ = 0$$

$$V_{i2} + R_1 i = 0$$

$$i = -\frac{V_{i2}}{R_1}$$

$$V_{o2} = V_- + R_2 i = -\frac{R_2}{R_1} V_{i2} \tag{2}$$

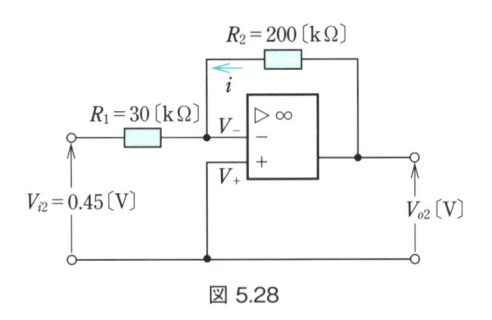

図 5.28

解き方

(a) 演算増幅器の特徴
(1) 差動入力（反転入力と非反転入力を有する）である。
(2) 直流増幅，交流増幅，微分-積分などの演算などに広く用いられている。
(3) 入力インピーダンスが大きく，出力インピーダンスが小さい。
(4) 演算増幅器はプラスとマイナスの2つの入力端子をもつ差動増幅器で，出力は1つである。
(5) 増幅度が大きく周波数特性が良い。

(b) 図1と図2の出力電圧計算

式(1)を用いて V_{o1} を求める。

$$V_{o1} = \left(1 + \frac{R_2}{R_1}\right)V_{i1} = \left(1 + \frac{100}{10}\right) \times 0.6 = 6.6 \,[\text{V}]$$

式(2)を用いて V_{o2} を求める。

$$V_{o2} = -\frac{R_2}{R_1}V_{i2} = -\frac{200}{30} \times 0.45 = -3 \,[\text{V}]$$

例題 4

図1は，変成器を用いたB級プッシュプル（push-pull）電力増幅回路の原理図である。図1中の空白箇所（ア），（イ）及び（ウ）に当てはめる図記号を図2の図記号の記号a〜jの中から選ぶとき，正しいものを組み合わせたのは次のうちどれか。

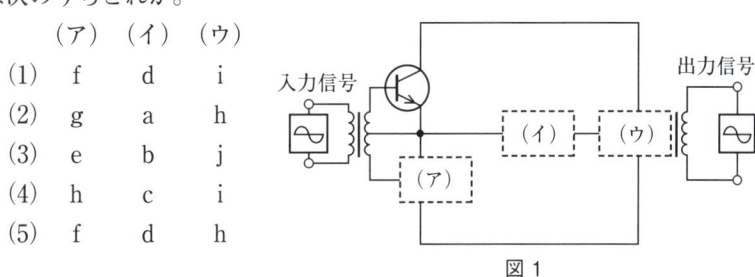

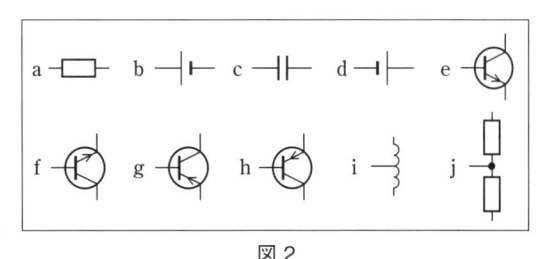

	（ア）	（イ）	（ウ）
(1)	f	d	i
(2)	g	a	h
(3)	e	b	j
(4)	h	c	i
(5)	f	d	h

図1

図2

［平成15年A問題］

答 (1)

5.4 演算回路および発振回路など

考え方 B級プッシュプル回路では，2つのトランジスタがそれぞれ入力信号電圧の正電位もしくは負電位部分のみを増幅し，出力側トランスで合成して元の信号電圧波形を再現する。

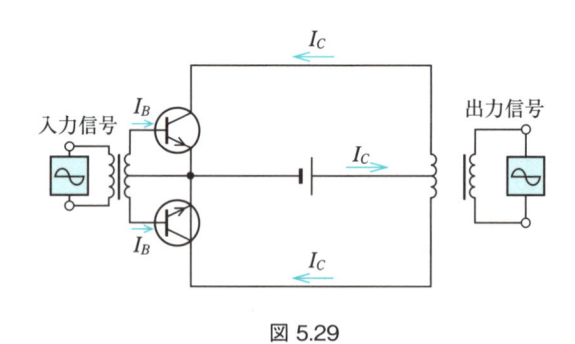

図 5.29

解き方 負のほうを動作させるために，例題（ア）は負電位のトランジスタとなる。npn形トランジスタへの電流供給であるから，例題（イ）はバイアス電圧となる。出力はトランス結合であり，例題（ウ）は出力側トランスとなる。

例題 5

図は，増幅回路の出力の一部を帰還回路を通して増幅回路の入力に戻している回路を示す。この回路は次の1，2で示す位相と利得の条件を同時に満たすとき発振する。

1. 増幅回路の入力電圧 V_i と帰還回路の出力電圧 V_f が　（ア）　である。
2. 増幅回路の増幅度を A，帰還回路の帰還率を β で示すとき，　（イ）　である。

このような回路は　（ウ）　回路ともいい，電源を入れることにより上記1，2の条件を同時に満たす雑音等の信号成分が循環し発振する。

上記の記述中の空白箇所（ア），（イ）及び（ウ）に当てはまる語句又は式として，正しいものを組み合わせたのは次のうちどれか。

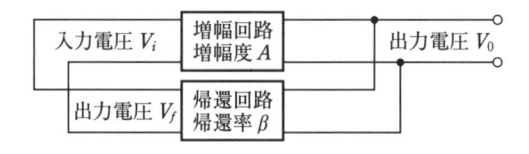

電子回路

	(ア)	(イ)	(ウ)
(1)	同相	$A\beta \geq 1$	正帰還
(2)	逆相	$A\beta \leq 1$	負帰還
(3)	同相	$A\beta = 1$	負帰還
(4)	逆相	$A\beta \geq 1$	正帰還
(5)	同相	$A\beta \leq 1$	正帰還

［平成18年A問題］

答 (1)

考え方 図5.30は簡略化した発振回路の原理図である。出力の一部を入力に戻すための帰還回路である。入力を V_i, 出力を V_0, 増幅度を A, 帰還率を β としたとき, $V_f = \beta V_0$, $V_0 = A V_i$ から,

$$V_f = \beta A V_i$$

となる。

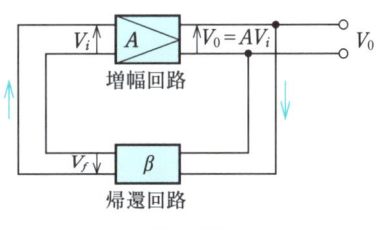

図5.30

解き方 例題図の帰還回路が発振回路となるためには、次に示す条件を満たす必要がある。

① 入力電圧 V_i と戻した帰還電圧 V_f が同相であること。

② 帰還電圧 V_f は、入力電圧 V_i よりも大きいか等しくなければならない。

$$V_f \geq V_i \Rightarrow \beta A \geq 1$$

となる。

例題 6

無線通信で行われるアナログ変調・復調に関する記述について，次の (a) 及び (b) に答えよ。

(a) 無線通信で音声や画像などの情報を送る場合，送信側においては，情報を電気信号（信号波）に変換する。次に信号波より （ア） 周波数の搬送波に信号波を含ませて得られる信号を送信する。受信側では，搬送波と信号波の二つの成分を含むこの信号から （イ） の成分だけを取り出すことによって，音声や画像などの情報を得る。

搬送波に信号波を含ませる操作を変調という。 （ウ） の搬送波を用いる基本的な変調方式として，振幅変調（AM），周波数変調（FM），位相変調（PM）がある。

搬送波を変調して得られる信号からもとの信号波を取り出す操作を復調又は （エ） という。

上記の記述中の空白箇所（ア），（イ），（ウ）及び（エ）に当てはまる語句として，正しいものを組み合わせたのは次のうちどれか。

	（ア）	（イ）	（ウ）	（エ）
(1)	高い	信号波	のこぎり波	検波
(2)	低い	搬送波	正弦波	検波
(3)	高い	搬送波	のこぎり波	増幅
(4)	低い	信号波	のこぎり波	増幅
(5)	高い	信号波	正弦波	検波

(b) 図1は，トランジスタの （ア） に信号波の電圧を加えて振幅変調を行う回路の原理図である。図1中の v_2 が正弦波の信号電圧とすると，電圧 v_1 の波形は （イ） に，v_2 の波形は （ウ） に，v_3 の波形は （エ） に示すようになる。図2のグラフより振幅変調の変調率を計算すると約 （オ） 〔%〕となる。

上記の記述中の空白箇所（ア），（イ），（ウ），（エ）及び（オ）に当てはまる語句又は数値として，正しいものを組み合わせたのは次のうちどれか。

ただし，図2のそれぞれの電圧波形間の位相関係は無視するものとする。

	（ア）	（イ）	（ウ）	（エ）	（オ）
(1)	ベース	図2(c)	図2(a)	図2(b)	33
(2)	コレクタ	図2(c)	図2(b)	図2(a)	67
(3)	ベース	図2(b)	図2(a)	図2(c)	50
(4)	エミッタ	図2(b)	図2(c)	図2(a)	67
(5)	コレクタ	図2(c)	図2(a)	図2(b)	33

図1 振幅変調回路の原理図

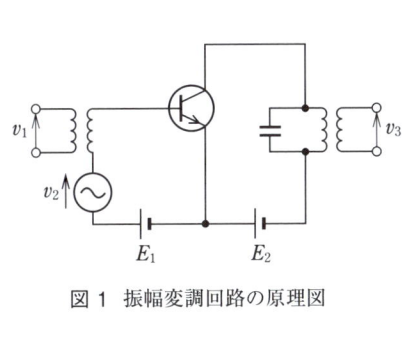

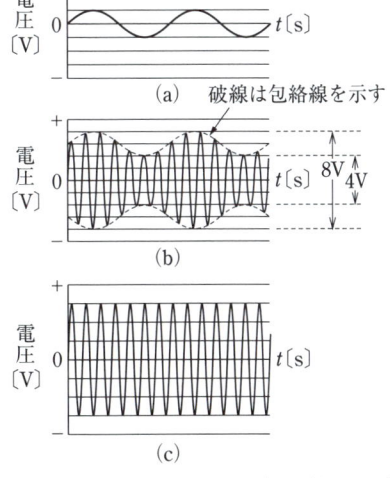

図2 電圧 v_1, v_2, v_3 の波形（時間軸は同一）

[平成20年B問題]

答　(a)-(5), (b)-(1)

考え方　低周波信号波のもつ情報を送るために利用する高周波を，搬送波という。低周波を搬送波に含ませる操作を変調といい，搬送波を変調して得られた電気振動を被変調波という。

搬送波 v_1 と信号波 v_2 を，
$$v_1 = V_{1m} \sin(2\pi f_1 t + \theta)$$
$$v_2 = V_{2m} \sin 2\pi f_2 t$$

とすると，変調を行うには信号波 v_2 の振幅 V_{2m} によって搬送波 v_1 の振幅 V_{1m} を変える必要がある。この方式を振幅変調（AM）という。また，周波数 f_1 を変える方式を周波数変調（FM），位相角 θ を変える方式を位相変調（PM）という。

図5.31のように，信号波の振幅 V_{2m} と搬送波の振幅 V_{1m} の比を変調度 m で表す。

$$m = \frac{A-B}{A+B} \times 100 \; [\%] \tag{1}$$

このように変調度は，搬送波に対する信号の大きさの割合を示すが，$m > 100\%$ の状態は過変調となり，被変調波はひずむ。

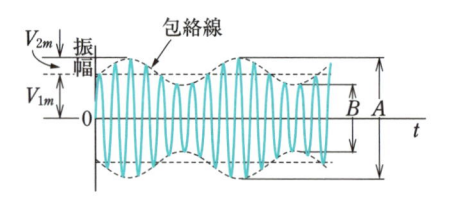

図 5.31 変調度

解き方 (a) 無線通信の周波数は，非常に高い周波数を用いる。これは無線の送受信のアンテナ寸法を小さくするため，波長を短く，すなわち周波数を高くする。このため音声を信号として，搬送波と呼ばれる高周波と合成し，つまり変調して電波として送信する。

受信側では，これを信号成分だけを取り出す。これを復調または検波という。

(b) 例題図1において，信号波が v_2 で，搬送波が v_1 である。信号波は，周波数が低いので例題図2(a)である。また，搬送波 v_1 は周波数が高いので例題図2(c)となる。振幅変調を行った波形 v_3 は，例題図2(b)となる。

例題2のグラフの振幅変調の変調率 m 〔％〕は，式(1)を適用して次のとおり。

$$m = \frac{A-B}{A+B} \times 100 = \frac{8-4}{8+4} \times 100 = \frac{4}{12} \times 100 \fallingdotseq 33 〔％〕$$

第5章 章末問題

5-1 次の文章は，金属表面から真空中に電子を放出する方法に関する記述である。

1. 金属を高温に熱するとその表面から電子が飛び出すようになる。これを （ア） 放出という。
2. 金属に高速度の電子が衝突すると，そのエネルギーをもらって金属の表面から電子が飛び出す現象がある。これを （イ） 放出という。
3. 金属の表面の電界の強さをある値以上にすると，常温でも電子がその金属の表面から飛び出すようになる。これを （ウ） 放出という。

上記の記述中の空白箇所（ア），（イ）及び（ウ）に当てはまる語句として，正しい組み合わせは次のうちどれか。

	（ア）	（イ）	（ウ）
(1)	熱電子	二次電子	電界
(2)	光電子	熱電子	二次電子
(3)	電界	光電子	熱電子
(4)	光電子	冷陰極	二次電子
(5)	熱電子	光電子	電界

［平成 13 年 A 問題］

5-2 発光ダイオード（LED）に関する次の記述のうち，誤っているのはどれか。

(1) 主として表示用光源及び光通信の送信部の光源として利用されている。
(2) 表示用として利用される場合，表示用電球より消費電力が小さく長寿命である。
(3) ひ化ガリウム（GaAs），りん化ガリウム（GaP）等を用いた半導体の pn 接合部を利用する。
(4) 電流を順方向に流した場合，pn 接合部が発光する。
(5) 発光ダイオードの順方向の電圧降下は，一般に 0.2〔V〕程度である。

［平成 13 年 A 問題］

5-3　図1，図2及び図3は，トランジスタ増幅器のバイアス回路を示す。次の(a)及び(b)に答えよ。ただし，V_{CC}は電源電圧，V_Bはベース電圧，I_Bはベース電流，I_Cはコレクタ電流，I_Eはエミッタ電流，R，R_B，R_C及びR_Eは抵抗を示す。

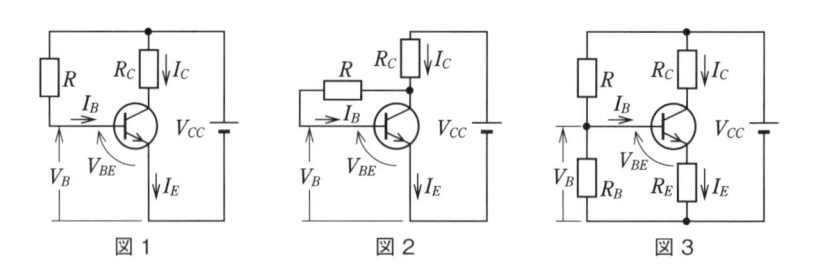

図1　　　　　　　　図2　　　　　　　　図3

(a) 次の式(1)，式(2)及び式(3)は，図1，図2及び図3のいずれかの回路のベース・エミッタ間の電圧V_{BE}を示す。

$$V_{BE} = V_B - I_E \cdot R_E \quad (1)$$
$$V_{BE} = V_{CC} - I_B \cdot R \quad (2)$$
$$V_{BE} = V_{CC} - I_B \cdot R - I_C \cdot R_C \quad (3)$$

上記の式と図を正しく組み合わせたものは次のうちどれか。

	式(1)	式(2)	式(3)
(1)	図1	図2	図3
(2)	図2	図3	図1
(3)	図3	図1	図2
(4)	図1	図3	図2
(5)	図3	図2	図1

(b) 次の文章①，②及び③は，それぞれのバイアス回路における周囲温度の変化とその増幅特性の関係について述べたものである。

① 温度上昇によりI_Bが増加すると，増幅特性が安定しないバイアス回路の図は　(ア)　である。

② 温度上昇によりI_Bが増加するとI_Eも増加する。他方，V_Bは一定であるからV_{BE}が減少するので，増幅特性が最も安定するバイアス回路の図は　(イ)　である。

③ 　(ウ)　のバイアス回路は，温度上昇によりI_Bが増加すると，R_Cの電圧降下でコレクタ・エミッタ間の電圧V_{CE}が抑えられ，増幅特性が安定する。

上記の記述中の空白箇所(ア)，(イ)及び(ウ)に当てはまる語句として，正しいものを組み合わせたのは次のうちどれか。

	(ア)	(イ)	(ウ)
(1)	図1	図2	図3
(2)	図2	図3	図1
(3)	図3	図1	図2
(4)	図1	図3	図2
(5)	図2	図1	図3

[平成14年B問題]

5 - 4　図1は，MOS形FET増幅回路を示し，図2は，そのFETの静特性を示す。$R_1 = 10$〔kΩ〕，$R_2 = 20$〔kΩ〕，$R_L = 4$〔kΩ〕，$V_{DD} = 12$〔V〕とするとき，次の (a) 及び (b) に答えよ。

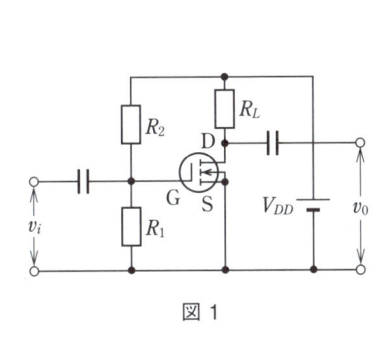

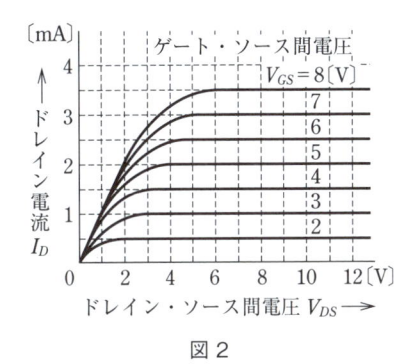

図1

図2

(a) ゲート・ソース間電圧 V_{GS}〔V〕の値として，正しいのは次のうちどれか。

　　(1) 2　　(2) 3　　(3) 4　　(4) 5　　(5) 6

(b) 入力交流電圧 v_i の最大値が1〔V〕のときの出力交流電圧 v_0 を，図2の静特性曲線から求めた場合，v_0〔V〕の最大値として，正しいのは次のうちどれか。

　　(1) 1　　(2) 2　　(3) 3　　(4) 4　　(5) 5

[平成12年B問題]

5 - 5 次のようにブロック図で示す2つの増幅器を縦続接続した回路があり，増幅器1の電圧増幅度は10である。いま入力電圧 v_i の値として 0.4 〔mV〕の信号を加えたとき，出力電圧 v_0 の値は 0.4 〔V〕であった。増幅器2の電圧利得〔dB〕の値として，正しいのは次のうちどれか。

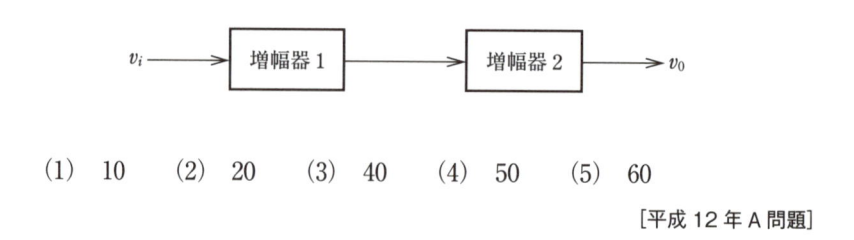

$v_i \longrightarrow$ 増幅器1 $\longrightarrow$ 増幅器2 $\longrightarrow v_0$

(1) 10　　(2) 20　　(3) 40　　(4) 50　　(5) 60

［平成12年A問題］

5 - 6 次の文章は，それぞれの増幅器について述べたものである。

1. （ア） 増幅器は，特性の等しい二つの増幅器を対称的に接続することで，両器の入力の差に比例した出力を得るものである。
2. （イ） 増幅器は，スピーカのような負荷を動作させるのに利用される。
3. 出力電圧の一部を入力側に戻し，逆位相で加えて増幅するものを（ウ） 増幅器という。
4. （エ） 増幅器は，アンテナで送受信する信号を増幅するのに利用される。

上記の記述中の空白箇所（ア），（イ），（ウ）及び（エ）に当てはまる語句として，正しいものを組み合わせたのは次のうちどれか。

	（ア）	（イ）	（ウ）	（エ）
(1)	負帰還	高周波	電力	差動
(2)	差動	負帰還	電力	高周波
(3)	差動	高周波	負帰還	電力
(4)	高周波	電力	差動	負帰還
(5)	差動	電力	負帰還	高周波

［平成16年A問題］

第6章 電気電子計測

Point 重要事項のまとめ

1 指示電気計器の動作原理による分類

表6.1に指示電気計器の動作原理による分類を示す。

表6.1 指示電気計器の動作原理による分類

種類	記号	動作原理の概要	指示値	主な使用計器
整流形	▶︎⏝	整流器と可動コイル形計器を組み合わせたもの	平均値×正弦波の波形率	電圧計, 電流計
熱電形	∨⏝	熱電対と可動コイル形計器を組み合わせたもの	実効値	電圧計, 電流計 電力計
永久磁石可動コイル形	⏝	永久磁石による磁界と可動コイルに流れる電流との相互作用	平均値	電流計, 電圧計 抵抗計
静電形	÷	電極板の間に生ずる静電作用	実効値	電圧計
可動鉄片形	≢	磁界内の可動鉄片に働く電磁力	実効値	電圧計, 電流計
誘導形	⊙	固定コイル磁界とアルミニウムの回転円盤の誘導うず電流との相互作用	実効値	電力量計, 電力計 電圧計, 電流計
電流力計形	⇌ (空心)	2つの電気量を2つの電流力計形コイルに与えそのトルクで表すもの	実効値	電圧計, 電流計 電力計
振動片形	⩔	固有振動数の異なる振動片と交流磁界との共振	—	周波数計

2 実効値と平均値

表6.2に正弦波と半波整流の実効値と平均値を示す。

表6.2 正弦波と半波整流の実効値と平均値

名 称	波 形	実効値 I_e	平均値 I_a
正弦波	$i = I_m \sin \omega t$, I_m：最大値	$\dfrac{1}{\sqrt{2}} I_m$	$\dfrac{2}{\pi} I_m$
半波整流正弦波	I_m：最大値	$\dfrac{1}{2} I_m$	$\dfrac{1}{\pi} I_m$

3 マクスウェルブリッジ

インダクタンス L の測定に用いる。
交流ブリッジの平衡条件
$$R_p \times (R_s + j\omega L_s) = R_q \times (R_x + j\omega L_x)$$
実数部, 虚数部をそれぞれ等しくする。

$$L_x = \frac{R_p}{R_q} L_s$$

$$R_x = \frac{R_p}{R_q} R_s$$

4 ケルビンダブルブリッジ法

低抵抗の測定法の代表的なもので, 太い裸電線のような低抵抗の測定に用いられる。P と Q とは比例辺, p と q とは補助抵抗辺で, p/q の値は, 常に P/Q の値と等しくなるように, 両者は連動させている。

5 誤差と補正

ある量の測定において, 測定値を M, 測定量の真の値を T とすると, 誤差および百分率誤差は,

誤差:
$$\varepsilon = M - T$$

百分率誤差:
$$\varepsilon_0 = \frac{\varepsilon}{T} \times 100$$
$$= \frac{M - T}{T} \times 100 \; [\%]$$

また, 補正および百分率補正は,
補正:
$$\alpha = T - M$$

百分率補正:
$$\alpha_0 = \frac{\alpha}{M} \times 100$$
$$= \frac{T - M}{M} \times 100 \; [\%]$$

6 計器の許容誤差

誤差は, 計器の階級に応じてある誤差が認められている。

階級:0.2 級, 0.5 級, 1.0 級, 1.5 級, 2.5 級

たとえば, 0.2 級では, 最大目盛りに対して ±0.2 % の許容誤差が認められている。1.0 級では, ±1.0 % となる。

7 三相電力の二電力計法(1)

単相電力計を 2 個用いて, 三相電力を測定する。

$$W_1 = VI \cos\left(\frac{\pi}{6} - \theta\right)$$

$$W_2 = VI \cos\left(\frac{\pi}{6} + \theta\right)$$

三相電力 W
$$W = W_1 + W_2 = \sqrt{3}\, VI \cos\theta$$

8 三相電力の二電力計法(2)

力率 0.5 ($\theta = 60°$) 以下になると, いずれか一方の指示が逆振れになる。そのときは, 電圧端子を切り換えて指示を読み取る。また, 無効電力 Q [kvar] は次式により求める。
$$Q = \sqrt{3}\,(W_1 - W_2)$$

9 電力量(1)

電力量の発信装置の 1 [kW·h] あたり出力パルス数 4 000 のとき, 10 分間の測定で, そのパルス数 130 であった。1 時間あたりの消費電力量 W [kW·h] は,

$$W = 130 \times \frac{60}{10} \times \frac{1}{4\,000}$$
$$= 0.195 \; [\text{kW·h}]$$

10 電力量（2）

$VT: \dfrac{\text{一次定格}}{\text{二次定格}}, \dfrac{6\,600\,[\text{V}]}{110\,[\text{V}]}$

$CT: \dfrac{\text{一次定格}}{\text{二次定格}}, \dfrac{100\,[\text{A}]}{5\,[\text{A}]}$

二次電力を一次電力とする倍数は，

$\dfrac{6\,600}{110} \times \dfrac{100}{5} = 1\,200\,[\text{倍}]$

11 オシロスコープ

　オシロスコープを用いて電圧波形を観測する場合，垂直入力端に正弦波電圧を加え，水平偏向電極には内部で発生するのこぎり波電圧が加わるので，蛍光膜上に正弦波電圧が表示される。両電極の電圧の周波数との比は整数とする。

6.1 指示電気計器の種類と原理

例題 1

図は，　(ア)　の可動鉄片形計器の原理図で，この計器は構造が簡単なのが特徴である。固定コイルに電流を流すと可動鉄片及び固定鉄片が　(イ)　に磁化され，駆動トルクが生じる。指針軸は渦巻きばね（制御ばね）の弾性によるトルクと釣り合うところまで回転し停止する。この計器は，鉄片のヒステリシスや磁気飽和，渦電流やコイルのインピーダンスの変化などで誤差が生じるので，一般に　(ウ)　の電圧，電流の測定に用いられる。

上記の記述中の空白箇所（ア），（イ）及び（ウ）に記入する語句として，正しいものを組み合わせたのは次のうちどれか。

	(ア)	(イ)	(ウ)
(1)	反発形	同一方向	商用周波数
(2)	吸引形	逆方向	直流
(3)	反発形	逆方向	商用周波数
(4)	吸引形	同一方向	高周波及び商用周波数
(5)	反発形	逆方向	直流

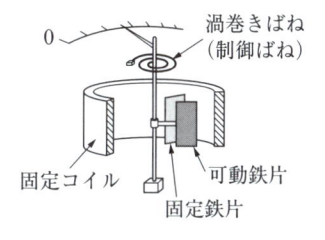

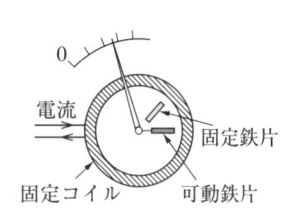

[平成17年A問題]

答 (1)

考え方　可動鉄片形計器は，測定しようとする電流を通じる固定コイルの中に，軸を中心として動く小さな可動鉄片を配置しておき，コイルに電流を通じると，コイル内に磁界を生じて鉄片が磁化され，コイル中に吸収される力を生じ，駆動トルクとなる。このトルクは，コイルに流れる電流の2乗に比例する。

解き方 図 6.1 は，反発形と呼ばれる構造で，可動鉄片と固定鉄片とを固定コイルの軸と平行に磁界中において，両鉄片を同一の磁性に磁化し，これによって生じる反発力でトルクを生じる。

可動鉄片形計器は精度はあまり良くないが，構造が簡単なため価格が安く，一般に商用周波数の電圧，電流の測定に使用される。

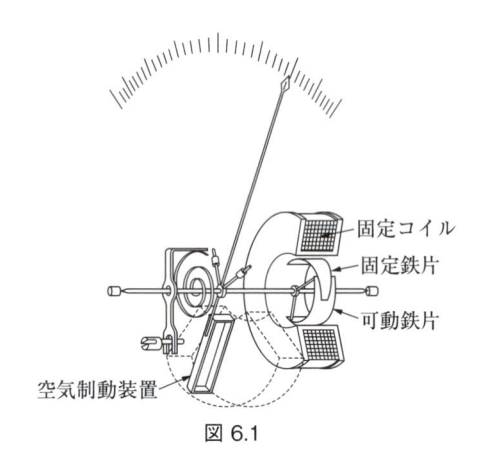

図 6.1

例題 2

図の破線で囲まれた部分は，固定コイル A 及び C，可動コイル B から構成される ［（ア）］ 電力計の原理図で，一般に ［（イ）］ の電力の測定に用いられる。

図中の負荷の電力を測定するには各端子間をそれぞれ ［（ウ）］ のように配線する必要がある。

上記の記述中の空白箇所（ア），（イ）及び（ウ）に当てはまる語句として，正しいものを組み合わせたのは次のうちどれか。

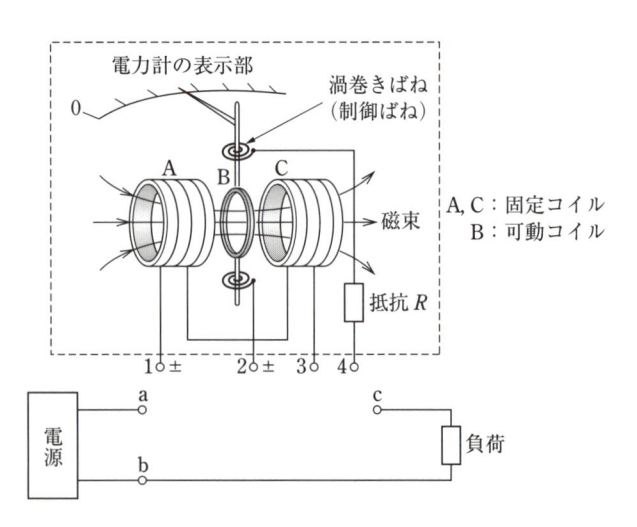

	（ア）	（イ）	（ウ）
(1)	電流力計形	交流及び直流	aと1，aと2，bと4，cと3
(2)	可動コイル形	交流及び直流	aと1，aと4，bと2，cと3
(3)	熱電形	高周波	aと2，bと3，bと4，cと1
(4)	電流力計形	高周波	aと3，aと4，cと1，cと2
(5)	可動コイル形	商用周波数	aと1，aと2，bと4，cと3

［平成18年A問題］

答　(1)

考え方　電流力計形は，交流にも直流にも同じように使える計器である。この形は，電圧計，電流計および電力計として用いられている。

　この形の計器は，固定コイルに電流を通じて磁界をつくり，その磁界の中に可動コイルを置いてこれにも電流を通じ，これによって生じる電磁力により駆動トルクを生じさせる。

解き方　電流力計形の計器の固定コイルに負荷電流を通じ，可動コイルには，抵抗 R を直列に接続して，負荷電圧を加えると，可動コイルには，負荷電圧に比例した電流が流れる。目盛りは等分目盛りに近いものとなる。

例題3　交流の測定に用いられる測定器に関する記述として，誤っているのは次のうちどれか。
(1) 静電形計器は，低い電圧では駆動トルクが小さく誤差が大きくなるため，高電圧測定用の電圧計として用いられる。
(2) 可動鉄片形計器は，丈夫で安価であるため商用周波数用に広く用いられている。
(3) 振動片形周波数計は，振れの大きな振動片から交流の周波数を知ることができる。
(4) 電流力計形電力計は，交流及び直流の電力を測定できる。
(5) 整流形計器は，測定信号の波形が正弦波形よりひずんでも誤差を生じない。

［平成16年A問題］

答　(5)

考え方

① 静電形計器は，図6.2(a)に示すように，互いに絶縁された電極に測ろうとする電圧を加えると，電極に電圧に比例した電荷を生じ，その電荷間に静電力が働くので，これを駆動トルクとして利用する。このトルクは電極間に加わる電圧の2乗に比例する。指示は実効値を示す。また，高電圧小電流の回路の測定に適す。

② 振動片形周波数計は，長さの違う多数の鋼製振動片を並べ，これを周波数を測ろうとする交流で励磁した電磁石の磁界内に置いて振動を与え，振動片の共振によって，周波数を測定する。

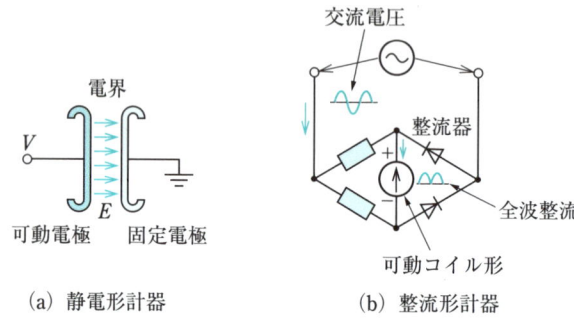

(a) 静電形計器
(b) 整流形計器

図 6.2

解き方

整流形計器は，図6.2(b)に示すように，ダイオードで交流を整流にし，可動コイル形計器で測定する。指示値は，「平均値 × 正弦波の波形率 f」となる。使用できる回路は交流の電圧，電流形で，$10 \sim 10^4$ Hz の周波数で使用できる。

この計器は，測定信号の波形が正弦波からひずむと誤差を発生し，誤差 ε は次のとおり。

$$\varepsilon = \left(\frac{1.11}{f} - 1\right) \times 100 \ [\%]$$

例題 4

指示電気計器の動作原理についての次の記述のうち，誤っているのはどれか。

(1) 整流形： ダイオードなどの整流素子を用いて交流を直流に変換し，可動コイル形の計器で指示させる方式

(2) 熱電形： 発熱線に流れる電流によって熱せられる熱電対に生じる起電力を，可動コイル形の計器で指示させる方式

(3) 可動コイル形：固定コイルに流れる電流の磁界と，可動コイルに流れる電流との間に生じる力によって，可動コイルを駆動させる方式

(4) 静電形： 異なる電位を与えられた固定電極と可動電極との間に生じる静電力によって，可動電極を駆動させる方式
(5) 可動鉄片形： 固定コイルに流れる電流の磁界と，その磁界によって磁化された可動鉄片との間に生じる力により，又は固定コイルに流れる電流によって固定鉄片及び可動鉄片を磁化し，両鉄片間に生じる力により可動鉄片を駆動させる方式

[平成10年A問題]

答 (3)

考え方 表6.1に指示電気計器の動作原理，指示値および主な使用計器を示した。

解き方 可動コイル形計器は，図6.3に示すように永久磁石のつくる磁界中に可動コイルを置き，コイルに測ろうとする電流を通じて，駆動トルクを生じさせるもので，感度も良く正確さの高い計器である。

このため，選択肢(3)の記述のように固定コイルをもたないため，選択肢(3)が誤りである。

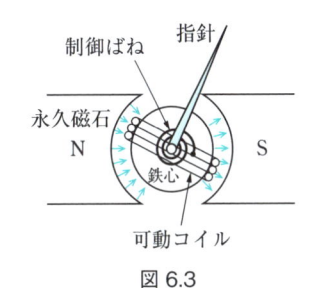

図6.3

例題 5 図のように，異なる2種類の金属A，Bで一つの閉回路を作り，その二つの接合点を異なる温度に保てば，　(ア)　。この現象を　(イ)　効果という。

上記の記述中の空白箇所(ア)及び(イ)に記入する語句として，正しいものを組み合わせたのは次のうちどれか。

	(ア)	(イ)
(1)	電流が流れる	ホール
(2)	抵抗が変化する	ホール
(3)	金属の長さが変化する	ゼーベック
(4)	電位差が生じる	ペルチェ
(5)	起電力が生じる	ゼーベック

[平成17年A問題]

答 (5)

6.1 指示電気計器の種類と原理

考え方

① ホール効果とは，電流磁気効果の一種である。電流の流れている半導体や金属の板に垂直に磁束密度 B〔T〕の磁界をかけると，電流と磁界に直角な方向に電界が生じ，起電力が発生することをいう。

② ペルチェ効果とは，図 6.4 に示すように 2 つの異種金属を電気的に直列に接合して直流電流を流すとその接合部分にジュール熱以外の吸熱および発熱が発生する現象をいう。

図 6.4 の原理図のように p 型の熱電半導体と n 型の熱電半導体を銅電極で接合し，n 型のほうから直流電流を流すと，図の上側の接合面から下側の接合面へ熱を運ぶ。このときに下側の電極から十分な放熱を行うと吸熱作用を連続的に得ることができる。

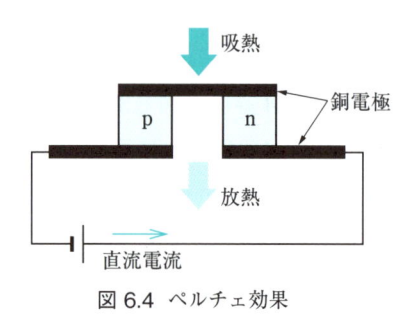

図 6.4 ペルチェ効果

解き方

ゼーベック効果（seebeck effect）とは，物体の温度差が電圧に直接変換される現象である。この効果は金属に銅，コンスタンタンなどを使用し，熱電対温度計として利用される。

6.2 指示電気計器の指示値，測定計算

例題 1

可動コイル形直流電流計 A_1 と可動鉄片形交流電流計 A_2 の2台の電流計がある。それぞれの電流計の性質を比較するために次のような実験を行った。

図1のように A_1 と A_2 を抵抗 100 〔Ω〕と電圧 10 〔V〕の直流電源の回路に接続したとき，A_1 の指示は 100 〔mA〕，A_2 の指示は ［　(ア)　］〔mA〕であった。

また，図2のように，周波数 50 〔Hz〕，電圧 100 〔V〕の交流電源と抵抗 500 〔Ω〕に A_1 と A_2 を接続したとき，A_1 の指示は ［　(イ)　］〔mA〕，A_2 の指示は 200 〔mA〕であった。

ただし，A_1 と A_2 の内部抵抗はどちらも無視できるものであった。

上記の記述中の空白箇所（ア）及び（イ）に当てはまる最も近い値として，正しいものを組み合わせたのは次のうちどれか。

	（ア）	（イ）
(1)	0	0
(2)	141	282
(3)	100	0
(4)	0	141
(5)	100	141

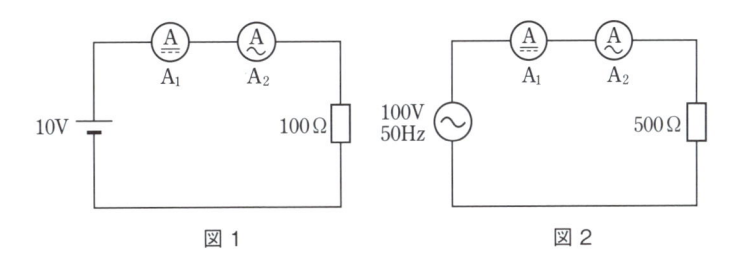

図1　図2

［平成21年A問題］

答 (3)

考え方
① 可動鉄片形計器は，商用電源の交流，電流の測定に広く用いられている。実効値を指示し，2乗目盛りである。
② 可動コイル形計器は，直流専用計器で平均値を指示する。

解き方 （ア） 例題図1の可動鉄片形交流電流計 A_2 の指示

例題図1に流れる電流は，直流で I_1〔A〕とすると，

$$I_1 = \frac{V}{R} = \frac{10}{100} = 0.1 \text{〔A〕} = 100 \text{〔mA〕}$$

可動鉄片形は実効値を指示するので，指示値を I〔A〕とすると，次のとおり。

$$I = \sqrt{\frac{1}{T}\int_0^T I_1^2 dt} = \sqrt{\frac{1}{T} \times I_1^2 \times T} = I_1 = 100 \text{〔mA〕}$$

（イ） 例題図2の可動コイル形直流電流計 A_1 の指示

例題図2に流れる電流は，交流で i〔A〕とすると，

$$v = 100\sqrt{2}\ \sin \omega t$$

$$i = \frac{v}{R} = \frac{100\sqrt{2}}{500}\sin \omega t = 0.2\sqrt{2}\ \sin \omega t \text{〔A〕}$$

$$= 200\sqrt{2}\ \sin \omega t \text{〔mA〕}$$

可動コイル形直流電流計は平均値を指示するので，指示値を I_0〔A〕とすると，次のとおり。

$$I_0 = \frac{1}{T}\int_0^T 200\sqrt{2}\ \sin \omega t\, dt = \frac{200\sqrt{2}}{T} \cdot \frac{1}{\omega}\Bigl[-\cos \omega t\Bigr]_0^T$$

$$= \frac{200\sqrt{2}}{T} \cdot \frac{1}{2\pi f}\bigl(-\cos 2\pi f\, T + \cos 0\bigr)$$

$$= \frac{200\sqrt{2}}{2\pi}\bigl(-\cos 2\pi + \cos 0\bigr) = \frac{200\sqrt{2}}{2\pi}(-1+1) = 0$$

正弦波の1周期平均値はゼロになる。

例題 2

商用周波数の正弦波交流電圧 $v = 100\sqrt{2}\ \sin \omega t$〔V〕をダイオードにより半波整流して，100〔Ω〕の抵抗負荷に供給した。このとき，抵抗負荷に流れる電流を，熱電形電流計で測定すると　（ア）　〔mA〕，可動コイル形電流計で測定すると　（イ）　〔mA〕を示す。

ただし，ダイオードは理想的なものとし，電流計の内部抵抗は無視できるものとする。

上記の記述中の空白箇所（ア）及び（イ）に記入する数値として，最も近いものを組み合わせたのは次のうちどれか。

	（ア）	（イ）
(1)	450	707
(2)	450	900
(3)	900	450
(4)	707	900
(5)	707	450

［平成17年A問題］

答 (5)

考え方 表 6.3 に $i = I_m \sin \omega t$ 〔A〕の実効値と平均値を示す。また，i の半波整流の実効値と平均値も示す。

表 6.3

名　称	波　形	実効値 I_e	平均値 I_a
正弦波	$i = I_m \sin \omega t$, I_m:最大値	$\dfrac{1}{\sqrt{2}} I_m$	$\dfrac{2}{\pi} I_m$
半波整流正弦波	I_m:最大値	$\dfrac{1}{2} I_m$	$\dfrac{1}{\pi} I_m$

解き方 負荷抵抗に流れる電流 i は，

$$i = \frac{v}{R} = \frac{100\sqrt{2} \sin \omega t}{100} = \sqrt{2} \sin \omega t \text{〔A〕}$$

の半波整流波となる。

（ア）熱電形電流計は実効値 I_e を指示するので，最大値 $I_m = \sqrt{2}$ 〔A〕とすると，次のとおり。

$$I_e = \frac{I_m}{2} = \frac{\sqrt{2}}{2} \fallingdotseq 0.707 \text{〔A〕} = 707 \text{〔mA〕}$$

（イ）可動コイル形電流計は平均値 I_a を指示するので，最大値 $I_m = \sqrt{2}$ 〔A〕とすると，次のとおり。

$$I_a = \frac{I_m}{\pi} = \frac{\sqrt{2}}{\pi} \fallingdotseq 0.450 \text{〔A〕} = 450 \text{〔mA〕}$$

例題 3

図のような抵抗測定回路を内蔵する回路計（テスタ）を用いて，抵抗 R_x の値を測定したい。この回路計の零オーム調整を行った後に，抵抗 R_x の値を測定したところ，電流計の指針は最大目盛の1/5を示した。測定した抵抗 R_x〔kΩ〕の値として，正しいのは次のうちどれか。

ただし，電池の電圧 $E = 3$〔V〕，電流計の最大目盛は500〔μA〕とし，R_s は零オーム調整用抵抗を含めた回路計の等価抵抗である。

(1) 21　　(2) 24　　(3) 27　　(4) 30　　(5) 33

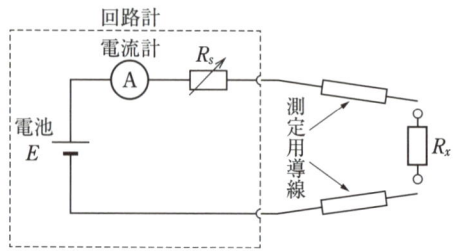

〔平成13年A問題〕

答 (2)

考え方

回路計のゼロオーム調整は，例題図の測定用接触子を短絡させ，電流計の指針500 μA となるように R_s を調整する。等価回路は図6.5(a)となるから，R_s〔Ω〕を次のとおり求める。

$$R_s = \frac{E}{I_0} = \frac{3}{500 \times 10^{-6}} = 6.0 \times 10^3 \text{〔Ω〕}$$

図 6.5

解き方

抵抗 R_x の測定回路は，図6.5(b)となり，R_x を求める。

$$I = \frac{1}{5}I_0 = \frac{1}{5} \times 500 = 100 \text{〔}\mu\text{A〕}$$

$$R_x + R_s = \frac{E}{I}$$

$$R_x = \frac{E}{I} - R_s = \frac{3}{100 \times 10^{-6}} - 6 \times 10^3$$

$$= 24 \times 10^3 \text{〔Ω〕} = 24 \text{〔kΩ〕}$$

例題 4

図のように，それぞれ十分離れた 3 点 A，B，C の地中に接地極が埋設されている。次の (a) 及び (b) に答えよ。

(a) AB 間，BC 間，AC 間の抵抗を測定したところ，それぞれ $r_{ab} = 6.6$〔Ω〕，$r_{bc} = 6.0$〔Ω〕，$r_{ac} = 5.2$〔Ω〕であった。このときの A 点の接地抵抗 R_A〔Ω〕の値として，正しいのは次のうちどれか。

(1) 2.2　(2) 2.9　(3) 3.6　(4) 5.8　(5) 7.2

(b) B 点と C 点を導線で短絡したときの AB 間の抵抗 r_{ab}'〔Ω〕の値として，最も近いのは次のうちどれか。ただし，導線の抵抗は無視できるものとする。

(1) 2.9　(2) 3.8　(3) 4.3　(4) 5.2　(5) 6.6

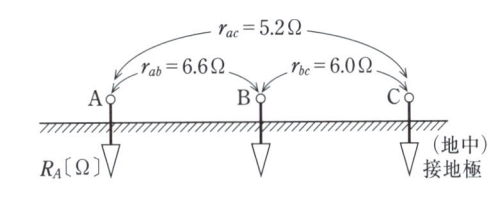

［平成 14 年 B 問題］

答　(a)-(2)，(b)-(3)

考え方　各点の接地抵抗をそれぞれ R_A，R_B，R_C とすると，例題図の等価回路を図 6.6(a) に示す。また，(b) の B 点と C 点を導線で短絡した等価回路を図 6.6(b) に示す。

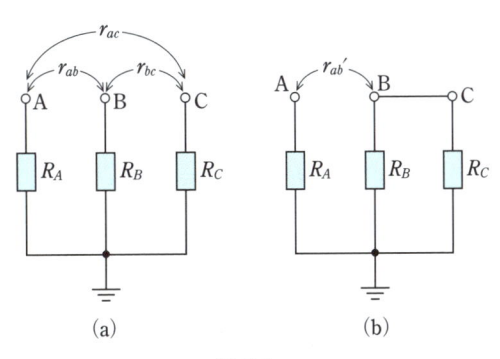

図 6.6

解き方 (a) 図6.6(a)から次式が成り立つ。

$$r_{ab} = R_A + R_B = 6.6 \tag{1}$$
$$r_{bc} = R_B + R_C = 6.0 \tag{2}$$
$$r_{ac} = R_A + R_C = 5.2 \tag{3}$$

式(3)から，
$$R_C = 5.2 - R_A \tag{4}$$

式(4)を式(2)に代入して，
$$R_B + (5.2 - R_A) = 6.0$$
$$\therefore \quad -R_A + R_B = 0.8 \tag{5}$$

式(1)＋式(5)を求めると，
$$R_B = \frac{6.6 + 0.8}{2} = \frac{7.4}{2} = 3.7 \, [\Omega]$$

式(1)から，$R_A = 6.6 - R_B = 6.6 - 3.7 = 2.9 \, [\Omega]$

式(2)から，$R_C = 6.0 - R_B = 6.0 - 3.7 = 2.3 \, [\Omega]$

(b) B点とC点を導線で短絡すると，R_BとR_Cが並列接続となるので，図6.6(b)に示す等価回路となり，求めるAB間の抵抗r_{ab}'は，

$$r_{ab}' = R_A + \frac{R_B \cdot R_C}{R_B + R_C} = 2.9 + \frac{3.7 \times 2.3}{3.7 + 2.3} \fallingdotseq 4.318 \fallingdotseq 4.3 \, [\Omega]$$

例題 5

図は，破線で囲んだ未知のコイルのインダクタンスL_x〔H〕と抵抗R_x〔Ω〕を測定するために使用する交流ブリッジ（マクスウェルブリッジ）の等価回路である。このブリッジが平衡した場合のインダクタンスL_x〔H〕と抵抗R_x〔Ω〕の値として，正しいものを組み合わせたのは次のうちどれか。

ただし，交流ブリッジが平衡したときの抵抗器の値はR_p〔Ω〕，R_q〔Ω〕，標準コイルのインダクタンスと抵抗の値はそれぞれL_s〔H〕，R_s〔Ω〕とする。

(1) $L_x = \dfrac{R_q}{R_p} L_s \qquad R_x = \dfrac{R_q}{R_p} R_s$

(2) $L_x = \dfrac{R_q}{R_p} L_s \qquad R_x = \dfrac{R_p}{R_q} R_s$

(3) $L_x = \dfrac{R_p}{R_q} L_s \qquad R_x = \dfrac{R_q}{R_s} R_p$

(4) $L_x = \dfrac{R_p}{R_q} L_s \qquad R_x = \dfrac{R_p}{R_q} R_s$

(5) $L_x = \dfrac{R_q}{R_p} L_s \qquad R_x = \dfrac{R_q}{R_s} R_p$

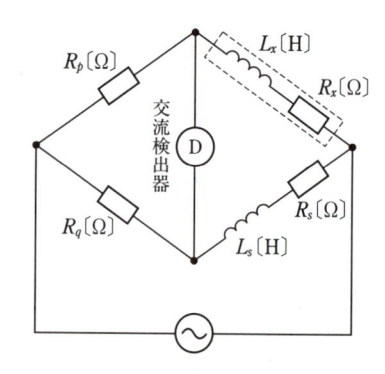

［平成15年A問題］

答 (4)

考え方　マクスウェルブリッジ（Maxwell bridge）はインダクタンス L の測定に広く用いられる。交流ブリッジが平衡する条件は，例題図において交流検出器に電流が流れないことである。

解き方　交流ブリッジの平衡条件は，対角辺のインピーダンスの積が等しいことである。

$$R_p \times (R_s + j\omega L_s) = R_q \times (R_x + j\omega L_x)$$

ブリッジがバランスするためには，上式の実数部および虚数部がそれぞれ等しくなることである。

$$R_p \cdot R_s = R_q \cdot R_x \quad \Rightarrow \quad R_x = \frac{R_p}{R_q} R_s$$

$$R_p \omega L_s = R_q \omega L_x \quad \Rightarrow \quad L_x = \frac{R_p}{R_q} L_s$$

例題 6

電気計測に関する記述について，次の（a）及び（b）に答えよ。

(a) ある量の測定に用いる方法には各種あるが，指示計器のように測定量を指針の振れの大きさに変えて，その指示から測定量を知る方法を　(ア)　法という。これに比較して精密な測定を行う場合に用いられている　(イ)　法は，測定量と同種類で大きさを調整できる既知量を別に用意し，既知量を測定量に平衡させて，そのときの既知量の大きさから測定量を知る方法である。　(イ)　法を用いた測定器の例としては，ブリッジや　(ウ)　がある。

上記の記述中の空白箇所（ア），（イ）及び（ウ）に当てはまる語句として，正しいものを組み合わせたのは次のうちどれか。

	（ア）	（イ）	（ウ）
(1)	偏位	零位	直流電位差計
(2)	偏位	差動	誘導形電力量計
(3)	間接	零位	直流電位差計
(4)	間接	差動	誘導形電力量計
(5)	偏位	零位	誘導形電力量計

(b) 図は，ケルビンダブルブリッジの原理図である。図において R_x〔Ω〕が未知の抵抗，R_s〔Ω〕は可変抵抗，P〔Ω〕，Q〔Ω〕，p〔Ω〕，q〔Ω〕は固定抵抗である。このブリッジは，抵抗 R_x〔Ω〕のリード線の抵抗が，固定抵抗 r〔Ω〕及び直流電源側の接続線に含まれる回路構成となっており，低い抵抗の測定に適している。

図の回路において，固定抵抗 P〔Ω〕，Q〔Ω〕，p〔Ω〕，q〔Ω〕の抵抗値が　(ア)　$=0$ の条件を満たしていて，可変抵抗 R_s〔Ω〕，固定抵抗 r

〔Ω〕においてブリッジが平衡している。この場合は，次式から抵抗 R_x〔Ω〕が求まる。

$$R_x = (\boxed{\text{(イ)}})R_s$$

この式が求まることを次の手順で証明してみよう。

〔証明〕

回路に流れる電流を図に示すように I〔A〕，i_1〔A〕，i_2〔A〕とし，閉回路Ⅰ及びⅡにキルヒホッフの第2法則を適用すると式(1)，(2)が得られる。

$$Pi_1 = R_xI + pi_2 \tag{1}$$
$$Qi_1 = R_sI + qi_2 \tag{2}$$

式(1)，(2)から

$$\frac{P}{Q} = \frac{R_xI + pi_2}{R_sI + qi_2} = \frac{R_x + p\dfrac{i_2}{I}}{R_s + q\dfrac{i_2}{I}} \tag{3}$$

また，I は $(p+q)$ と r の回路に分流するので，$(p+q)i_2 = r(I-i_2)$ の関係から式(4)が得られる。

$$\frac{i_2}{I} = \boxed{\text{(ウ)}} \tag{4}$$

ここで，$K = \boxed{\text{(ウ)}}$ とし，式(3)を整理すると式(5)が得られ，抵抗 R_x〔Ω〕が求まる。

$$R_x = (\boxed{\text{(イ)}})R_s + (\boxed{\text{(ア)}})qK \tag{5}$$

上記の記述中の空白箇所（ア），（イ）及び（ウ）に当てはまる式として，正しいものを組み合わせたのは次のうちどれか。

	（ア）	（イ）	（ウ）
(1)	$\dfrac{P}{Q} - \dfrac{p}{q}$	$\dfrac{P}{Q}$	$\dfrac{r}{p+q+r}$
(2)	$\dfrac{p}{q} - \dfrac{P}{Q}$	$\dfrac{P}{q}$	$\dfrac{p}{p+r}$
(3)	$\dfrac{p}{q} - \dfrac{P}{Q}$	$\dfrac{Q}{p}$	$\dfrac{q}{q+r}$
(4)	$\dfrac{Q}{P} - \dfrac{q}{p}$	$\dfrac{Q}{P}$	$\dfrac{r}{p+q+r}$
(5)	$\dfrac{P}{Q} - \dfrac{p}{q}$	$\dfrac{P}{Q}$	$\dfrac{p}{p+q+r}$

［平成21年B問題］

答 (a)-(1)，(b)-(1)

考え方 (a) 偏位法とは，被測定量によって計測器にかたよりを生じさせ，その偏位量から被測定量を計測する方法である。指示電気計器を用いる電気計測は，多くこの方法に分類される。

零位法とは，被測定量と既知量とを比較する場合に，平衡状態では

検出器の偏位をゼロにする方法である。

(b) ケルビンダブルブリッジ法は，低抵抗の測定法の代表的なもので，太い裸電線のような低抵抗の測定に広く用いられる。

例題図において，P と Q とは比例辺，p と q とは補助抵抗辺で，p/q の値は，常に P/Q の値と等しくなるように両者を連動させている。

解き方 (a) 零位法は，偏位法に比べて測定に手数を要するが，精密な測定結果が得られる。これは，偏位法では計測器に偏位を生じさせるために，被測定量からエネルギーを取り出し，それだけ被測定量の状態を乱すことになるが，零位法ではこのようなことがなく，かつ偏位部分の摩擦などによる誤差を生じることがない。

(b) 例題の証明に従って計算する。

$$Pi_1 = R_x I + p i_2 \tag{1}$$

$$Qi_1 = R_s I + q i_2 \tag{2}$$

式(1)，式(2)から，

$$\frac{P}{Q} = \frac{R_x I + p i_2}{R_s I + q i_2} = \frac{R_x + p\dfrac{i_2}{I}}{R_s + q\dfrac{i_2}{I}} \tag{3}$$

また，I は $(p+q)$ と r の回路に分流するので，$(p+q)i_2 = r(I-i_2)$ の関係から，

$$(p+q)i_2 = rI - r i_2$$

$$(p+q+r)i_2 = rI$$

$$\frac{i_2}{I} = \frac{r}{p+q+r} \tag{4}$$

ここで，$K = i_2/I = r/(p+q+r)$ として，式(3)に代入し整理すると，次のとおり。

$$\frac{P}{Q} = \frac{R_x + pK}{R_s + qK}$$

$$R_x + pK = \frac{P}{Q}(R_s + qK) = \frac{P}{Q}R_s + \frac{P}{Q}qK$$

$$R_x = \frac{P}{Q}R_s + \frac{P}{Q}qK - pK = \frac{P}{Q}R_s + \left(\frac{P}{Q} - \frac{p}{q}\right)qK \tag{5}$$

したがって，$P/Q - p/q = 0$ ならば，P，Q，R_x，R_s のブリッジが平衡し，未知抵抗が，

$$R_x = \frac{P}{Q}R_s$$

となる。

6.3 分流器，倍率器および指示計器の誤差

例題 1

内部抵抗 $r = 2$ 〔kΩ〕，最大目盛 1〔V〕の直流電圧計がある。この電圧計に，$R_{m1} = 18$〔kΩ〕，$R_{m2} = 40$〔kΩ〕の抵抗を図のように接続して，測定範囲を拡大した。

図の端子 C，D（負極端子）を用いて直流電圧源の電圧 8〔V〕を測定したとき，電圧計の指針の振れを示す図として，最も近いのは次のうちどれか。

ただし，直流電圧源の内部抵抗は無視できるものとする。また，電圧計の目盛は等分目盛とする。

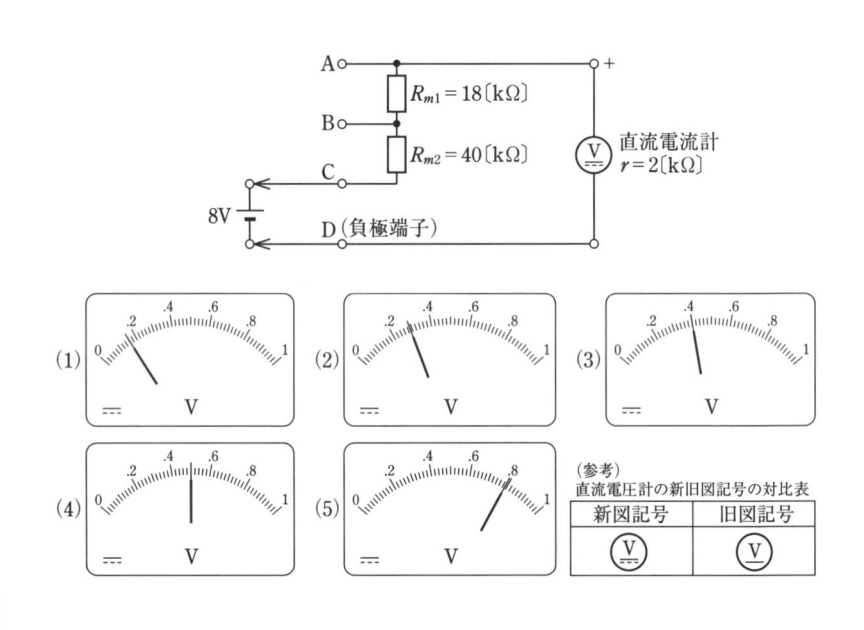

［平成 16 年 A 問題］

答 (2)

考え方　例題の図は，図 6.7 と等価である。図 6.7 に示すように直流電圧源の電圧 $E = 8$〔V〕の直流電圧計での分圧値 V〔V〕が電圧計の指針の振れを示す。

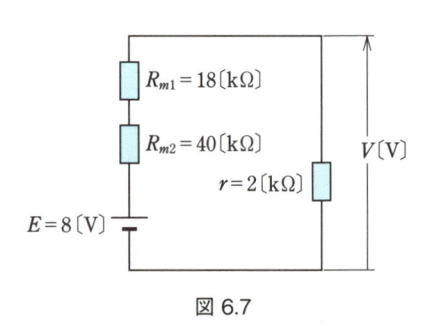

図 6.7

解き方

求める直流電圧計の指示値 V〔V〕は，次式のとおり。

$$V = \frac{E}{R_{m1}+R_{m2}+r} \times r = \frac{8 \times 2 \times 10^3}{(18+40+2) \times 10^3} = \frac{16}{60}$$

$$\fallingdotseq 0.27 \text{〔V〕}$$

例題 2

可動コイル形計器について，次の (a) 及び (b) に答えよ。

(a) 次の文章は，可動コイル形電流計の原理について述べたもので，図はその構造を示す原理図である。

計器の指針に働く電流によるトルクは，その電流の （ア） に比例する。これに脈流を流すと可動部の （イ） モーメントが大きいので，指針は電流の （ウ） を指示する。

この計器を電圧計として使用する場合，（エ） を使う。

上記の記述中の空白箇所 (ア)，(イ)，(ウ) 及び (エ) に当てはまる語句として，正しいものを組み合わせたのは次のうちどれか。

	(ア)	(イ)	(ウ)	(エ)
(1)	1乗	慣性	平均値	倍率器
(2)	1乗	回転	平均値	分流器
(3)	1乗	回転	瞬時値	倍率器
(4)	2乗	回転	実効値	分流器
(5)	2乗	慣性	実効値	倍率器

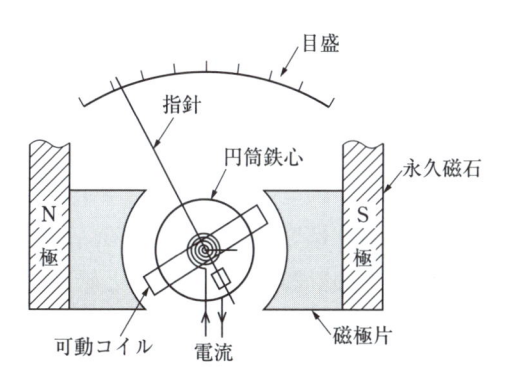

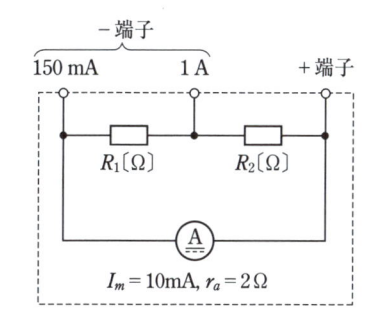

6.3 分流器，倍率器および指示計器の誤差

(b) 内部抵抗 $r_a = 2\,[\Omega]$,最大目盛 $I_m = 10\,[\text{mA}]$ の可動コイル形電流計を用いて,最大 150 [mA] と最大 1 [A] の直流電流を測定できる多重範囲の電流計を作りたい。そこで,図のような二つの一端子を有する多重範囲の電流計を考えた。抵抗 $R_1\,[\Omega]$,$R_2\,[\Omega]$ の値として,最も近いものを組み合わせたのは次のうちどれか。

	$R_1\,[\Omega]$	$R_2\,[\Omega]$
(1)	0.12	0.021
(2)	0.12	0.042
(3)	0.14	0.021
(4)	0.24	0.012
(5)	0.24	0.042

[平成 19 年 B 問題]

答　(a)-(1),(b)-(1)

考え方　可動コイル形計器の主要部分は,例題図に示すように,永久磁石 N・S,軟鉄を用いた磁極片,円筒鉄心,長方形の巻枠の上に巻かれた可動コイル,制御ばね,軸受および指針などから構成されている。感度も良く,正確さの高い計器をつくることができる。

可動コイル形電流計は,可動コイルに流せる電流が数十 mA 程度にすぎないので,50 mA 程度以上の大きさの電流を測るには分流器を用いる。

解き方　(a) 可動コイル形計器では,可動コイルは永久磁石,磁極片および円筒鉄心によってつくられる磁束密度 B の一様な放射状の磁界の中に置かれている。この計器では,コイルの回転角 θ は,電流 I に比例するので目盛りは等分目盛りとなる。

また,この計器に脈流を流すと脈流する電流の平均値を指示する。

(b) 抵抗 $R_1\,[\Omega]$,抵抗 $R_2\,[\Omega]$ の値を求める。

(1) 最大測定値 150 mA の場合

図 6.8(a) の等価回路より端子電圧 V は次のとおり。

$$V = I_m r_a = 10 \times 10^{-3} \times 2 = 20 \times 10^{-3}\,[\text{V}]$$

図 6.8(a) に示すように抵抗 R_1 と R_2 に流れる電流は,$150 - 10 = 140\,[\text{mA}]$ なので,

$$R_1 + R_2 = \frac{20 \times 10^{-3}}{140 \times 10^{-3}} \fallingdotseq 0.143\,[\Omega]$$

$$R_1 = 0.143 - R_2\,[\Omega] \tag{1}$$

図6.8のように、150 mA の端子に流れる電流 140 mA が R_1, R_2 を通り、10 mA が $r_a = 2\,[\Omega]$ を通る。

(a) $V = I_m r_a = 10 \times 10^{-3} \times 2\,[\text{V}]$

(b) $V = 990 \times 10^{-3} \times R_2\,[\text{V}]$

図 6.8

(2) 最大測定値 1 A の場合

図 6.8(b) の等価回路より端子電圧 V は次のとおり。

$$V = 990 \times 10^{-3} \times R_2 = 10 \times 10^{-3} \times (2 + R_1) \quad (2)$$

式(2)に式(1)を代入して、

$$990 \times 10^{-3} \times R_2 = 10 \times 10^{-3} \times (2 + 0.143 - R_2)$$

R_2 を求める。

$$990\,R_2 = 21.43 - 10\,R_2$$
$$1\,000\,R_2 = 21.43$$
$$R_2 \fallingdotseq 0.021\,[\Omega]$$
$$R_1 = 0.143 - 0.021 = 0.122 \fallingdotseq 0.12\,[\Omega]$$

例題 3

図1のように、定格電流 1 [mA]、内部抵抗 $R_m = 23\,[\Omega]$ の電流計と抵抗器 $R_s\,[\Omega]$ の抵抗器で構成された定格電圧 5 [V] の電圧計がある。次の(a)及び(b)に答えよ。

ただし、電圧計として用いる電流計の目盛 0〜1 [mA] は、0〜5 [V] に読み替えるものとし、電圧計の端子 a は正極とする。

(a) この抵抗器の $R_s\,[\Omega]$ の値として、正しいのは次のうちどれか。

(1) 4 947 (2) 4 960 (3) 4 977 (4) 5 000 (5) 5 023

図 1 図 2

6.3 分流器, 倍率器および指示計器の誤差

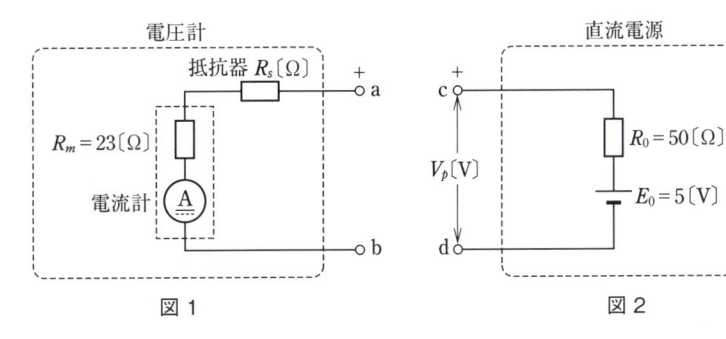

(b) 図2のような電圧 $E_0 = 5$ 〔V〕, 内部抵抗 $R_0 = 50$ 〔Ω〕の直流電源の端子 c, d に, この電圧計の端子 a, b をそれぞれ接続し, 電圧 V_p 〔V〕を測定した。電圧計が指示した V_p 〔V〕の値として, 最も近いのは次のうちどれか。

(1) 4.90 　　(2) 4.95 　　(3) 4.97 　　(4) 5.00 　　(5) 5.02

[平成15年B問題]

答 (a)-(3), (b)-(2)

考え方 抵抗値 R_s 〔Ω〕を求めるには, 例題図1の a, b 端を定格電圧 $V = 5$ 〔V〕とし, 電流計に定格電流 $I = 1$ 〔mA〕が流れたとき, R_s と R_m の関係は次のとおり。

$$R_s + R_m = \frac{V}{I} = \frac{5}{1 \times 10^{-3}} = 5\,000 \tag{1}$$

解き方 (a) 抵抗器の R_s の値

式(1)から次のとおり求める。
$$R_s = 5\,000 - R_m = 5\,000 - 23 = 4\,977 \text{ 〔Ω〕}$$

(b) 電圧計が指示した V_p 〔V〕の値

図6.9に電圧計を直流電源に接続したときの等価回路を示す。電流計は短絡する。

測定電圧 V_p 〔V〕は, 直流電源の電圧 E_0 〔V〕が, 電圧計の抵抗 $(R_m + R_s)$ と, 直流電源の内部抵抗 R_0 で分圧されるので,

$$V_p = \frac{(R_m + R_s)}{(R_m + R_s) + R_0} \times E_0 = \frac{5\,000}{5\,000 + 50} \times 5 \fallingdotseq 4.95 \text{ 〔V〕}$$

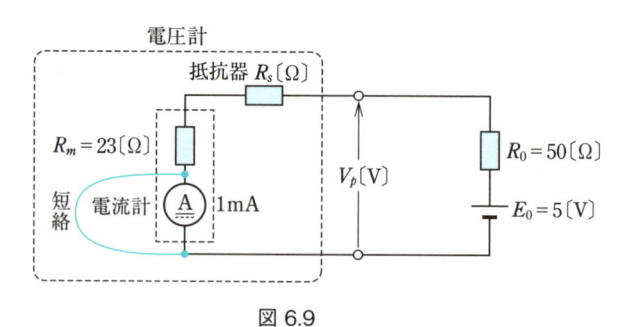

図6.9

例題 4

最大目盛 100〔mA〕，階級 1.0 級（JIS）の単一レンジの電流計がある。この電流計で 40〔mA〕を測定するときに，この電流計に許されている誤差〔mA〕の大きさの最大値として，正しいのは次のうちどれか。

(1) 0.2　　(2) 0.4　　(3) 1.0　　(4) 2.0　　(5) 4.0

[平成 20 年 A 問題]

答 (3)

考え方　誤差は，表 6.4 に示すように JIS により，計器の階級に応じてある誤差が認められている。この誤差の許容限度を許容差という。表 6.4 は最大目盛りに対する % で表している。

表 6.4　計器の許容誤差

階　級	許容誤差 （最大目盛りに対する %）
0.2 級	±0.2
0.5 級	±0.5
1.0 級	±1.0
1.5 級	±1.5
2.5 級	±2.5

解き方　階級 1.0 級の電流計は，最大目盛りの 1.0〔%〕の誤差が許容される。最大目盛りが 100 mA であるから，この電流計に許されている誤差は，

$$100 \times 0.01 = 1.0 \text{〔mA〕}$$

になる。

例題 5

次の文章は，電圧計と電流計を用いて抵抗負荷の直流電力を測定する場合について述べたものである。

電源 E〔V〕，負荷抵抗 R〔Ω〕，内部抵抗 R_v〔Ω〕の電圧計及び内部抵抗 R_a〔Ω〕の電流計を，それぞれ図 1，図 2 のように結線した。図 1 の電圧計及び電流計の指示値はそれぞれ V_1〔V〕，I_1〔A〕，図 2 の電圧計及び電流計の指示値はそれぞれ V_2〔V〕，I_2〔A〕であった。

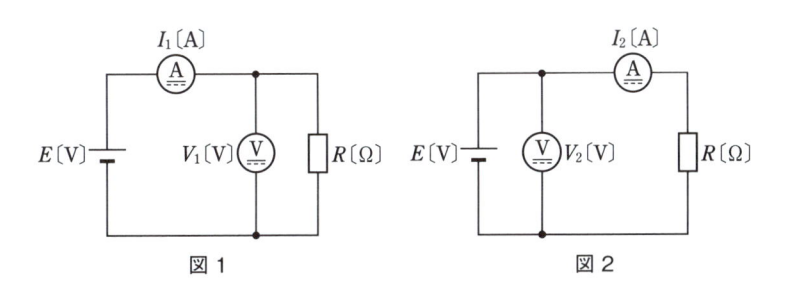

図 1　　　　　　　　図 2

図1の回路では，測定で求めた電力 $V_1 I_1$〔W〕には，計器の電力損失 （ア）〔W〕が誤差として含まれ，図2の回路では，測定で求めた電力 $V_2 I_2$〔W〕には，同様に （イ）〔W〕が誤差として含まれる。

したがって，$R_v = 10$〔kΩ〕，$R_a = 2$〔Ω〕，$R = 160$〔Ω〕であるときは， （ウ） の回路を利用する方が，電力測定の誤差率を小さくできる。

ただし，計器の電力損失に対する補正は行わないものとする。

上記の記述中の空白箇所（ア），（イ）及び（ウ）に当てはまる語句又は式として，正しいものを組み合わせたのは次のうちどれか。

	（ア）	（イ）	（ウ）
(1)	$\dfrac{V_1^2}{R_v}$	$I_2^2 R_a$	図2
(2)	$I_1^2 R_a$	$\dfrac{V_2^2}{R_v}$	図1
(3)	$I_1^2 R_a$	$\dfrac{V_2^2}{R_v}$	図2
(4)	$\dfrac{V_1^2}{R_v}$	$I_2^2 R_a$	図1
(5)	$I_1 R_a^2$	$\dfrac{V_2^2}{R_v}$	図2

〔平成19年A問題〕

答 (1)

考え方

測定値を M，真値を T とすると，

誤差 ε は，$\varepsilon = M - T$

誤差率 $\%\varepsilon$ は，$\%\varepsilon = \dfrac{M-T}{T} \times 100$〔%〕

補正 α は，$\alpha = T - M$

補正率 $\%\alpha$ は，$\%\alpha = \dfrac{T-M}{M} \times 100$〔%〕

解き方

例題図1の等価回路を図6.10 (a) に示す。I_1 は，$I_1 = V_1/R_v + V_1/R$ となることから，

$$V_1 I_1 = V_1 \left(\dfrac{V_1}{R_v} + \dfrac{V_1}{R} \right) = \dfrac{V_1^2}{R_v} + \dfrac{V_1^2}{R}$$

となり，誤差は V_1^2/R_v となる。

例題図2の等価回路を図6.10(b)に示す。V_2 は，$V_2 = I_2 R_a + I_2 R$ となることから，

$$V_2 I_2 = (I_2 R_a + I_2 R) I_2 = I_2^2 R_a + I_2^2 R$$

となり，誤差は $I_2^2 R_a$ となる。

図6.10(a)の誤差率 ε_v は，

$$\varepsilon_v = \frac{\dfrac{V_1{}^2}{R_v}}{\dfrac{V_1{}^2}{R}} \times 100 = \frac{R}{R_v} \times 100 = \frac{160}{10\,000} \times 100 = 1.6 \;[\%]$$

図 6.10(b) の誤差率 ε_a は，

$$\varepsilon_a = \frac{I_2{}^2 R_a}{I_2{}^2 R} \times 100 = \frac{R_a}{R} \times 100 = \frac{2}{160} \times 100 = 1.25 \;[\%]$$

このため，例題図 2 の回路のほうが誤差率は小さい。

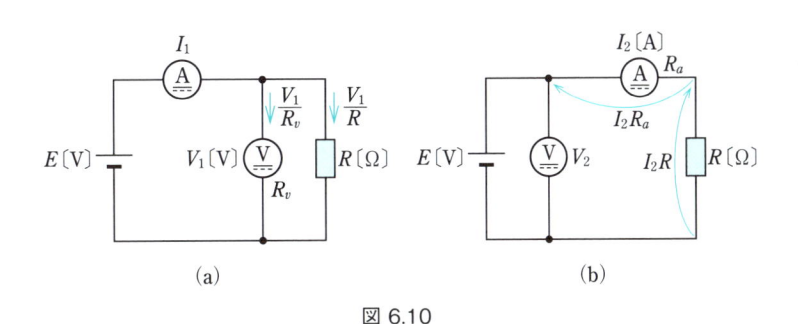

図 6.10

例題 6

電力量計について，次の(a)及び(b)に答えよ。

(a) 次の文章は，交流の電力量計の原理について述べたものである。

　計器の指針等を駆動するトルクを発生する動作原理により計器を分類すると，図に示した構造の電力量計の場合は，　(ア)　に分類される。

　この計器の回転円板が負荷の電力に比例するトルクで回転するように，図中の端子 a から f を　(イ)　のように接続して，負荷電圧を電圧コイルに加え，負荷電流を電流コイルに流す。その結果，コイルに生じる磁束による移動磁界と，回転円板上に生じる渦電流との電磁力の作用で回転円板は回転する。

　一方，永久磁石により回転円板には速度に比例する　(ウ)　が生じ，負荷の電力に比例する速度で回転円板は回転を続ける。したがって，計量装置でその回転数をある時間計量すると，その値は同時間中に消費された電力量を表す。

　上記の記述中の空白箇所（ア），（イ）及び（ウ）に当てはまる語句又は記号として，正しいものを組み合わせたのは次のうちどれか。

	（ア）	（イ）	（ウ）
(1)	誘導形	ac，de，bf	駆動トルク
(2)	電流力計形	ad，bc，ef	制動トルク
(3)	誘導形	ac，de，bf	制動トルク
(4)	電流力計形	ad，bc，ef	駆動トルク
(5)	電力計形	ac，de，bf	駆動トルク

(b) 上記 (a) の原理の電力量計の使用の可否を検討するために，電力量計の計量の誤差率を求める実験を行った．実験では，3〔kW〕の電力を消費している抵抗負荷の交流回路に，この電力量計を接続した．このとき，電力量計はこの抵抗負荷の消費電力量を計量しているので，計器の回転円板の回転数を測定することから計量の誤差率を計算できる．

電力量計の回転円板の回転数を測定したところ，回転数は 1 分間に 61 であった．この場合，電力量計の計量の誤差率〔%〕の大きさの値として，最も近いのは次のうちどれか．

ただし，電力量計の計器定数（1〔kW·h〕当たりの回転円板の回転数）は，1 200〔rev/kW·h〕であり，回転円板の回転数と計量装置の計量値の関係は正しいものとし，電力損失は無視できるものとする．

(1) 0.2　　(2) 0.4　　(3) 1.0　　(4) 1.7　　(5) 2.1

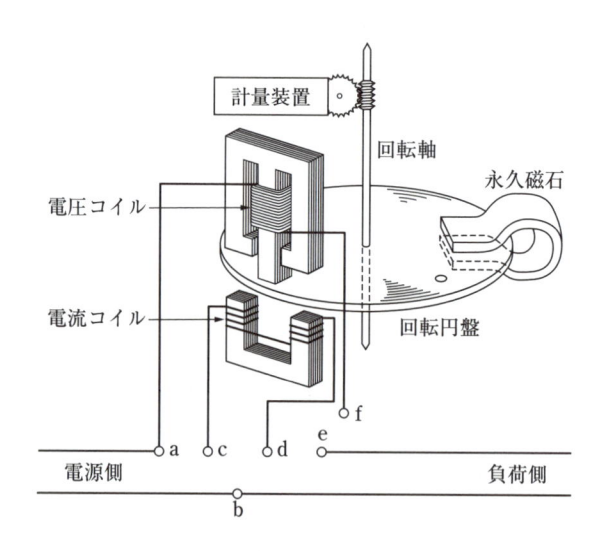

［平成 22 年 B 問題］

答　(a)-(3)　(b)-(4)

考え方　図 6.11 は，一般家庭でよく目にする誘導形電力量計である．原理としてはアラゴーの円盤を応用したもので，計器の内部には電力に見合った速度で回転する円盤がある．

円盤を挟み込むようにして電圧コイルと電流コイルとが配置されており，これらが円盤を駆動させる原動力を生む．円盤の回転速度を電力に比例させるため，永久磁石を他方に配置して制動トルクを生じさせている．

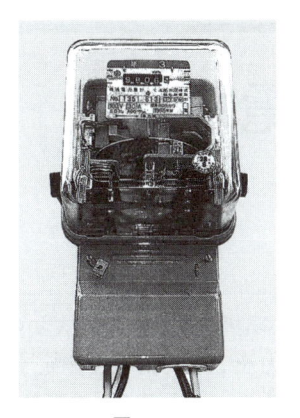

図 6.11

解き方

(a) 誘導形電力量の原理

電力量計の電圧コイルと電流コイルは図 6.12 のように接続される。回転円盤の駆動トルクは，電流磁束による渦電流と電圧磁束との間のトルクと，電圧磁束による渦電流と電流磁束との間のトルク合成で回転トルクとなる。

(b) 電力量計の計量誤差率

電力量計の計器定数が 1 200 rev/kW·h で，1 分間の回転数が 61 の計測電力量を W_M とすると

$$W_M = \frac{60}{1\,200} \times 61 = 3.05 \text{ [kW·h]}$$

抵抗負荷 3 kW の 1 時間値 W_T は，

$$W_T = 3 \times 1 = 3 \text{ [kW·h]}$$

誤差率 ε 〔%〕は，

$$\varepsilon = \frac{W_M - W_T}{W_T} \times 100 = \frac{3.05 - 3}{3} \times 100 \fallingdotseq 1.667 \fallingdotseq 1.7 \text{ [\%]}$$

となる。

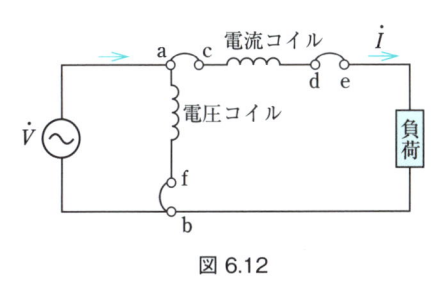

図 6.12

6.4 三相電力測定

例題 1

図のように，線間電圧 200〔V〕の対称三相交流電源から三相平衡負荷に供給する電力を二電力計法で測定する。2 台の電力計 W_1 及び W_2 を正しく接続したところ，電力計 W_2 の指針が逆振れを起こした。電力計 W_2 の電圧端子の極性を反転して接続した後，2 台の電力計の指示値は，電力計 W_1 が 490〔W〕，電力計 W_2 が 25〔W〕であった。このときの対称三相交流電源が三相平衡負荷に供給する電力〔W〕の値として，正しいのは次のうちどれか。

ただし，三相交流電源の相回転は a，b，c の順とし，電力計の電力損失は無視できるものとする。

(1) 25 　(2) 258 　(3) 465 　(4) 490 　(5) 515

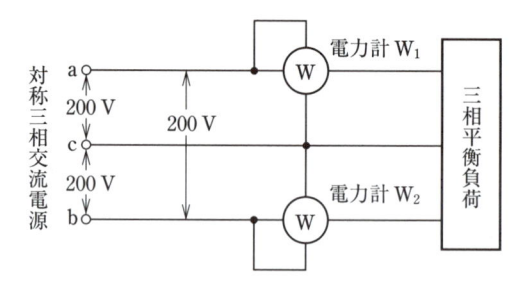

〔平成 15 年 A 問題〕

答 (3)

考え方　単相電力計を 2 個用いて三相電力を測定する方法を二電力計法という。

例題図をベクトル図で表すと図 6.13 となり，W_1 および W_2 は次のとおり。

$$W_1 = V_{ac} I_a \cos\left(\frac{\pi}{6} - \theta\right)$$

$$W_2 = V_{bc} I_b \cos\left(\frac{\pi}{6} + \theta\right)$$

三相平衡回路では $V_{ac} = V_{bc} = V$（線間電圧），$I_a = I_b = I_c = I$（線電流）であるから，上式は次のように表される。

$$W_1 = VI \cos\left(\frac{\pi}{6} - \theta\right)$$

$$W_2 = VI \cos\left(\frac{\pi}{6} + \theta\right)$$

単相電力計の和が三相電力 W を表す。

$$W = W_1 + W_2 = VI\left\{\cos\left(\frac{\pi}{6} - \theta\right) + \cos\left(\frac{\pi}{6} + \theta\right)\right\}$$

$$= VI\left\{\cos\frac{\pi}{6}\cos\theta + \sin\frac{\pi}{6}\sin\theta + \cos\frac{\pi}{6}\cos\theta - \sin\frac{\pi}{6}\sin\theta\right\}$$

$$= VI \times 2\cos\frac{\pi}{6}\cos\theta = 2VI \times \frac{\sqrt{3}}{2}\cos\theta$$

$$= \sqrt{3}\,VI \cos\theta \;[\text{W}]$$

力率が 0.5 ($\theta = 60°$) 以下になると，いずれか一方の指示が負（逆振れ）になる。そのときは，電圧端子を切り換えて指示を読み取る。この指示は負の値とする。

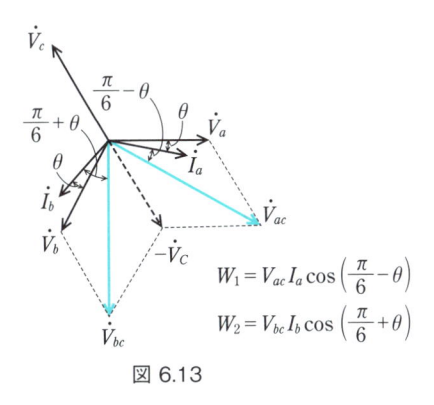

図 6.13

$$W_1 = V_{ac} I_a \cos\left(\frac{\pi}{6} - \theta\right)$$
$$W_2 = V_{bc} I_b \cos\left(\frac{\pi}{6} + \theta\right)$$

解き方 W_2 の指針が逆振れを起こし，電圧端子の極性を反転して接続し測定しているので W_2 の値は負とする。

$$W_1 = 490 \;[\text{W}]$$
$$W_2 = -25 \;[\text{W}]$$

三相平衡負荷に供給する電力 W の値は次のとおり。

$$W = W_1 + W_2 = 490 - 25 = 465 \;[\text{W}]$$

例題 2

図は，単相交流 6 600〔V〕の電源に接続されている負荷の電力及び力率を発信装置付電力量計及び電流計を用いて計測する回路である。この場合，次の（a）及び（b）に答えよ。

(a) 計器用変圧器 VT 及び変流器 CT_1 の二次側に接続した電力量計の発信装置の出力パルスを，負荷が安定している 10 分間測定したところ，そのパルス数は 130 であった。この負荷の 1 時間当たりの消費電力量〔kW・h〕の値として，正しいのは次のうちどれか。

ただし，この電力量計の発信装置の 1〔kW・h〕当たりの出力パルス数は 4 000 である。また，VT 及び CT_1 の一次定格/二次定格は，それぞれ 6 600 V/110 V 及び 100 A/5 A である。

(1) 202　　(2) 234　　(3) 245　　(4) 278　　(5) 300

(b) この負荷に流れる電流を変流器 CT_2 の二次側に接続した電流計で測ったところ，電流計は 2.0〔A〕を示した。この負荷の力率〔%〕の値として，正しいのは次のうちどれか。

ただし，変流器 CT_2 の一次定格/二次定格は，100 A/5 A である。

(1) 76　　(2) 82　　(3) 85　　(4) 89　　(5) 92

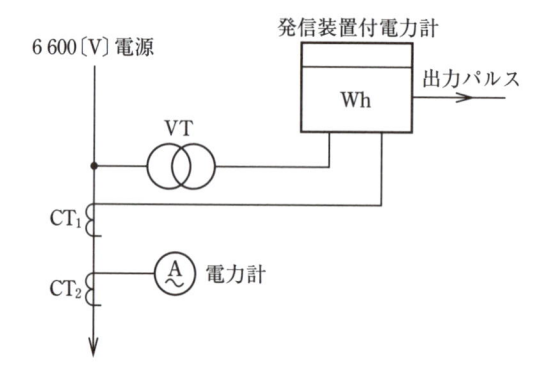

［平成 13 年 B 問題］

答　(a)-(2), (b)-(4)

考え方

VT の一次定格/二次定格が 6 600 V/110 V，CT_1 の一次定格/二次定格が 100 A/5 A であるため，二次側で測定した消費電力 W_2 を一次側に換算するためには，W_1 を一次側換算値とすると，

$$W_1 = W_2 \times \frac{6\,600}{110} \times \frac{100}{5} = W_2 \times 1\,200$$

となり，W_1 は W_2 の 1 200 倍となる。

また，CT_2 の一次定格/二次定格が 100 A/5 A であるため，I_2 を二次側電流，I_1 を 1 次側電流とすると，

$$I_1 = I_2 \times \frac{100}{5} = I_2 \times 20$$

となり，I_1 は I_2 の 20 倍となる。

解き方 (a) 電力量計で測定したパルス数は 10 分間で 130 なので 1 時間あたり，

$$130 \times \frac{60}{10} = 780 \text{ [パルス]}$$

1 kW·h あたり 4 000 パルスより，二次側で測定した電力量は，

$$1 \text{ [kW·h]} \times \frac{780}{4\,000} = 0.195 \text{ [kW·h]}$$

一次側に換算すると，1 200 倍する。
1 時間のあたりの一次側の消費電力量 W_1 は次のとおり。

$$W_1 = 0.195 \times 1\,200 = 234 \text{ [kW·h]}$$

(b) 一次電流 I_1 は，二次電流 $I_2 = 2$ [A] を 20 倍して求める。

$$I_1 = 2 \times 20 = 40 \text{ [A]}$$

$$\text{一次皮相電力} = 6.6 \text{ [kV]} \times 40 \text{ [A]} = 264 \text{ [kVA]}$$

この負荷の力率の値は次のとおり。

$$\text{負荷力率} = \frac{\text{一次消費電力}}{\text{一次皮相電力}} \times 100 = \frac{234}{264} \times 100 \fallingdotseq 89 \text{ [\%]}$$

6.5 オシロスコープ

例題 1

オシロスコープを用いて電圧波形を観測する場合，垂直入力端子に正弦波電圧を加えると垂直偏向電極にはそれと同じ波形の電圧が加わり，水平偏向電極には内部で発生する　(ア)　電圧が加わるので，蛍光膜上に　(イ)　電圧の波形が表示される。

また，垂直及び水平の両入力端子に，同相で同じ大きさの正弦波電圧を加えると　(ウ)　のリサジュー図形が蛍光膜上に表示される。

上記の記述中の空白箇所（ア），（イ）及び（ウ）に記入する語句として，正しいものを組み合わせたのは次のうちどれか。

	（ア）	（イ）	（ウ）
(1)	のこぎり波	正弦波	直線状
(2)	正弦波	のこぎり波	円形
(3)	方形波	のこぎり波	直線状
(4)	方形波	方形波	だ円形
(5)	のこぎり波	正弦波	円形

（ウ）の参考図

　　　直線状　　　　円　形　　　　だ円形

［平成 12 年 A 問題］

答 (1)

考え方

図 6.14(a) にオシロスコープの構造を示す。垂直偏向板は測定したい電圧を加える。水平偏向板は，オシロスコープの中で発生したのこぎり波を加えるとこである。これに電圧を加わえると，電子流は水平に振れる。これによって，静止した波形が描かれる。

振幅の等しい 2 つの単振動が直交するときに，合成させて生ずる図形をリサジュー図形という。

オシロスコープの水平偏向板と垂直偏向板とに，周波数が f_h, f_v の交流電圧 e_h, e_v を加えたとき，周波数比 f_v, f_h と位相角 θ によって，図 6.14(b) に示すリサジュー図形となる。

図 6.14

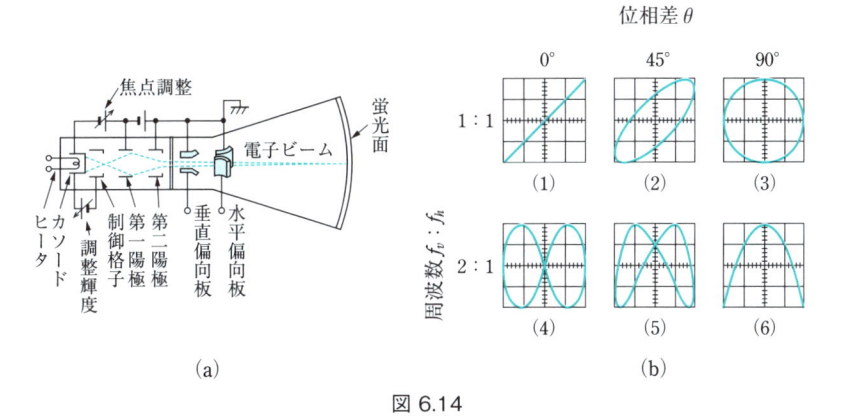

解き方

のこぎり波を水平偏向電極に加え，垂直軸に正弦波電圧を加わえると，横軸は時間，縦軸は正弦波電圧となるので，画面には正弦波が表示される。

同一位相，同一振幅の正弦波を横軸 e_h，縦軸 e_v に加えるので，$e_h = V_m \sin \omega t$，$e_v = V_m \sin \omega t$ として，$e_h = e_v$ となる。図 6.14(b) の (1) に示す直線が表示される。

例題 2

ブラウン管オシロスコープは，水平・垂直偏向電極を有し，波形観測ができる。次の (a) 及び (b) に答えよ。

(a) 垂直偏向電極のみに，正弦波交流電圧を加えた場合は，蛍光面に　(ア)　のような波形が現れる。また，水平偏向電極のみにのこぎり波電圧を加えた場合は，蛍光面に　(イ)　のような波形が現れる。また，これらの電圧をそれぞれの電極に加えると，蛍光面に　(ウ)　のような波形が現れる。このとき波形を静止させて見るためには，垂直偏向電極の電圧の周波数と水平偏向電極の電圧の繰返し周波数との比が整数でなければならない。

上記の記述中の空白箇所 (ア)，(イ) 及び (ウ) に当てはまる語句として，正しいものを組み合わせたのは次のうちどれか。

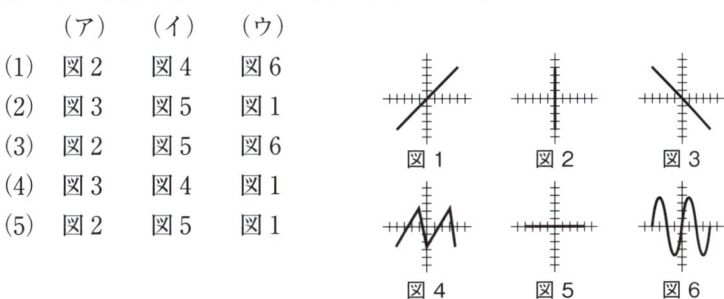

	(ア)	(イ)	(ウ)
(1)	図2	図4	図6
(2)	図3	図5	図1
(3)	図2	図5	図6
(4)	図3	図4	図1
(5)	図2	図5	図1

6.5 オシロスコープ

(b) 正弦波電圧 v_a 及び v_b をオシロスコープで観測したところ，蛍光面に図7に示すような電圧波形が現れた。同図から，v_a の実効値は ［（ア）］〔V〕，v_b の周波数は ［（イ）］〔kHz〕，v_a の周期は ［（ウ）］〔ms〕，v_a と v_b の位相差は ［（エ）］〔rad〕であることが分かった。

ただし，オシロスコープの垂直感度は 0.1〔V〕/div，掃引時間は 0.2〔ms〕/div とする。

上記の記述中の空白箇所（ア），（イ），（ウ）及び（エ）に当てはまる最も近い値として，正しいものを組み合わせたのは次のうちどれか。

	（ア）	（イ）	（ウ）	（エ）
(1)	0.21	1.3	0.8	$\dfrac{\pi}{4}$
(2)	0.42	1.3	0.4	$\dfrac{\pi}{3}$
(3)	0.42	2.5	0.4	$\dfrac{\pi}{3}$
(4)	0.21	1.3	0.4	$\dfrac{\pi}{4}$
(5)	0.42	2.5	0.8	$\dfrac{\pi}{2}$

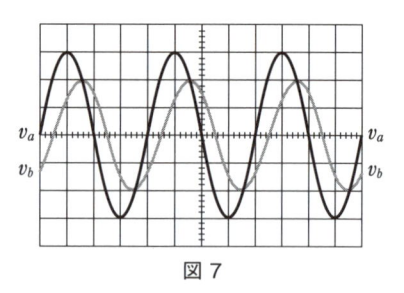

図 7

［平成 20 年 B 問題］

答 （a)-(3), (b)-(1)

考え方　繰返し波形の観測には，オシロスコープの水平偏向板間にのこぎり波電圧を加えて，蛍光面上の光点を左から右へ水平に一定速度で移動させ（掃引という），その間に入力信号を垂直偏向板間に加えて波形を描かせる。

掃引の周期を入力信号の周期と一致させるか，整数倍にとれば，1周期またはその整数倍の周期の波形を，管面上に静止させることができる。

オシロスコープによる観測波形の計算において，div は division の略である。例題の図7の分割された格子の1マスが1divになる。

解き方 (a) 波形観測

(ア) 水平方向に電圧を加えない場合，オシロスコープの横軸は常にゼロとなり，垂直方向電圧の変化範囲のみが表示される。例題図 2 となる。

(イ) 垂直方向に電圧を加えない場合は，同様に水平方向の変化範囲のみが表示される。例題図 5 となる。

(ウ) のこぎり波を水平方向に，正弦波を垂直方向に加えると，横軸が時間，縦軸が電圧の正弦波が表示される。例題図 6 となる。

(b) オシロスコープによる波形観測の計算

(ア) v_a の最大値は縦軸 3 目盛り分だから $0.1 \times 3 = 0.3$ 〔V〕であり，実効値は $\sqrt{2}$ で割って約 0.21 V となる。

(イ) v_b の周期は横軸 4 目盛り分だから $0.2 \times 4 = 0.8$ 〔ms〕となり，周波数は $1/0.8 = 1.25$ 〔kHz〕となる。

(ウ) v_a の周期は v_b と等しく，0.8 ms となる。

(エ) v_a と v_b の位相差は横軸 1/2 目盛り分であり，横軸 4 目盛りが 2π に相当するので，$(2\pi/4) \times (1/2) = \pi/4$ となる。

第6章 章末問題

6-1 商用周波数程度の周波数の交流電流を可動鉄片形電流計で測定したところ，その指示値は$\sqrt{2}$〔A〕であった．この場合の電流i〔A〕の波形として，正しいのは次のうちどれか．

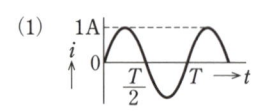

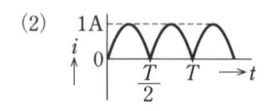

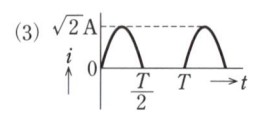

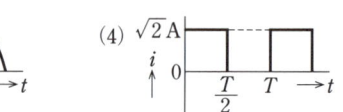

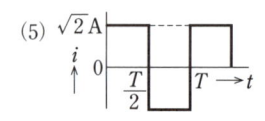

(1) 1A 正弦波（振幅1A）
(2) 1A 全波整流波
(3) $\sqrt{2}$A 半波整流波
(4) $\sqrt{2}$A 方形パルス（正のみ）
(5) $\sqrt{2}$A 方形波（正負）

［平成8年A問題］

6-2 内部抵抗3〔kΩ〕，最大目盛1〔V〕の電圧計を使用して最大100〔V〕まで測定できるようにするために必要な倍率器の抵抗〔kΩ〕として，正しい値は次のうちどれか．

(1) 290　　(2) 297　　(3) 300　　(4) 303　　(5) 330

［平成11年A問題］

6-3 電圧計Ⓥ及び電流計Ⓐを用いて負荷抵抗R〔Ω〕で消費される直流電力を測定するとき，計器の接続を図1又は図2とした場合のそれぞれの測定値の誤差ε_1及び誤差ε_2を表す式として，正しいものを組み合わせたのは次のうちどれか．

ただし，電圧計の内部抵抗をr_v〔Ω〕，電流計の内部抵抗をr_i〔Ω〕，負荷電圧をV_0〔V〕，負荷電流をI_0〔A〕とする．

(1) $\varepsilon_1 = \dfrac{r_v}{r_i} V_0 I_0 \qquad \varepsilon_2 = \dfrac{r_v}{R} V_0 I_0$

(2) $\varepsilon_1 = \dfrac{R}{r_v} V_0 I_0 \qquad \varepsilon_2 = \dfrac{r_v}{R} V_0 I_0$

(3) $\varepsilon_1 = \dfrac{R}{r_i} V_0 I_0 \qquad \varepsilon_2 = \dfrac{r_i}{r_v} V_0 I_0$

(4) $\varepsilon_1 = \dfrac{R}{r_v} V_0 I_0 \qquad \varepsilon_2 = \dfrac{r_i}{R} V_0 I_0$

(5) $\varepsilon_1 = \dfrac{R}{r_i} V_0 I_0 \qquad \varepsilon_2 = \dfrac{r_i}{R} V_0 I_0$

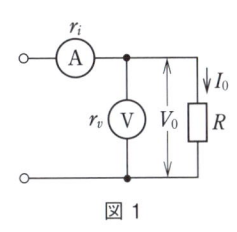

図 1 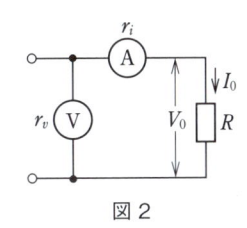　　　　　　図 2

［平成 10 年 A 問題］

6-4 図のような回路において，電圧計を用いて端子 a, b 間の電圧を測定したい。そのとき，電圧計の内部抵抗 R が無限大でないことによって生じる測定の誤差率を 2 〔%〕以内とするためには，内部抵抗 R〔kΩ〕の最小値をいくらにすればよいか。正しい値を次のうちから選べ。

(1) 38　　(2) 49　　(3) 52　　(4) 65　　(5) 70

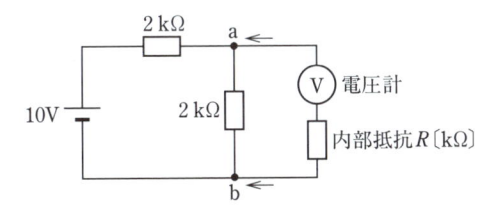

［平成 9 年 A 問題］

第1章 章末問題の解答

1-1 答 (2)

導体 A から点 P までの距離を r [m] とし,導体 A による点 P の磁界の強さを H_A [A/m],導体 B による点 P の磁界の強さを H_B [A/m] とすると,

$$H_A = \frac{I_A}{2\pi r}$$

$$H_B = \frac{I_B}{2\pi(r+l)}$$

点 P では,H_A と H_B の方向は互いに反対となるので,$H_A = H_B$ から,

$$\frac{I_A}{2\pi r} = \frac{I_B}{2\pi(r+l)}$$

$$I_A(r+l) = I_B r$$

$$I_A l = (I_B - I_A) r$$

$$l = \left(\frac{I_B}{I_A} - 1\right) r = \left(\frac{3}{1.2} - 1\right) \times 0.3 = 0.45 \text{ [m]}$$

1-2 答 (5)

解図 1.1 に示すように,半径 a,巻数 N の円形コイルに直流電流 I が流れるとき,円形コイルの中心点の磁界の強さ H [A/m] は,

$$H = \frac{NI}{2a} \text{ [A/m]}$$

磁束密度 B [T] は,真空の透磁率を μ_0 [H/m] とすると,

$$B = \mu_0 H = \frac{\mu_0 NI}{2a} \text{ [T]}$$

解図 1.1

1-3 答 (5)

解図 1.2 に示すように,コイル辺 1 導体に作用する電磁力 F は,

$$F = BIa = 0.4 \times 0.8 \times 0.15 = 0.048 \text{ [N]}$$

コイルに生じる T [N·m] は巻数 N を考慮し,

$$T = 2NF\left(\frac{b}{2}\cos\theta\right) \quad (1)$$

解図 1.2

であり,最大値 T_m は式(1)に $\cos\theta = 1$,$\theta = 0°$ を代入し,

$$T_m = 2NF\left(\frac{b}{2}\cos 0°\right) = NFb = 20 \times 0.048 \times 0.06 = 0.0576$$
$$\fallingdotseq 0.058 \,[\text{N·m}]$$

1-4 答 (2)

コイルの巻数を N,磁束を $\varPhi$ [Wb],インダクタンスを L [H],電流を I [A],時間を t [s] としたとき,電流が時間的に変化するとコイルには誘導起電力 e が発生する。

$$e = -N\frac{\Delta\varPhi}{\Delta t}$$

$$e = -L\frac{\Delta I}{\Delta t}$$

上2式の分子が等しいとして,$N\Delta\varPhi = L\Delta\varPhi$ から,

$$I = \frac{N\varPhi}{L} = \frac{1\,000 \times 6 \times 10^{-4}}{3} = 0.2 \,[\text{A}]$$

1-5 答 (2)

解図1.3の環状鉄心に N 回のコイルを巻き,電流 I を流すと鉄心内の磁界の強さ $H = NI/l$ [A/m],磁束密度 $B = \mu H = \mu NI/l$ [T],鉄心内の磁束 $\varPhi = BS = \mu NIS/l = NI/(l/\mu S) =$ 起磁力 $F/$磁気抵抗 R_m [Wb] となる。

$$R_m = \frac{l}{\mu S} = \frac{l}{\mu_0 \mu_S S} \,[\text{H}^{-1}]$$

となり,磁気抵抗 R_m は,磁路の断面積 S に反比例する。

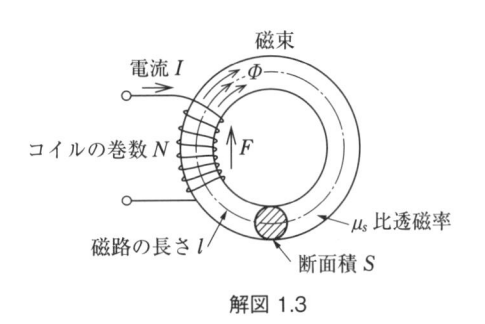

解図 1.3

1-6 答 (1)

コイルの巻数を N,磁束を $\varPhi$ [Wb],インダクタンスを L [H],電流を I [A],時間を t [s] としたとき,電流が時間的に変化するとコイルには,誘導起電力 e が発生する。

$$e = -N\frac{\Delta\varPhi}{\Delta t}$$

$$e = -L\frac{\Delta I}{\Delta t}$$

上式から，

$$L = \frac{N\Phi}{I} = \frac{N}{I} \cdot BS = \frac{600}{4} \times 0.2 \times 10 \times 10^{-4} = 0.03 \,[\text{H}]$$
$$= 30 \,[\text{mH}]$$

第2章 章末問題の解答

2-1 答 (1)

解図2.1の Q_A と Q_B の間の反発力 F_{AB} は，

$$F_{AB} = \frac{Q_A \cdot Q_B}{4\pi\varepsilon_0 r^2} = 9 \times 10^9 \times \frac{(2 \times 10^{-8})^2}{0.3^2} = 4 \times 10^{-5} \,[\text{N}]$$

また，Q_A と Q_C の間の反発力 F_{AC} も同様にして求めると，$F_{AC} = 4 \times 10^{-5}$ [N] となる。

$\dot{F}$ は，$\dot{F}_{AB}$ と $\dot{F}_{AC}$ のベクトル合成であるから，

$$F = 2F_{AB}\cos 30° = 2 \times 4 \times 10^{-5} \times \frac{\sqrt{3}}{2} \fallingdotseq 6.92 \times 10^{-5} \,[\text{N}]$$

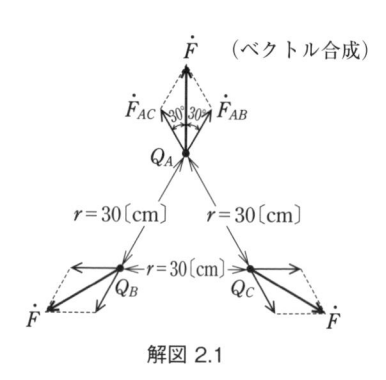

解図 2.1

2-2 答 (4)

点A，Bから点Pに働く力は，F_1 [N]，F_2 [N] と合成力 F [N] は，F_1 と F_2 のベクトル合成となるため，

$$\dot{F} = \dot{F}_1 - \dot{F}_2 = \frac{3 \times 10^{-7} Q}{4\pi\varepsilon_0 \times 1^2} - \frac{3 \times 10^{-7} Q}{4\pi\varepsilon_0 \times 2^2} = 9 \times 10^{-3}$$

$$\therefore Q = \frac{9 \times 10^{-3} \times 4\pi\varepsilon_0}{3 \times 10^{-7}\left(\frac{1}{1^2} - \frac{1}{2^2}\right)} = \frac{9 \times 10^{-3} \times 4\pi \times \dfrac{1}{4\pi \times 9 \times 10^9}}{3 \times 10^{-7}\left(1 - \dfrac{1}{4}\right)}$$

$$\fallingdotseq 4.4 \times 10^{-6} \,[\text{C}]$$

2-3 【答】 (a)-(5), (b)-(1)

(a) 帯電体 A, B の間に働く F [N] の大きさはクーロンの法則により,

$$F = \frac{Q^2}{4\pi\varepsilon_0 a^2} \text{ [N]}$$

電荷は $+Q$ [C] と同符号なので反発力が働く。

(b) 解図 2.2 から,

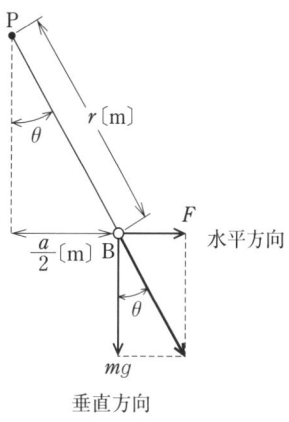

$$\tan\theta = \frac{F}{mg} = \frac{\dfrac{1}{4\pi\varepsilon_0}\cdot\dfrac{Q^2}{a^2}}{mg}$$

$$Q^2 = 4\pi\varepsilon_0 a^2 mg\tan\theta$$

また, $\sin\theta = (a/2)/r$ から, $a = 2r\sin\theta$ となり,

$$Q^2 = 4\pi\varepsilon_0 (2r\sin\theta)^2 mg\tan\theta = 16\pi\varepsilon_0 mgr^2 \sin^2\theta \tan\theta$$

解図 2.2

2-4 【答】 (2)

間隔が $3d$, d である 2 つのコンデンサ C_1, C_2 の直列接続である。直列接続の場合の各分担電圧は, 静電容量に反比例するので,

$$V_0 = 120\times\frac{\dfrac{\varepsilon S}{3d}}{\dfrac{\varepsilon S}{3d}+\dfrac{\varepsilon S}{d}} = 120\times\frac{1}{1+3} = 120\times\frac{1}{4} = 30 \text{ [V]}$$

ただし, ε は誘電率とする。

2-5 【答】 (a)-(1), (b)-(4)

(a) 解図 2.3 から,

$$E_1 = \frac{Q}{\varepsilon_0 S}$$

$$E_2 = \frac{Q}{\varepsilon_0 \varepsilon_r S}$$

求める E_1/E_2 の値は次式となる。

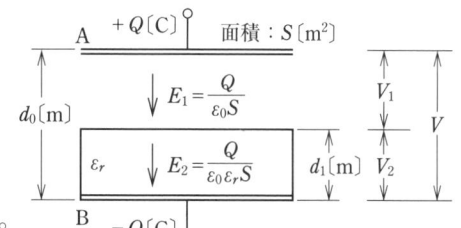

$$\frac{E_1}{E_2} = \frac{\dfrac{Q}{\varepsilon_0 S}}{\dfrac{Q}{\varepsilon_0 \varepsilon_r S}} = \varepsilon_r$$

解図 2.3

(b) 解図 2.3 から, 空隙の両端電圧を V_1 は,

$$V_1 = E_1(d_0 - d_1) = 7\times 10^4 \times (1.0\times 10^{-3} - 0.2\times 10^{-3}) = 56 \text{ [V]}$$

誘電体の両端電圧を V_2 は,

$$V_2 = E_2 d_1 = \frac{E_1}{\varepsilon_r} d_1 = \frac{7 \times 10^4}{5} \times 0.2 \times 10^{-3} = 2.8 \text{ [V]}$$

求めるコンデンサの両端電圧 V は,

$$V = V_1 + V_2 = 56 + 2.8 = 58.8 \text{ [V]}$$

2-6 答 (2)

スイッチを開いているときのエネルギー W_1 [J] は,

$$W_1 = \frac{1}{2} C_1 V^2 = \frac{1}{2} \frac{Q_1^2}{C_1} = \frac{0.3^2}{2 \times 0.004} = 11.25 \text{ [J]}$$

スイッチを閉じたときのエネルギー W_2 [J] は,

$$W_2 = \frac{1}{2} \frac{Q_1^2}{(C_1 + C_2)} = \frac{1}{2} \frac{0.3^2}{(0.004 + 0.002)} = 7.5 \text{ [J]}$$

抵抗での消費エネルギーは, $\Delta W = W_1 - W_2 = 11.25 - 7.5 = 3.75$ [J]

第 3 章 章末問題の解答

3-1 答 (3)

本問の図は解図 3.1 に変換できる。解図 3.1 の対辺の抵抗の積は,

$$R \times \frac{1}{3}R = \frac{1}{3}R \times R$$

と等しく,ブリッジの平衡条件を満足している。このため,端子 ab から見た等価抵抗 R_{ab} は,c, d 間を短絡しても開放しても等しいので,開放して求めると,

$$R_{ab} = \frac{2R \times \frac{2}{3}R}{2R + \frac{2}{3}R} = \frac{\frac{4}{3}R^2}{\frac{8}{3}R} = \frac{1}{2}R$$

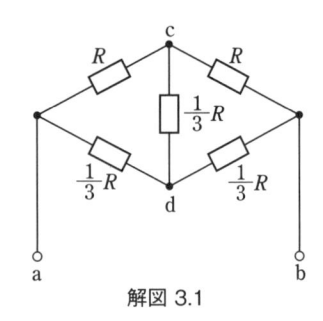

解図 3.1

3-2 答 (4)

ブリッジの平衡条件から, $PR = QS$ となる。$S = PR/Q$ となり, 100 Ω~2 kΩ までの抵抗は, $R = 100$ [Ω] のときは,

$$S = \frac{PR}{Q} = \left(\frac{10^3}{10}\right) \times 100 = 10\,000 \text{ [Ω]} = 10 \text{ [kΩ]}$$

$R = 2\,000$ 〔Ω〕のときは,
$$S = \frac{PR}{Q} = \left(\frac{10^3}{10}\right) \times 2\,000 = 200\,000 \text{〔Ω〕} = 200 \text{〔kΩ〕}$$

S は $10 \sim 200$ kΩ である。

3-3 答 (4)

$2 \times 8 = 4 \times 4 = 16$ だからブリッジは平衡しているので,6 Ω の抵抗は開放しているとして計算する。

合成抵抗を R とすると,
$$R = \frac{(2+4) \times (4+8)}{(2+4) + (4+8)} = 4 \text{〔Ω〕}$$

求める電流 I は,
$$I = \frac{10}{R} = \frac{10}{4} = 2.5 \text{〔A〕}$$

3-4 答 (3)

問題図で与えられた回路は,上下対称回路である。このため解図 3.2 の点 c と点 e,点 d と点 f の電位は等しい。このため c-e, d-f 間を開放して,合成抵抗 R_{ab} を求めると,

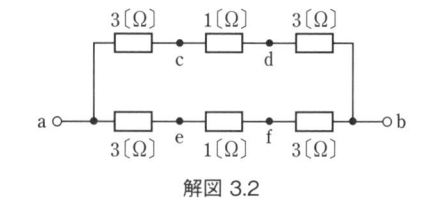

$$R_{ab} = \frac{3+1+3}{2} = 3.5 \text{〔Ω〕}$$

解図 3.2

3-5 答 (4)

問題図 1 の並列回路の消費電力 P_1 と,図 2 の直列回路の消費電力 P_2 は,

$$P_1 = \frac{E^2}{\frac{R_1 R_2}{R_1 + R_2}} = \frac{R_1 + R_2}{R_1 R_2} E^2$$

$$P_2 = \frac{E^2}{R_1 + R_2}$$

条件としては $P_1 = 6 P_2$ で,かつ $R_2 > R_1$ である。

$$\frac{R_1 + R_2}{R_1 R_2} E^2 = \frac{6E^2}{R_1 + R_2}$$

$$(R_1 + R_2)^2 = 6 R_1 R_2$$

$R_1 = 1$ であるから,

$$(1 + R_2)^2 = 6 R_2$$
$$1 + 2R_2 + R_2^2 = 6 R_2$$

$$R_2{}^2-4R_2+1=0$$

$$R_2=\frac{4\pm\sqrt{4^2-4}}{2}=2\pm\sqrt{3}\fallingdotseq 0.268 \text{ と } 3.73$$

$R_2=0.268$ は $R_2>R_1=1$ を満さないため，$R_2\fallingdotseq 3.7$ 〔Ω〕となる。

3-6 答 (3)

テブナンの定理を適用して，解図 3.3 においてスイッチ開放時の a, b 端子の電圧を V_{ab}〔V〕，この端子から電源を測った内部合成抵抗を R〔Ω〕とする。このとき，電源回路の電圧源は短絡する。

$$V_{ab}=4-I\times 4=4-\frac{4+2}{4+2}\times 4=0 \text{〔V〕}$$

$$R_0=\frac{4\times 2}{4+2}=\frac{8}{6}=\frac{4}{3} \text{〔Ω〕}$$

$$I_3=\frac{V_{ab}}{R_0+5}=\frac{0}{\frac{4}{3}+5}=0 \text{〔A〕}$$

ab 間の電圧 $V_{ab}=0$ であるから，ab 間は短絡しても開放しても変化しないため，次式のようになる。

$$I=I_1=I_2=\frac{4+2}{4+2}=1 \text{〔A〕}$$

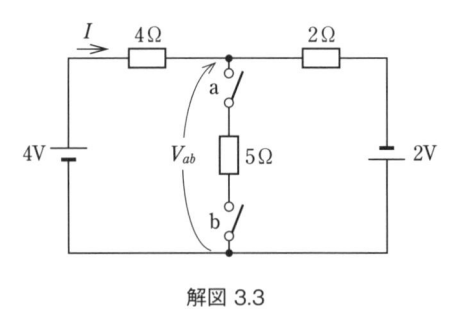

解図 3.3

第 4 章 章末問題の解答

4-1 答 (1)

e の実効値は $E=200/\sqrt{2}$ である。

$$\text{電流 } i \text{ の実効値}=\frac{200}{\sqrt{2}}\times\frac{1}{\sqrt{R^2+X_L{}^2}}=\frac{200}{\sqrt{2}}\times\frac{1}{\sqrt{300+100}}=\frac{10}{\sqrt{2}}$$

電流 i の位相は電源電圧 e よりもさらに，

$$\tan^{-1}\left(\frac{X_L}{R}\right) = \tan^{-1}\left(\frac{10}{10\sqrt{3}}\right) = \frac{\pi}{6}$$

だけ遅れる。解図 4.1 から電源電圧 e と電流 i との位相関係が表される。

$$i = 10\sin\left(\omega t + \frac{\pi}{4} - \frac{\pi}{6}\right) = 10\sin\left(\omega t + \frac{\pi}{12}\right)$$

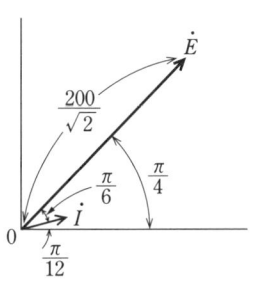

解図 4.1

4-2 答 (a)-(2), (b)-(4)

(a) 解図 4.2 に示すように X_L に加わる電圧は，R_2 の電圧降下 $RI_2 = 10\times 5 = 50$ 〔V〕であるので，

$$\dot{I}_1 = \frac{R_2\dot{I}_2}{jX_L} = \frac{10\times 5}{j10} = -j5 \text{ 〔A〕}$$

電源電流 $\dot{I}$ は，$\dot{I} = \dot{I}_1 + \dot{I}_2$ であるから，

$$\dot{I} = \dot{I}_1 + \dot{I}_2 = 5 - j5 \text{ 〔A〕}$$

(b) 電源電圧は，R_2 と R_1 の電圧降下を加えたものであるから，

$$\dot{V} = R_2\dot{I}_2 + R_1\dot{I} = 10\times 5 + 30\times(5-j5) = 200 - j150$$

電源電圧 $\dot{V}$ の大きさ $|\dot{V}|$ は次のとおり。

$$|\dot{V}| = \sqrt{200^2 + 150^2} = 250 \text{ 〔V〕}$$

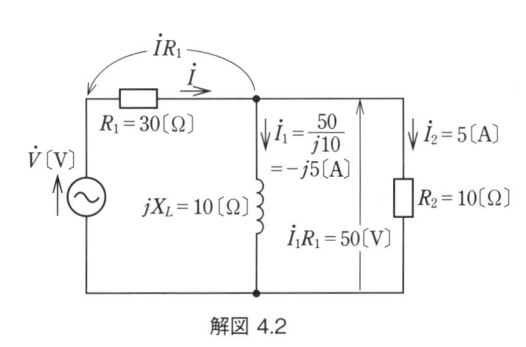

解図 4.2

4-3 答 (1)

RC 直列回路の過渡電流 i は,

$$i = \frac{E}{R} e^{-\frac{t}{CR}}$$

で, 時定数 $\tau = CR$ である。

$t = 0$ で, 電圧 E が加わったとき, 抵抗 R には全電圧 E が加わり, コンデンサが充電されるにつれて抵抗 R の電圧が急激に低下する。

T_0 で $E = 0$ となると, コンデンサに充電されている電荷が放電する。このときの電流の方向は, 電圧を加えたときの逆となる。

本問は, 時定数 $RC = \tau \ll T_0$ のため, 選択肢 (1) の波形となる

4-4 答 (4)

スイッチ S を閉じた瞬間 (時刻 $t = 0$) では, コンデンサ C が短絡状態になるため, $I_0 = E/R_1$ の電流が流れる。

スイッチ S を閉じた後の定常状態では, コンデンサ C が充電され, C には電流が流れないため, 抵抗 R_1 に流れる電流 I_∞ は, $I_\infty = E/(R_1 + R_2)$ となる。

4-5 答 (3)

解図 4.3 に電源の Δ 結線を Y 結線に換算した一相分等価回路を示す。線電流 $\dot{I}$ の大きさ $|\dot{I}|$ の値は, 次のとおり。

$$|\dot{I}| = \frac{E}{|\dot{Z}|} = \frac{\frac{420}{\sqrt{3}}}{\sqrt{8^2 + 6^2}} = \frac{420}{\sqrt{3} \times 10} \fallingdotseq 24.2 \ [\text{A}]$$

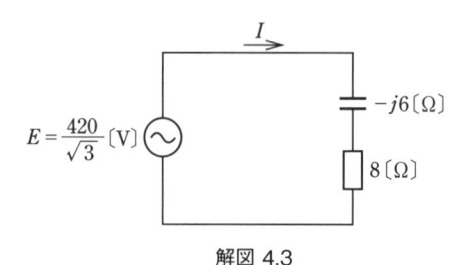

解図 4.3

4-6 答 (3)

平衡三相負荷の全消費電力 P [kW] は次のとおり。

$$P = \sqrt{3} \, VI \cos\theta = \sqrt{3} \times V \times \frac{V}{\sqrt{3} \, Z} \times \cos\left(\frac{\pi}{6}\right)$$

$$= \sqrt{3} \times 210 \times \frac{210}{\sqrt{3} \times 14} \times 0.866 \fallingdotseq 2\,728 \ [\text{W}] \fallingdotseq 2.73 \ [\text{kW}]$$

第 5 章 章末問題の解答

5-1 答 (1)

1. 物体を高温に熱したときに物体の表面から電子を放出するが，この電子を熱電子という。
2. 物質は一次電子を照射すると，物質中の電子は衝突エネルギーを吸収して，二次電子を物質外に放出する。
3. 金属表面の電界をある値以上に加えると，金属表面から放出する際のポテンシャル障壁が低下し，電子が放出される。これを電界放出という。

5-2 答 (5)

発光ダイオードは，文字表示装置や光通信の発振部などに利用されている。一般の表示用電球より消費電力が小さく長寿命である。ひ化ガリウム（GaAs），りん化ガリウム（GaP）などを材料として，pn 接合部を利用し，順方向に電圧を加えると電流が流れ，接合面で発光する。

発光ダイオードの順方向電圧降下は，1.4～3.5 V 程度であるため，選択肢の (5) が誤りである。

5-3 答 (a)-(3), (b)-(4)

(a) 問題図 1 では，$V_{CC} = I_B R + V_{BE}$ ⇒ $V_{BE} = V_{CC} - I_B R$ と式(2)となる。

問題図 2 では，$V_{CC} = I_C R_C + I_B R + V_{BE}$ ⇒ $V_{BE} = V_{CC} - I_B R - I_C R_C$ と式(3)となる。

問題図 3 では，$V_B = V_{BE} + I_E R_E$ ⇒ $V_{BE} = V_B - I_E R_E$ と式(1)となる。

(b) バイアス回路における周囲変化とその増幅特性

① 問題図 1 は，固定バイアス回路といい，周囲の温度変化を受けやすい素子で，安定ではなく，単独では使用できない。

② 問題図 3 は，電流帰還バイアス回路といい，R，R_B はベース電流を安定させ，増幅特性が最も安定である。

③ 問題図 2 は，自己バイアス回路といい，固定バイアス回路よりも動作が安定している。

5-4 答 (a)-(3), (b)-(2)

(a) V_{GS} の値は，MOS形FETはG-S間に印加する電圧でドレン電流を制御する。入力インピーダンスが大きく，Gに電流が流れない。このため，V_{GS} は V_{DD} を R_1, R_2 により分配される。

$$V_{GS} = \frac{R_1}{R_1+R_2}V_{DD} = \frac{10}{10+20}\times 12 = 4 \text{ [V]}$$

(b) 問題図1より次式が成り立つ。

$$V_{DD} = I_D R_L + V_{DS}$$

$$I_D = \frac{V_{DD}-V_{DS}}{R_L} = \frac{12-V_{DS}}{4} = -\frac{V_{DS}}{4}+3 \text{ [mA]}$$

上式において，$V_{DS}=0$ で $I_D=3$ [mA]，$V_{DS}=12$ [V] で $I_D=0$ となり，これは解図5.1の負荷線となる。

$V_{GS} = 4+v_i$ となり，直流バイアス電圧 4 [V] を基準として ±1 [V] の入力変化が生じる。このとき出力電圧 V_{DS} は 4～8 [V] まで変化する。出力端子に直列に接続されている結合コンデンサにより直流分電圧 $V_{DS}=6$ [V] がカットされる。出力交流電圧 v_0 は，−2～+2 [V] の変化をするので最大値は 2 [V] となる。

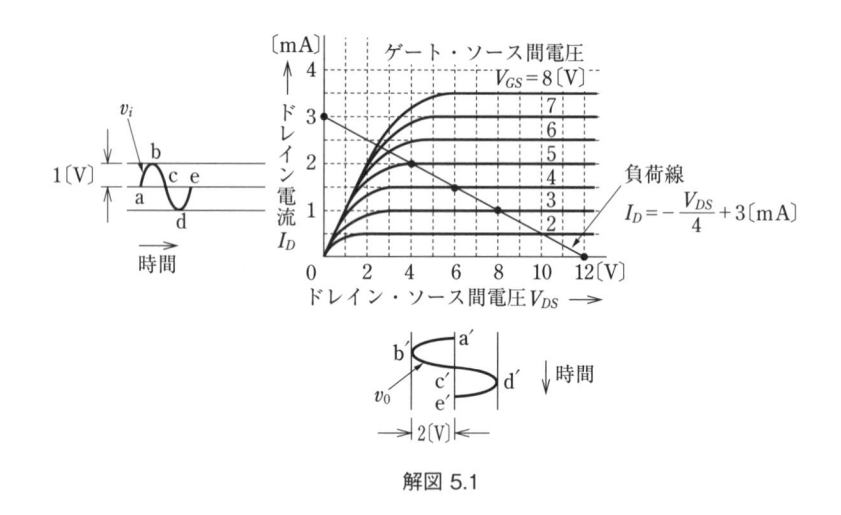

解図 5.1

5-5 答 (3)

解図5.2から増幅器2の入力電圧 $v_n = 10\, v_i = 10\times 0.4 = 4$ [mV]
増幅器2の電圧利得 G_v [dB] は，次式で求める。

$$G_v = 20\log_{10}\frac{v_0}{v_n} = 20\log_{10}\frac{0.4}{4\times 10^{-3}} = 20\log_{10}100$$

$$= 20\log_{10}10^2 = 20\times 2\log_{10}10 = 40 \text{ [dB]}$$

$v_i = 0.4$〔mV〕 → 電圧増幅度 = 10（増幅器1） → v_n → 電圧利得 G_v〔dB〕（増幅器2） → $v_0 = 0.4$〔V〕

解図 5.2

5-6 答 (5)

1. 差動増幅器（オペアンプ，演算増幅器）とは，特性の等しい2つのトランジスタのエミッタを共通に接続して，この2つのトランジスタのベースに加えられた電圧差を増幅する差動増幅回路を初段とする増幅器である。
2. 電力増幅器（パワーアンプ）とは，スピーカなどの負荷に対して大電力を与え，駆動することができる装置である。
3. 負帰還（Negative Feed Back）とは，出力信号の一部を入力に極性を反転して戻すことで回路増幅度は低下するが，広い周波数帯域にわたって均一な増幅度が得られる。また，特定の周波数を除去するフィルタ回路をつくることができる。
4. 高周波増幅器は，受信機のアンテナで微弱な被変調波入力を受けてから，検波器で検波されるために必要なレベルにまで増幅する回路である。

第6章 章末問題の解答

6-1 答 (5)

可動鉄片形電流計は実効値を指示する。解表6.1に本問に与えられた各電流形の実効値 I_e と最大値 I_m 関係を示した。

(1) $I_e = \dfrac{1}{\sqrt{2}} I_m = \dfrac{1}{\sqrt{2}} \times 1 = \dfrac{1}{\sqrt{2}}$ 〔A〕

(2) $I_e = \dfrac{1}{\sqrt{2}} I_m = \dfrac{1}{\sqrt{2}} \times 1 = \dfrac{1}{\sqrt{2}}$ 〔A〕

(3) $I_e = \dfrac{1}{2} I_m = \dfrac{1}{2} \times \sqrt{2} = \dfrac{1}{\sqrt{2}}$ 〔A〕

(4) $I_e = \dfrac{1}{\sqrt{2}} I_m = \dfrac{1}{\sqrt{2}} \times \sqrt{2} = 1$ 〔A〕

(5) $I_e = I_m = \sqrt{2}$ 〔A〕

したがって，選択肢 (5) が正解となる。

解表 6.1

番号	波形	名称	平均値 I_a	実効値 I_e
(1)		正弦波	$\dfrac{2}{\pi}I_m$	$\dfrac{1}{\sqrt{2}}I_m$
(2)		全波整流正弦波	$\dfrac{2}{\pi}I_m$	$\dfrac{1}{\sqrt{2}}I_m$
(3)		半波整流正弦波	$\dfrac{1}{\pi}I_m$	$\dfrac{1}{2}I_m$
(4)		半波方形波	$\dfrac{1}{2}I_m$	$\dfrac{1}{\sqrt{2}}I_m$
(5)		方形波	I_m	I_m

6-2　答　(2)

問題の内容を解図 6.1 に示す。

電圧計の最大許容電流 I_m は，次のとおり。

$$I_m = \frac{V_v}{r_2} = \frac{1}{3\times 10^3} = \frac{1}{3}\times 10^{-3} \text{ [A]}$$

求める抵抗 R の値は次のとおり。

$$R = \frac{V - V_v}{I_m} = \frac{100 - 1}{\dfrac{1}{3}\times 10^{-3}} = 297\times 10^3 \text{ [Ω]} = 297 \text{ [kΩ]}$$

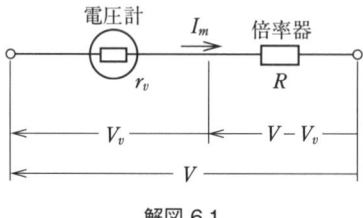

解図 6.1

6-3　答　(4)

誤差 ε は，$\varepsilon =$ 測定値 $M -$ 真値 T で表される。本問の真値はいずれも $V_0 I_0$ である。

問題図 1 の場合の電流計の測定値は，$I_0 + (V_0/r_v)$ であるので，誤差 ε_1 は次のとおり。

$$\varepsilon_1 = V_0\left(I_0 + \frac{V_0}{r_v}\right) - V_0 I_0 = \frac{V_0^2}{r_v} = \frac{V_0\times (I_0 R)}{r_v} = \frac{R}{r_v}V_0 I_0$$

問題図 2 の場合の電圧計の測定値は，$V_0 + I_0 r_i$ であるから，誤差 ε_2 は次のとおり。

$$\varepsilon_2 = (V_0+I_0 r_i)I_0 - V_0 I_0 = I_0{}^2 r_i = \frac{V_0}{R}I_0 r_i = \frac{r_i}{R}V_0 I_0$$

6-4 答 (2)

電圧計の内部抵抗が無限大のときの電圧計の指示を真値 V_T とすれば,

$$V_T = 10 \times \frac{2}{2+2} = 5 \text{ [V]}$$

誤差率 ε の定義は, $\varepsilon = \dfrac{\text{測定値}(V_M) - \text{真値}(V_T)}{\text{真値}(V_T)} \times 100 \text{ [\%]}$ である。

ab 間に電圧計をつなげると, 内部抵抗 R と 2 [kΩ] の合成抵抗は, 2 [kΩ] より減少し, 誤差率 ε は負の値となる。電圧計の測定値 V_M は次のとおり。

$$V_M = 10 \times \frac{\dfrac{2R}{2+R}}{2 + \dfrac{2R}{2+R}} = \frac{20R}{4+4R} = \frac{5R}{1+R}$$

$$\varepsilon = -2 \leqq \frac{\dfrac{5R}{1+R} - 5}{5} \times 100$$

$$-2 \times \frac{5}{100} + 5 \leqq \frac{5R}{1+R}$$

$$4.9 \leqq \frac{5R}{1+R}$$

$$4.9 + 4.9R \leqq 5R$$

$$49 \text{ [kΩ]} \leqq R$$

索 引

英字

B級プッシュプル回路	222
CT	262
FET	194, 196, 215
FM	225
h パラメータ	203, 208
MOS形FET	194, 195
n型半導体	192
nチャネル素子	198
PM	225
p形半導体	191
pチャネル素子	198
RL 直列回路	158
VT	262
Δ→Y変換	162
Δ結線	163

あ行

アクセプタ	191
アノード	197, 198
アバランシェ降伏	197
アラゴーの円盤	258
アンペアの周回路の法則	11
アンペアの右ねじの法則	10
位相差	132
位相変調	225
一相分等価回路	163
インダクタンス	130
インダクタンス回路	122
インピーダンス	130, 143
運動エネルギー(電子の)	184
エアギャップ	22
エネルギー	40
エミッタ	196
エミッタ接地回路	202, 205
エミッタ接地増幅回路	203
エミッタホロワ回路	202
演算増幅器	198, 217
遠心力	187
エンハンスメント形	195
オームの法則(磁気回路の)	21
オームの法則(抵抗回路の)	83
オシロスコープ	264
オペアンプ	198, 217

か行

角速度	120
角度	120
カソード	197, 198
価電子	192
可動コイル形計器	241, 252
可動コイル形電流計	252
可動鉄片形計器	235, 241
可変容量ダイオード	197
帰還回路	223
帰還率	223
起電力	16, 31
基本波	152
逆バイアス電圧	197
キャリア	191
求心力	187
強磁性体	6
共振周波数	136
許容差	255
キルヒホッフの第1法則	90, 97, 98, 105, 107
キルヒホッフの第2法則	90, 110, 156
空乏層	194, 197
クーロンの法則(磁気に関する)	7
クーロンの法則(静電気に関する)	42
駆動トルク	235
計器定数	259
計量誤差率	259
ゲイン	205
ゲート	194, 198
ゲート電圧	195
結合係数	29
ケルビンダブルブリッジ法	249
検波	226
合成インダクタンス	33
合成磁気抵抗	22
合成静電容量	69, 72
合成抵抗	85, 88
高調波	152
交流ブリッジ	247
誤差	238, 255, 256
誤差率	256, 259
コレクタ	196
コレクタ接地回路	203
コンデンサ	46
コンデンサの直列接続	64
コンデンサの並列接続	63

さ行

最小に関する定理	93
最大磁束	19
最大値	120, 127
サイリスタ	198
差動入力	221
三相電力	167, 260

三相平衡回路	260	静電気に関するクーロンの法則	42	定電圧ダイオード	197
残留磁気	9	静電容量	40, 44, 61, 171	定電流源	111
		静電容量回路	123	デシベル	205
磁化	5	静電力	49	テブナンの定理	93, 94, 95
磁界	12	静特性曲線	214	デプレション形	195
磁界の強さ	4, 15	ゼーベック効果	240	電圧	40
磁気エネルギー	32	絶縁体	192	電圧帰還率	208
磁気回路のオームの法則	21	接合形 FET	194	電圧計	237
磁気抵抗	4, 26	接合形 n チャネル FET	215	電圧制御素子	196
磁気に関するクーロンの法則	7	節点方程式	96, 98	電圧増幅度	205, 210, 218
磁気誘導	5	ゼロオーム調整	244	電位	51
自己インダクタンス	4, 23, 26, 29	線間電圧	162, 169, 170	電荷	40
仕事	52	全消費電力	172	電界強度	68
自己誘導	23	線電流	165	電界効果トランジスタ	194, 196
自己誘導起電力	26	全波整流	127	電界の強さ	40, 43, 52, 55, 186
磁束	4			電気エネルギー	134
磁束鎖交数	32	掃引	266	電気伝導度	192
磁束密度	4, 12, 16, 22	相間電圧	169	電気力線	43
実効値	19, 120, 127, 238, 241	相互インダクタンス	4, 28, 29	電子の運動エネルギー	184
時定数	157, 159, 161	相互誘導作用	28	電磁力	12, 186
周回路の法則	11	相電圧	162, 167	電束	40
周期	121	相電流	165, 167	電束密度	40, 48
自由電子	190, 192	増幅度	205, 218, 223	電流	4
周波数	19, 120, 121	増幅動作点	212	電流計	237
周波数変調	225	ソース	194, 198	電流制御素子	196
ジュール	52			電流増幅度	205
ジュール熱	94	**た行**		電流増幅率	208
出力アドミタンス	208	太陽電池	199	電流力計形	237
瞬時値	120	単位正電荷	42, 52	電力	93
常磁性体	6	単相電力計	260	電力形	237
磁力線	5			電力増幅度	205
真空の透磁率	7	チャネル	195, 198	電力量	32, 93
真空の誘電率	40, 42	中心磁界の強さ	13		
真性半導体	191	直流分	152	透磁率	4
振動片形周波数計	238	直列共振	135	導体の運動の向き	16
		直列接続（コンデンサの）	64	等電位面	43, 56
垂直偏向板	264			導電率	21
水平偏向板	264	ツェナー降伏	197	トルク	235
				ドレーン	194, 198
正弦波	127	抵抗回路	122	ドレーン電流	195
正孔	191	定電圧源	112	トンネル効果	197
静電エネルギー	66, 134				
静電形計器	238				

な行

内部合成抵抗	93
二電力計法	260
熱電子	185
熱電対温度計	240

は行

バイポーラトランジスタ	196
波形率	127, 128
波高率	127, 128
発振回路	223
反磁性体	6
搬送波	225
反転増幅回路	218, 220
半導体	191
半波整流	127
ビオ・サバールの法則	13
光起電力	199
ヒステリシス曲線	9
ヒステリシス損	9
ひずみ波交流	152
ひずみ率	152
皮相電力	147, 151, 167, 170
左手の法則（フレミングの）	201
比透磁率	7
非反転増幅回路	220
被変調波	225
比誘電率	42
平等電界	62
ファラデーの法則	16, 19, 24
負荷電流	170
負荷力率	263
複素数	151
復調	226
ブリッジの平衡状態	99
フレミングの左手の法則	201
フレミングの右手の法則	16
分流器	252
平均値	127, 241
平衡三相負荷	169
平衡条件	247
並列共振	137
並列接続（コンデンサの）	63
ベース	196
ベース接地回路	203
ペルチェ効果	240
ヘルツ	121
偏位法	248
変調	225
変調率	226
ホイートストンブリッジ	99
方形波	127
ホール	194
ホール効果	201, 240
ホール定数	201
ホール電圧	201
保持力	9
補正	256
補正率	256
ホトダイオード	198, 200

ま行

マクスウェルブリッジ	247
右ねじの法則	10
脈動電圧	217
無効電流	147
無効電力	148, 151, 167, 170

や行

有効電流	147
有効電力	147, 151, 167, 170
誘電率	40
誘導形電力量計	258
誘導起電力	17, 19, 24
誘導性リアクタンス	123, 143, 166, 168, 172
ユニポーラトランジスタ	196
容量性リアクタンス	123, 132, 143

ら行

らせん運動	188
力率	132, 139, 148, 170, 171, 174
リサジュー図形	264
利得	205
零位法	248
レーザダイオード	197
レンツの法則	19
ローレンツ力	201

電験三種 理論 考え方解き方

2010年11月30日　第1版1刷発行　　　　　　ISBN 978-4-501-21240-7 C3054
2015年6月20日　第1版2刷発行

編　者　電験三種 考え方解き方研究会
　　　　Ⓒ 電験三種 考え方解き方研究会 2010

発行所　学校法人 東京電機大学　　〒120-8551　東京都足立区千住旭町5番
　　　　東京電機大学出版局　　　　〒101-0047　東京都千代田区内神田1-14-8
　　　　　　　　　　　　　　　　　Tel. 03-5280-3433（営業）　03-5280-3422（編集）
　　　　　　　　　　　　　　　　　Fax. 03-5280-3563　振替口座 00160-5-71715
　　　　　　　　　　　　　　　　　http://www.tdupress.jp/

JCOPY　＜(社)出版者著作権管理機構　委託出版物＞
本書の全部または一部を無断で複写複製（コピーおよび電子化を含む）することは，著作権法上
での例外を除いて禁じられています。本書からの複製を希望される場合は，そのつど事前に，
(社)出版者著作権管理機構の許諾を得てください。また，本書を代行業者等の第三者に依頼し
てスキャンやデジタル化をすることはたとえ個人や家庭内での利用であっても，いっさい認め
られておりません。
[連絡先] Tel. 03-3513-6969，Fax. 03-3513-6979，E-mail : info@jcopy.or.jp

印刷：三美印刷㈱　　製本：渡辺製本㈱　　装丁：右澤康之
落丁・乱丁本はお取り替えいたします。　　　　　　　　　　　　　　Printed in Japan

電気工学図書

詳解付 電気基礎 上
直流回路・電気磁気・基本交流回路

川島純一／斎藤広吉 著　　　　A5判・368頁

電気を基礎から初めて学ぶ人のために，学習しやすく，理解しやすいことに重点をおいて編集。例題や問，演習問題を多数掲載。詳しい解答付。

詳解付 電気基礎 下
交流回路・基本電気計測

津村栄一／宮崎登／菊池諒 著　　A5判・322頁

(上)直流回路／電気と磁気／静電気／交流回路の基礎／交流回路の電圧・電流・電力／(下)記号法による交流回路の計算／三相交流／電気計測／各種の波形

入門 電磁気学

東京電機大学 編　　　　　　　A5判・352頁
電流と電圧／直流回路／キルヒホッフの法則と回路網の計算／電気エネルギーと発熱作用／抵抗の性質／電流の化学作用／磁気の性質／電流と磁気／磁性体と磁気回路／電磁力／電磁誘導／静電気の性質

入門 回路理論

東京電機大学 編　　　　　　　A5判・336頁
直流回路とオームの法則／交流回路の計算／ベクトル／基本交流回路／交流の電力／記号法による交流回路／回路網の取り扱い／相互インダクタンスを含む回路／三相交流回路／非正弦波交流／過渡現象

新入生のための 電気工学

東京電機大学 編　　　　　　　A5判・176頁

電気の基礎知識／物質と電気／直流回路／電力と電力量／電気抵抗／電流と磁気／電磁力／電磁誘導／静電気の性質／交流回路の基礎

学生のための 電気回路

井出英人／橋本修／米山淳／近藤克哉 共著
　　　　　　　　　　　　　　B5判・168頁

直流回路／正弦波交流／回路素子／正弦波交流回路／一般回路の定理／3相交流回路

基礎テキスト 電気理論

間邊幸三郎 著　　　　　　　　B5判・228頁

電界／電位／静電容量とコンデンサ／電流と電気抵抗／磁気／電磁気／電磁誘導現象

基礎テキスト 回路理論

間邊幸三郎著　　　　　　　　B5判・276頁

直流回路／交流回路の基礎／交流基本回路／記号式計算法／単相回路(1)／交流の電力／単相回路(2)／三相回路／ひずみ波回路／過渡現象

よくわかる電気数学

照井博志 著　　　　　　　　　A5判・152頁

整式の計算と回路計算／方程式・行列と回路計算／三角関数と交流回路／複素数と記号法／微分・積分と電磁気学

電気計算法シリーズ 電気のための基礎数学

浅川毅 監修／熊谷文宏 著　　　A5判・216頁

式の計算／方程式とグラフ／三角関数と正弦波交流／複素数と交流計算／微分・積分の基礎

電気・電子の基礎数学

堀桂太郎／佐村敏治／椿本博久 共著　A5判・240頁
数式の計算／関数と方程式・不等式／2次関数／行列と連立方程式／三角関数の基本と応用／複素数の基本と応用／微分の基本と応用／積分の基本と応用／微分方程式／フーリエ級数／ラプラス変換

電気法規と電気施設管理

竹野正二 著　　　　　　　　　A5判・368頁
電気関係法規の大要と電気事業／電気工作物の保安に関する法規／電気工作物の技術基準／電気に関する標準規格／その他の関係法規／電気施設管理／（付録）電気事業法

＊定価，図書目録のお問い合わせ・ご要望は出版局までお願いいたします。
URL　http://www.tdupress.jp/